数据科学实战手册

Practical Data Science Cookbook
Second Edition

第2版

[印] 普拉罕·塔塔 (Prabhanjan Tattar)

[美] 托尼·奥赫达 (Tony Ojeda), 肖恩·帕特里克·墨菲 (Sean Patrick Murphy)

本杰明·本福特 (Benjamin Bengfort), 阿比吉特·达斯古普塔 (Abhijit Dasgupta) 著

刘旭华 李晗 闫晗 译

人民邮电出版社

北　京

图书在版编目（CIP）数据

数据科学实战手册 ：第2版 ／（印）普拉罕·塔塔
（Prabhanjan Tattar）等著；刘旭华，李晗，闫晗译
. -- 北京 ：人民邮电出版社，2019.1（2022.1重印）
　ISBN 978-7-115-49925-7

　Ⅰ．①数… Ⅱ．①普… ②刘… ③李… ④闫… Ⅲ.
①软件工具－程序设计－手册 Ⅳ．①TP311.56-62

　中国版本图书馆CIP数据核字(2018)第244894号

版权声明

◆ 著　　　[印] 普拉罕·塔塔（Prabhanjan Tattar）
　　　　　[美] 托尼·奥赫达（Tony Ojeda）
　　　　　[美] 肖恩·帕特里克·墨菲（Sean Patrick Murphy）
　　　　　[美] 本杰明·本福特（Benjamin Bengfort）
　　　　　[美] 阿比吉特·达斯古普塔（Abhijit Dasgupta）
　　译　　　刘旭华　李　晗　闫　晗
　　责任编辑　王峰松
　　责任印制　焦志炜
◆ 人民邮电出版社出版发行　北京市丰台区成寿寺路 11 号
　　邮编　100164　电子邮件　315@ptpress.com.cn
　　网址　http://www.ptpress.com.cn
　　北京天宇星印刷厂印刷
◆ 开本：800×1000　1/16
　　印张：20.5　　　　　　　　2019 年 1 月第 1 版
　　字数：386 千字　　　　　　2022 年 1 月北京第 3 次印刷
　　著作权合同登记号　图字：01-2017-3661 号

定价：69.00 元
读者服务热线：(010)81055410　印装质量热线：(010)81055316
反盗版热线：(010)81055315
广告经营许可证：京东市监广登字 20170147 号

内容提要

本书对想学习数据分析的人来说是一本非常实用的参考书，书中有多个真实的数据分析案例，几乎是以手把手的方式教你一步一步地完成从数据分析的准备到分析结果报告的整个流程。无论是数据分析工作的从业者，还是有志于未来从事数据分析工作的在校大学生，都能从本书中获取一些新知识、新思想。

同时，木书也是一本优秀的学习和提高 R 及 Python 编程的参考书。很多人有这样的感触，单纯地学习编程语言是很枯燥的过程，但利用本书学习 R 和 Python 语言可以很好地解决这个问题，生动实用的数据集以及非常有意思的分析结果会极大地激发读者学习的兴趣。

本书案例包括汽车数据分析、税收数据分析、就业数据分析、股市数据分析、社交网络分析、大规模电影推荐、Twitter 数据分析、新西兰海外游客预测分析以及德国信用数据分析等。

关于作者

Prabhanjan Tattar 有 9 年的统计分析工作经验。他的主要精力集中在通过简洁优美的程序解释统计和机器学习技术。生存分析和统计推断是他主要感兴趣和研究的领域，他已经在同行评审期刊上发表了多篇研究论文，并写作了两本关于 R 的书：*R Statistical Application Development by Example*（Packt Publishing）和 *A Course in Statistics with R*（Wiley）。他还在维护几个 R 包：gpk、RSADBE 和 ACSWR。

非常感谢读者的鼓励和反馈，这使得本书（第 2 版）有了很多改进，希望读者从本书中受益。还要感谢 Tushar Gupta 把我介绍到这个项目，感谢 Cheryl Dsa 对我写作拖拉的忍耐，感谢 Karan Thakkar 鹰眼般敏锐的编辑工作以及整个 Packt 团队的大力支持。我还要感谢第 1 版的作者们，因为本书是在他们工作的基础上完成的。在个人方面，我始终感谢我的家人：可爱的 Pranathi、亲爱的妻子 Chandrika、女神般的母亲 Lakshmi 和我深爱着的父亲 Narayanachar。

Tony Ojeda 是一位经验丰富的数据科学家和企业家，在商业流程的最优化方面非常专业，并且对创造和执行创新型数据产品及解决方案非常有经验。他在佛罗里达国际大学（Florida International University）获得金融硕士学位，并且在德保罗大学（DePaul University）获得了 MBA 学位。他是华盛顿特区数据实验室的创始人、华盛顿特区数据社区的联合创始人，致力于数据科学的教育事业和活动组织。

Sean Patrick Murphy 在约翰·霍普金斯大学的应用物理实验室做了 15 年的高级科研人员，他专注于机器学习、建模和模拟、信号处理以及高性能计算。现在，他是旧金山、纽约和华盛顿特区多家公司的数据顾问。他毕业于约翰·霍普金斯大学，并在牛津大学获得 MBA 学位。他还是华盛顿特区数据创新见面会的联合组织者，是 MD 数据科学见面会的联合创始人。同时，他也是华盛顿特区数据社区的联合创始人。

Benjamin Bengfort 是一位非常有经验的数据科学家和 Python 开发者。他曾在业界和学术界工作过 8 年。他现在在马里兰大学派克学院攻读计算机博士学位，研究元识别（Metacognition）和自然语言处理。他拥有北达科他州立大学的计算机硕士学位，并且在那里教授过本科的计算机科学课程。他是乔治城大学的客座教授，在那里教授数据科学和分析。本杰明曾经在华盛顿特区参加过两次数据科学培训：大规模机器学习和多领域大数据技术应用。他非常感激这些将数据模型以及商业价值融合的课程，他正在将这些新兴组织构建为一个更成熟的组织。

Abhijit Dasgupta 是在华盛顿特区马里兰-弗吉尼亚地区工作的数据顾问，他有着多年的生物制药行业咨询、商业分析、生物信息以及生物工程咨询方面的经验。他拥有华盛顿大学生物统计专业的博士学位，并且有 40 多篇被审稿人接收的论文。他对统计机器学习非常感兴趣，并且非常乐于接受有趣和有挑战性的项目。他是华盛顿特区数据社区的成员，并且是华盛顿特区统计编程社群的创始人和联合组织者（华盛顿特区地区 R 用户组的前身）。

关于译者

刘旭华：现为中国农业大学理学院应用数学系副教授，北京理工大学博士，美国北卡莱罗纳大学教堂山分校（University of North Carolina at Chapel Hill）访问学者，主要从事数理统计、数据科学、数学与统计软件等领域的教学与科研工作，主持及参与过多项国家自然科学基金、北京市自然科学基金等项目。曾翻译过《R语言统计入门》等书籍。

本书的翻译工作得到中国农业大学教务处 2016—2020 年度 "概率论与数理统计" "数学实验" "数理统计" 核心课程建设项目、理学院教改项目 "大数据背景下的概率统计课程建设探索" 的资助。他负责翻译了本书第 1～4 章的内容并对全书进行了统稿。

李晗：2015 年毕业于广州华南理工大学，硕士期间主要从事信号处理、数据分析方面的研究。目前就职于中兴通讯，主要从事数据库、数据分析、容器化微服务方面的开发与运维工作。工作之余，还对多种技术与方向怀有浓厚的兴趣，包括区块链、人工智能、互联网信息安全、技术翻译等。他负责翻译了本书第 8～11 章。

闫晗：中国人民大学统计学院硕士，"统计之都" 编辑部 "搬砖工"。他负责翻译了本书第 5～7 章。

在本书翻译的过程中，借鉴了由郝智恒、王佳玮、谢时光、刘梦馨等译者翻译的第 1 版译稿，本书译者对他们表示感谢。

关于英文版审稿人

Alberto Boschetti 是一位在信号处理和统计学方面有资深经历的数据科学家。他拥有电信工程博士学位，目前在伦敦生活和工作。在工作中，他每天都要面对自然语言处理、机器学习以及分布式处理领域中的一些具有挑战性的问题。他对工作很有激情，总是追踪最新的数据科学技术的发展，参加相关聚会、会议等交流。他的著作有 *Python Data Science Essentials*、*Regression Analysis with Python* 和 *Large Scale Machine Learning with Python* 等，这几本书都由 Packt 出版社出版。

> 非常感谢我的家人、朋友和同事们。另外，非常感谢开源社区。

Abhinav Rai 从事数据科学工作快 10 年了，目前在微软工作。他在电信、零售市场及在线广告领域都有工作经验。他感兴趣的领域包括机器学习中不断发展的方法及相关技术。他对分析大规模和海量数据集特别感兴趣，并在这种背景下有一些深刻的见解。他拥有 Deendayal Upadhyay Gorakhpur University 数学硕士学位（NBHM 奖学金）以及印度统计研究所计算机科学硕士学位。严谨和老练是他从事数据分析工作的特点。

前言

欢迎阅读本书。对上一版非常正面的反馈以及读者从中的获益使得本书出版成为可能。当 Packt 出版社邀请我作为第 2 版的合作者时，我在网上事先浏览了一些评论，很快发现了本书流行的原因以及它的一些小小的不足之处。因此，这一版保留了上一版的优点并尽可能地去掉那些缺陷。为提升本书的实用性，本书新增了第 10 章和第 11 章。

我们生活在数据时代。每一年，数据都在大量快速地增长，因此分析数据和从数据中创造价值的需求也比以往任何时候都更为重要。那些知道如何使用数据以及如何用好数据的公司，在后续的竞争中会比那些无法使用数据的公司更有优势。基于此，对于那些具备分析能力，能够从数据中提取有价值的信息，并且将这些信息用于实践产生商业价值的人才的需求会继续增大。本书为读者提供了多种学习如何利用数据创造价值的机会。书中所用的数据来自很多不同的项目，而且这些项目可以体现出数据科学项目的各种新进展。每一章的内容都是独立的，它们包含了电脑屏幕截图、代码片段、必要的详细解释。我们对处理数据的过程和实际应用特别关注，这些内容都是以循序渐进的方式来安排写作的。写作本书的目的在于，向读者介绍成为数据科学家的路径，以及向读者展示这些方法是如何应用在多种不同的数据科学项目上的。此外，我们还希望读者在今后自己做项目时，能够很方便地应用我们讲到的方法。在本书中，读者将学到不同的分析和编程方法，而所有讲授的概念和技能都是以实际的项目作为引导，因此读者可以更好地理解它们。

本书内容

第 1 章向读者介绍了数据科学管道，并且帮助使用 Mac、Windows 和 Linux 操作系统的读者恰当地搭建数据科学环境。这一章还引导读者在前述平台上安装 R 和 Python。

第 2 章带领读者对汽车数据进行分析和可视化，从中发现随时间变化的燃料效率的变化趋势和模式。在这一章中，读者将初尝获取、探索、修正、分析和沟通等流程。上述过程将在 R 中实现。

第 3 章向读者展示如何使用 Python 将自己的分析从一次性的临时的工作转变为可

复用的产品化代码。这些工作都是基于一份收入数据展开的。

第 4 章向读者展示如何搭建自己的选股系统，并且使用移动平均法分析股票历史数据。在这一章中，读者将学习如何获取、描述、清洗数据以及如何产生相对估值。

第 5 章展示如何得到美国劳工统计局的就业和薪资数据，然后在 R 中进行不同层级的地理空间分析。相同的分析用 Python 也可以实现。本章的关注点在于数据的转换、操控和可视化。

第 6 章对应于第 2 章的内容，但是使用的是强大的编程语言 Python。这一章关注分析模型的 Python 实现。

第 7 章向读者展示了如何构建、可视化以及分析由漫画书中人物关系构成的社交网络。读者将看到 R 和 Python 两种语言的实现。

第 8 章将带领读者使用 Python 创建一个电影推荐系统。另外，读者也能够学习如何利用 R 和 Python 代码实现一个预测模型，并掌握在实现预测模型时协同过滤的使用方法。

第 9 章向读者展示如何连接到 Twitter API，以及如何画出 Twitter 用户档案中包含的地理信息。另外，读者也能学习 RESTful API 在文本挖掘中的使用方法。

第 10 章解释如何创建时间序列对象，并描述各种可视化时间序列数据的方法。另外，读者也能学到如何为数据创建一个合适的模型，并识别数据中是否包含趋势和季节性组成元素。

第 11 章利用一些基本的树方法和随机森林来展示探索性数据分析。通过本章，读者将能学习到如何对特定数据应用探索性数据分析方法。

阅读本书，你需要什么

要阅读本书，你需要一个能够连接到互联网的电脑，并且能够安装本书中所需要的开源软件。本书用到的主要软件包括 R 和 Python，这两个编程语言带有大量免费的包和库。第 1 章会介绍如何安装这些软件以及它们的包和库。

本书面向的读者

本书旨在使用能够亲自实践的现实案例，启发那些希望学习数据科学以及数值编程的数据科学工作者。无论你是一名数据科学领域的新手，还是一名具有丰富经验的专家，在学习了数据科学项目的结构以及本书中所展示的示例代码之后都会有所收获。

章节安排

阅读本书时，你会发现几个标题会多次出现（准备工作、操作流程、工作原理、更多内容），下面我们简单介绍这些版块的作用。

准备工作

这个版块告诉你在项目流程中你能得到什么，描述如何安装软件或为完成项目事先需要的设置。

操作流程

这个版块包含为了完成项目所需要的步骤。

工作原理

这个版块通常由对"操作流程"版块内容的详细解释构成。

更多内容

这个版块由与项目流程有关的其他信息构成，目的是使读者对项目流程有更好的理解。

习惯约定

本书中，你将发现对不同的信息用到了许多不同的文本格式。下面有一些格式的例子以及对它们含义的解释。正文中的代码、数据库表名、文件夹名称、文件名、文件扩展名、路径名、虚拟 URL、用户输入、Twitter 用户定位等的格式展示如下："在数据库中为 JIRA 创建一个新用户，使用如下命令授权用户链接到我们刚创建的 jiradb 数据库。"

代码块如下：

```
<Contextpath="/jira"docBase="${catalina.home}
/atlassian- jira" reloadable="false" useHttpOnly="true">
```

命令行输入或输出如下书写：

```
mysql -u root -p
```

新术语和重要词语用黑体显示。在屏幕上看到的词语，比如在菜单或对话框中，类似这样的形式："从**管理面板**选择**系统信息**。"

 这种图标表示警告或重要提示。

 这种图标表示一些小技巧。

资源与支持

本书由异步社区出品,社区(https://www.epubit.com/)为您提供相关资源和后续服务。

配套资源

本书提供如下资源:

- 源代码;
- 书中彩图文件。

要获得以上配套资源,请在异步社区本书页面中单击 配套资源,跳转到下载界面,按提示进行操作即可。注意:为保证购书读者的权益,该操作会给出相关提示,要求输入提取码进行验证。

提交勘误

作者和编辑尽最大努力来确保书中内容的准确性,但难免会存在疏漏。欢迎您将发现的问题反馈给我们,帮助我们提升图书的质量。

当您发现错误时,请登录异步社区,按书名搜索,进入本书页面,单击"提交勘误",输入勘误信息,单击"提交"按钮即可。本书的作者和编辑会对您提交的勘误进行审核,确认并接受后,您将获赠异步社区的100积分。积分可用于在异步社区兑换优惠券、样书或奖品。

扫码关注本书

扫描下方二维码,您将会在异步社区微信服务号中看到本书信息及相关的服务提示。

与我们联系

我们的联系邮箱是 contact@epubit.com.cn。

如果您对本书有任何疑问或建议，请您发邮件给我们，并请在邮件标题中注明本书书名，以便我们更高效地做出反馈。

如果您有兴趣出版图书、录制教学视频，或者参与图书翻译、技术审校等工作，可以发邮件给我们；有意出版图书的作者也可以到异步社区在线提交投稿（直接访问 www.epubit.com/selfpublish/submission 即可）。

如果您是学校、培训机构或企业，想批量购买本书或异步社区出版的其他图书，也可以发邮件给我们。

如果您在网上发现有针对异步社区出品图书的各种形式的盗版行为，包括对图书全部或部分内容的非授权传播，请您将怀疑有侵权行为的链接发邮件给我们。您的这一举动是对作者权益的保护，也是我们持续为您提供有价值的内容的动力之源。

关于异步社区和异步图书

"异步社区"是人民邮电出版社旗下 IT 专业图书社区，致力于出版精品 IT 技术图书和相关学习产品，为作译者提供优质出版服务。异步社区创办于 2015 年 8 月，提供大量精品 IT 技术图书和电子书，以及高品质技术文章和视频课程。更多详情请访问异步社区官网 https://www.epubit.com。

"异步图书"是由异步社区编辑团队策划出版的精品 IT 专业图书的品牌，依托于人民邮电出版社近 30 年的计算机图书出版积累和专业编辑团队，相关图书在封面上印有异步图书的 LOGO。异步图书的出版领域包括软件开发、大数据、人工智能、软件测试、前端、网络技术等。

异步社区

微信服务号

目录

第 1 章
准备数据科学环境

　　传统的食谱书籍包含作者擅长的烹饪秘诀，可以帮助读者丰富可做食物的种类。许多人相信，一份食谱的最终收获就是菜品本身。类似于此，读者可以用同样的观点来阅读本书。本书中每一章都伴随着不同目标、针对不同数据集、应用数据科学管道（pipeline）的各个阶段进行分析，进而展示给读者。同时，正如烹饪一样，最后结果可以仅仅是对某一个特定数据集的分析。

　　然而，我们希望读者能有更广阔的视角。数据科学工作者通过实践进行学习，确保每一次重复和假设验证都能增进实践知识。通过使用两种不同的编程语言（R和 Python）结合数据科学管道对多个数据集进行处理，我们希望读者可以学会抽象出分析模式，能够看到更广阔的图景，并能对数据科学这一尚未完善的领域有更深刻的理解。

　　我们同时也希望读者认识到，数据科学食谱并不像传统烹饪食谱那样清晰明确。当厨师开始做某道菜时，他们在脑海中对最后成品的样子是很明确的。然而对数据科学工作者来说情形则完全不同。人们对要分析的数据集的内容可能并不是很清楚，在不同时间和资源限制下，分析结果可能是这样也可能是那样。数据科学工作者的菜谱本质上只是深入挖掘数据的一条路径，是朝着正确的问题并最终完成可能的最好的菜肴之路前行的开始。

　　如果读者具有统计学或数学背景，那么本书所展现的建模技术本身可能并不会让你兴奋。你可以把注意力集中在数据科学管道中那些偏重于解决实践问题的方法，如加载一个大数据集、使用可扩展工具结合已有技术完成数据应用、交互式可视化展示及 Web应用等，而略过那些报告和论文。我们希望可以提升你对数据科学的欣赏和理解，帮助你在你自己的领域用好数据科学。

　　实践中数据科学工作者需要丰富多样的工具才能完成他们的工作。数据分析人员利用各种工具完成抓取、清洗、可视化、建模以及展示数据等大量任务。如果你与许多数据工作者交流过，那么你将发现他们的工具中最重要的部分是进行数据分析和建模的语言。回答哪种编程语言对某个任务是最合适的这种问题堪比回答世界上最难回答的问题。

本书中，我们将同时关注两种应用广泛且用于数据分析的不同的语言——R 和 Python，读者可以根据自己的喜好选择用哪一种。我们将提示读者每种语言所适用的任务，我们也会对每种语言针对同一数据集分析的结果进行对比。

在学习新的概念和技术时，深度和广度总是需要权衡的问题。时间和精力有限，应该同时学习 R 和 Python 达到中等程度，还是全力学习一种语言？从我们的职业经验看，强烈建议读者精通一种语言，同时酌情了解另一种。这是否意味着可以跳过关于某种语言的某些章节呢？当然不是！在你阅读本书时，确实应该选择一种语言并深入下去，不仅掌握这种语言，而且能熟练地使用它。

为继续本章的内容，应确保你有足够的带宽能在合理的时间内下载几个数 GB 大小的软件。

1.1　理解数据科学管道

开始安装各种软件之前，我们需要对贯穿本书的数据分析过程所要用到的重复性步骤有所了解。

1.1.1　操作流程

下面是数据分析的 5 个关键步骤。

1．**获取**：数据科学管道的第一步是获取不同来源的数据，它包括关系型数据库、NoSQL 和文档、网页抓取、分布式数据库（如 Hadoop 平台上的 HDFS、RESTful API 和文本文件）以及 PDF 文档（当然我们不希望看到这种格式）。

2．**探索和理解**：第二步是理解你要分析的数据以及数据是如何收集的。这一步通常需要进行有意义的探索分析。

3．**修改、整合和处理**：这一步通常是数据科学管道中最耗时也是最重要的一步。数据几乎从来不会以你分析需要的形式出现。

4．**分析和建模**：这一步是最有意思的部分。数据科学家开始探索数据变量间的统计关系，施展他们掌握的机器学习技巧来对数据进行聚类、分类、归类，进一步创建预测模型以便对未来的数据进行分析。

5．**沟通和实施**：在管道的最后一步，我们需要以吸引人的形式和结构展示结果，有时是对我们自己展示从而进行下一轮分析，有时是对各种不同的用户。展示的数据产品可以是一次性报告，也可以是可扩展的成千上万人使用的 Web 产品。

1.1.2 工作原理

虽然上述步骤是按顺序列出的，但并不是每一个分析项目都要严格按照上面的顺序一步一步地实施。事实上，灵活的数据科学工作者知道这些步骤是相互交织的。通常，数据探索分析会提示你数据是如何清洗的，然后对清洗过的数据进行进一步的探索分析进而更深入地理解。上述步骤中哪一步先来通常依赖于你开始时对数据的熟悉程度。如果你使用每天产生和获取数据的系统，那么初始的数据探索和理解过程可能不需要太长时间，当然这需要假设前述系统不出问题。相反，如果你对手头要处理的数据没有任何背景知识，那么数据探索和理解过程将需要非常多的时间（很多是非编程时间，比如与系统开发者的沟通等）。

下图展示了数据科学管道的整个流程。

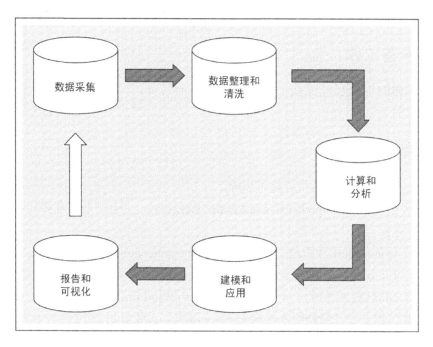

正如你可能已经知道的，数据改写、整合和处理可能消耗项目时间和资源的 80%甚至更多。在完美的世界里，我们总是拥有完美的数据。但不幸的是，现实并非如此，你能遇到的数据问题几乎是无限的。有时候，数据字典可能会改变，也可能会丢失，所以在这种情况下理解字段值是不可能的。有些数据字段可能包含垃圾信息或者包含一些与别的字段混淆了的值。升级一个 Web 应用产品可能产生一些漏洞，导致之前的数据无法收集，从而丢失成百上千行的数据。如果发生了这些问题，你所分析的数据就可能会包含所有这些错误。

最后一步，沟通和实施是非常关键的，但这一步错综复杂，通常不受重视。注意管道中的最后一步并不是数据可视化，也不是仅画一些漂亮的或引人入胜的图形，这本身也是一个丰富的主题。相反，数据可视化将和数据一起成为一个更大问题中的一部分。有些数据科学工作者可能会考虑得更远，他们声称最终分析结果应该是一个论据，如果不能用它来说服决策者，那么你所做的所有努力都将毫无价值。

1.2　在 Windows、Mac OS X 和 Linux 上安装 R

R 项目的主页上对 R 的定义是"R 是一个用于统计计算和绘图的编程语言和环境"，目前 R 已成为统计和数据分析的通用语言之一。在本书的前半部分我们将选择 R 作为默认的工具。

1.2.1　准备工作

请确保你的电脑已经连接了网络并有足够的带宽，因为你可能要下载一个大于 200MB 的软件。

1.2.2　操作流程

安装 R 是很简单的，请执行如下步骤。

1．访问 CRAN（Comprehensive R Archive Network），并且下载当前操作系统所对应的最新版本的 R。

- 对于 Windows 操作系统，访问 http://cran.r-project.org/bin/windows/base/。
- 对于 Linux 操作系统，访问 http://cran.us.r-project.org/bin/linux/。
- 对于 Mac OS X 系统，访问 http://cran.us.r-project.org/bin/macosx。

截至 2017 年 6 月，最新版本的 R 是 3.4.0 版本。该版本是 2017 年 4 月发布的。

2．当下载好之后，请按照 CRAN 提供的通俗易懂的指导文档，在你的平台上安装 R。对于 Windows 和 Mac 用户来说，只要双击安装包即可。

3．安装好 R 之后，打开它。你将看到一个类似下图的窗口。

4. CRAN 的一个重要改进版 MRAN 可以在微软的相关网站上获得，这是微软对 R 软件的贡献。事实上，本书的作者是这个版本的粉丝并强烈推荐微软这一版本，它已在多个场合展示过，MRAN 版本比 CRAN 版本速度更快，并且所有的代码在这两个版本下都能同样运行。因此，我们有充分的理由选择 MRAN 版本。

5. 你可以在下载完 R 之后即停止，但是你会因此而错过一款非常出色的 R 语言的集成开发环境（IDE）——RStudio。访问官网下载 RStudio，按照网上提供的安装指南进行安装。

6. 安装好之后，请运行 RStudio。下面的截图展示了本书作者个性化配置的 RStudio 界面，控制台在左上角，编辑器在右上角，当前空间的变量列表在左下角，当前路径在右下角。

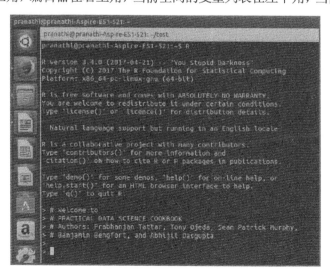

1.2.3　工作原理

R 是一种解释型编程语言，最初出现在 1993 年，是 S 统计编程语言的实用化，而 S 语言则是在 20 世纪 70 年代诞生于 Bell 实验室（S-PLUS 是 S 语言的商业版本）。R 是专注于统计分析和可视化领域的语言。因为它拥有开源证书，所以它有时候又称为 GNU S。虽然你也可以用 R 做许多并非直接与统计分析相关的工作（如网页爬取），但 R 仍然是一个领域特定语言，并且没有打算成为一门通用语言。

R 同时也受到 CRAN 的支持，CRAN 是 Comprehensive R Archive Network 的首字母组合。CRAN 包含了以往版本中关于 R 的相关文档，并且提供下载，可以使用旧版本的 R 进行可重复性分析。除此之外，CRAN 包含了成百上千个可以免费下载的扩展包，这极大地增加了 R 的功能。事实上，正是因为近几年很多新的统计算法都是首先集成在 R 中，才使得 R 成为多个领域中数据分析开发平台的首选。

RStudio 可以在 GNU Affero 通用公共许可证 V3 版下获取。它是开源的，可以免费使用。RStudio 公司除了提供 R 的商业支持之外，也提供了额外的工具和服务。

1.3　在 R 和 RStudio 中安装扩展包

R 有着数量庞大的扩展包，这使得 R 的功能得以大大增加。事实上，在很多国家的大学统计系中，R 都是默认首选语言。因此，当发展出新的统计算法和技术时，R 通常是第一个实现它们的语言。更幸运的是，安装新增的 R 包非常简单。

1.3.1　准备工作

只要 R 或 RStudio 已经安装完毕，那你就已经准备好了。

1.3.2　操作流程

在 R 中安装新增包非常简单。

1. 打开 R 的交互环境或者更实用的 RStudio。

2. 假如我们要安装 ggplot2，只要在输入如下命令后按下回车键即可：

```
install.packages("ggplot2")
```

 我们假设，在本书后面的章节中，每当我们键入一行文本时，都会默认在末尾键入回车键。

3．此时，你会在电脑屏幕上看到如下文字。

```
trying URL 'http://cran.rstudio.com/bin/macosx/contrib/3.0/
 ggplot2_0.9.3.1.tgz'Content type 'application/x-gzip' length
2650041 bytes (2.5
 Mb)
opened URL
=================================================
downloaded 2.5 Mb

The downloaded binary packages are in
/var/folders/db/z54jmrxn4y9bjtv8zn_1zlb00000gn/T//Rtmpw0N1dA/
 downloaded_packages
```

4．也许你已经注意到，你需要知道扩展包的准确名称，如刚才例子中你要安装的 ggplot2。访问 r-project 网站，确保你输入的包名是准确的。

5．RStudio 提供了安装扩展包更为简单的机制。如果你还没有打开它，那么现在打开 RStudio。

6．在菜单栏单击进入 Tools，选择 Install Packages，这时会弹出一个窗口，如下图所示。

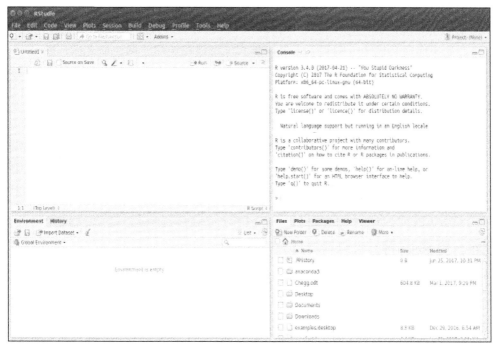

7．当你在 Packages 区域开始键入包名时，RStudio 会自动展示一列可能的包名。这

种自动补全功能简化了包的安装过程。更好的是，具有类似扩展包名称的包或者是与你要安装的包名前几个字母相同的老版本及新版本的包，你都可以看到。

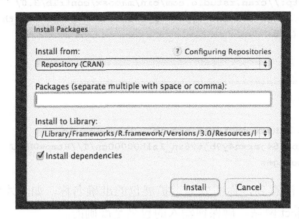

8．现在安装一些新的包，这些包都是我们强烈推荐给读者安装的。在 R 窗口界面输入如下命令：

```
install.packages("lubridate")
install.packages("plyr")
install.packages("reshape2")
```

如果你在 packtpub 网站上拥有一个账户，那么对于所有的 Packt 图书都可以下载样例代码。如果你在其他地方购买了本书，那么你可以在访问官网注册之后，通过电子邮件获取。

1.3.3　工作原理

无论你是使用 RStudio 的图形界面还是直接使用 `install.package` 命令，你需要做的事情是一样的。针对目前的 R 版本，只要找到一个合适的库来安装。当你使用命令语句来安装包时，R 会报告一个在 CRAN 上能找到的包的地址，以及这个包在你的电脑上下载的路径。

1.3.4　更多内容

R 最强大的力量来源是其社区，这里再回顾两个网站。R-bloggers 是一个整合了 R 相关新闻、入门指南的网站，这个网站上目前有超过 750 篇博客。如果你有关于 R 的问题，那么在这里可以找到很多信息。此外，Stack Overflow 是一个很好的问答网站，在这个网站中，使用标签 rstat 可以找到很多关于 R 的问答。

当你的 R 技能增长之后，你可能希望构建一个 R 包给别人使用。本书的内容并不包含如何构建 R 包，但是请记住，R 语言的核心正是由用户提交的丰富而广泛的包。

1.4 在 Linux 和 Mac OS X 上安装 Python

对我们来说，很幸运的一点是，在大多数 Mac OS X 版本以及很多 Linux 的版本上已经预装了 Python（最新的 Ubuntu 和 Fedora 都安装了 Python 2.7 或者最新版本）。因此，我们在这一步不需要做太多的事，只需要检查是否一切都已经安装好了。

在本书中，我们使用 Python 3.4.0 版本。

1.4.1 准备工作

请确保你的网络连接正常，我们可能需要安装一些工具。

1.4.2 操作流程

在命令窗口执行以下步骤。

1. 打开一个新的窗口，输入如下命令：

```
which python
```

2. 如果你已经安装了 Python，那么将看到如下内容：

```
/usr/bin/python
```

3. 用 python-version 命令查看你的 Python 版本。

```
python --version
```

1.4.3 工作原理

如果你打算使用 OS X，那么你可能会因为以下几个原因而希望安装一个独立的 Python 版本。首先，每次升级你的操作系统时，它都会删掉已经安装的 Python 包，这样你就必须重新安装已经安装过的包。其次，Python 的新版本发布频率会比 Apple 公司自身的更新频率要高。因此，如果你需要紧随 Python 的更新而更新，最好安装独立的版本。最后，Apple 公司的 Python 版本和 Python 官方的版本有一点不同，它在硬盘上的位置并不像官方 Python 那样有一个标准。

网上有很多指南可以帮助你在你的 Mac 上安装独立的 Python 版本，这里不再介绍。

1.5　在 Windows 上安装 Python

在 Windows 系统下安装 Python 比较复杂，它有 3 种选择。第一个选项是你可以选择标准的 Windows 版本，然后从官网下载 Python 的可执行安装包进行安装。这种方式的潜在问题在于安装路径，有可能配置文件的路径和标准的 Python 安装路径不一致。因此，在安装每个 Python 包时都会遇到路径问题。此外，网上很多关于 Python 的教程和问答并不适用于 Windows 环境。我们看到很多学生在 Windows 上安装 Python 时遇到非常多的问题。除非你是专家，否则我们不建议你使用这个选项。

第二个选项是安装一个已经集成好所有科学、数值以及与数据相关包的 Python 预装版本。目前有两个比较合适的预装版本，一个来自 Enthought 公司，另一个来自 Continuum Analytics 公司。Enthought 公司提供了适合 Windows 32 位和 64 位的 Python 3.5 的 Canopy（华盖）版本。这个版本的免费版叫作 Canopy Express，其中预装了 50 多个 Python 包，包含 pandas、Numpy、SciPy、IPython 和 matplotlib，它们都可以直接使用。对于本书的内容来说，这些包已经足够了。Canopy Express 还有一个自己的集成开发环境，类似于 MATLAB 或者 RStudio。

Continuum Analytics 公司提供的 Anaconda 是一个完全免费的集成 Python 2.7 以及 3.6 的版本，包含 100 多个包，这些包可以进行科学计算、数学、工程、数据分析等。Anaconda 包含 Numpy、SciPy、pandas、IPython、matplotlib 和更多的包。对于本书而言，这些包绰绰有余。

第三个选项也是最佳选项，就是在 Windows 上使用一个 Linux 的虚拟机。可以使用 Oracle 提供的免费的 VirtualBox，这样你就可以选择喜欢的 Linux 版本来运行 Python。这种方法的缺点是在虚拟机上执行操作可能会有延迟，此外你还需要掌握 Linux 命令行的操作。不过，这是一名数据科学工作者应该掌握的。

1.5.1　操作流程

按照如下步骤，使用 VirtualBox 安装 Python。

1．如果你选择在 Linux 虚拟机上运行 Python，登录 VirtualBox 的官网，从"Oracle 软件"处免费下载 VirtualBox。

2．参考如下安装指南，在 Windows 下进行安装：https://www.virtualbox.org/manual/ch01.html#intro-installing。

3．安装好之后，完成指南中 1.7 节（开启 VirtualBox）和 1.8 节（生成你的第一个虚拟机），以及 1.9 节（运行你的虚拟机）的部分。

4．当你的虚拟机开始运行时，参考本书 1.4 节中的内容进行 Python 的安装。

如果你想要安装 Continuum Analytics 的 Anaconda 版本，请参考这份详尽的指南来进行安装：http://docs.continuum. io/anaconda/install.html。

1.5.2　工作原理

对很多读者而言，基于他们不同的经验，可以很轻松地选择是安装一个预装的 Python 版本还是安装虚拟机。然而，如果你对这个选择还有所困惑的话，那么请往下看。如果你之前只使用过 Windows 操作系统，也不太熟悉*nix 命令行操作，那么基于虚拟机的操作对你来说有一些难度，但这也会迫使你提高你的水平。虽然这需要很多的努力和坚持，但是对于成为一名数据科学家而言，这两件事情都是很有用的（请相信我们）。如果你有时间，也具有相关的知识，那么最好所有的工作都在虚拟机上执行，这将帮助你更快地成为一名优秀的数据科学家，也会帮助你更方便地在相关环境中部署你的代码。如果你没有时间，或者没有相关知识，那么可以使用备选方案，安装 Anaconda 版本。很多人也是这样选择的。

在本书后续的内容中，我们会首先介绍基于 Linux、Mac OS X 的 Python 包的安装方法，其次才会介绍 Anaconda 的安装。因此，对于 Windows 用户来说，我们会假设你要么安装了虚拟机，要么安装了 Anaconda 版本。如果你选择了其他的环境，那么我们也很赞赏你探索未知的勇气并且祝你好运。Google 会常伴你左右。

1.6　在 Mac OS X 和 Linux 上安装 Python 数据库

虽然常常称 Python 是"自带电池的"，但其自带的包往往不能发挥这个语言在数据分析上的强大功能。在本节，我们将安装一个名为 `SciPy` 的"兵器库"，它包括 NumPy、SciPy、pandas、matplotlib 和 Jupyter。

1.6.1　准备工作

假设你已经安装了标准的 Python。

在前一节如果你决定安装 Anaconda 版本（或者 Python 的其他自带所需库的版本），那么你可以忽略这部分。

为了检查特定的 Python 包是否已恰当地安装，请打开你的 Python 解释器并试着载入包。如果成功，则说明包已经安装在了你的机器上。为了实现这个操作，你可能需要通过 sudo 命令来获得机器的根访问权限。

1.6.2　操作流程

以下步骤将帮助你在 Linux 操作系统中安装 Python 数据分析库。

1．你需要知道使用的 Linux 版本。Linux 版本常常决定了你使用的包管理系统，包括 apt-get、yum 以及 rpm。

2．打开浏览器，输入 http://www.scipy.org/install.html，这里包含适用于多数操作系统的安装方案。

3．如果有变化，则这些指南可以用如下步骤代替。

（1）打开 shell。

（2）如果你使用的是 Ubuntu 或者 Debian，则输入如下代码：

```
sudo apt-get install build-essential python-dev pythonsetuptools
 python-numpy python-scipy python-matplotlib
ipython
 ipython-notebook python-pandas python-sympy python-nose
```

（3）如果你使用的是 Fedora，则输入如下代码：

```
sudo yum install numpy scipy python-matplotlib ipython
python-pandas sympy python-nose
```

4．在 OS X 系统的 Macintosh 上安装 Python 数据分析库，有多种选择。

（1）第一个选择是每个工具都下载一个已经预编译过的安装包（.dmg），然后像安装 Mac 应用一样，安装它们（我们推荐这种方法）。

（2）第二个选择是，如果你的 Mac 上有 MacPorts（一个安装软件的命令行工具系统），并且也安装了 XCode，那么你只需要输入：

```
sudo port install py27-numpy py27-scipy py27-matplotlib
py27- ipython +notebook py27-pandas py27-sympy py27-nose
```

（3）第三个选择是 Chris Fonnesbeck 提供的一种经测试可行的安装方法，本书中所有的包都可以通过这种方式安装。请参考 http://fonnesbeck.github.io/ ScipySuperpack。

上述方法都会花费一些时间，因为需要安装大量的软件。

1.6.3　工作原理

历史上，安装 SciPy 库曾经非常有挑战，因为安装过程非常繁复，甚至还需要 Fortran。因此，我们不建议你自己从源代码开始进行编译，除非你自己乐于折腾这些内容。

现在，一个自然的问题是：我们刚刚都安装了些什么？我们安装了 NumPy、SciPy、matplotlib、IPython、IPython Notebook、pandas、SymPy 和 nose 的最新版本。这些包的描述如下。

- **SciPy**：这是一个基于 Python 的开源包，用于数学、科学、工程，以及一些很有用的机器学习、科学计算和建模的库。
- **NumPy**：这是一个非常基础的 Python 包，提供了数值计算功能。因为它提供的计算方式与 C 很像，所以其速度非常快，尤其是当你需要处理高维数组和线性代数运算时。正是因为有了 NumPy，Python 才可以进行其他语言无法企及的如此高效的大规模数值计算。
- **matplotlib**：这是一个非常好用并且可以扩展的 2D 绘图库，而且其用法对于 MATLAB 用户来说是非常熟悉的。
- **IPython**：这个包提供了非常丰富并且强大的 Python shell。对于标准 Python REPL（Read-Eval-Print-Loop）而言，它是一个很好的替代。
- **IPython Notebook**：这是一个基于浏览器的 Python 工具，可以支持代码、格式化文件、markdown、图形、图像、声音、影像以及数学表达式的编辑和记录。
- **pandas**：这个包提供了一个非常稳健的数据框对象，并且提供了很多扩展工具，这让传统的数据和统计分析变得更简单和快速。
- **nose**：这是一个测试工具，它扩展了 Python 标准库的单元测试框架。

1.6.4　更多内容

在后续章，我们将更深入地讨论上述包。然而，如果我们不提 Python IDE，肯定会被人认为是不专业的。简单来说，我们推荐在你最喜欢的文本编辑器中集成 Python 的 IDE，比如来自 GitHub 的开源的 Atom、sublime，或者 Ruby 程序员最爱的 TextMate。Vim 和 Emacs 也是非常好的选择，因为它们除了功能强大之外，还可以很容易地在远程服务器上使用（数据科学家经常使用这种工作方式）。这些编辑器都有很多插件，它们可以提供代码补全、高亮、缩进等功能。如果你一定要选择一个 IDE，那么可以试试 PyCharm（社区版本是免费的）。你会发现大多数 Python IDE 比处理数据更适合网页开发。

1.7　安装更多 Python 包

本书后面的数据分析可能还需要用到一些其他的 Python 包。正如 R 有一个供社区提交构建包的仓库，Python 也有一个类似的功能，它以 Python 包指数（PyPI）的形式呈现。截至 2014 年 8 月 28 日，PyPI 中包含 48 054 个包。

1.7.1　准备工作

在这里，你只要连接到互联网即可。除非特别指出，否则这里的步骤都假设你使用的是操作系统默认的 Python 版本，而且不是 Anaconda。

1.7.2　操作流程

接下来的步骤将向你展示如何下载 Python 包，并用命令行进行安装。

1．下载包的源代码，可以将其保存到任何你喜欢的地方。

2．对包进行解压。

3．打开一个控制台。

4．定位源代码的路径。

5．输入如下命令：

```
python setup.py install
```

6．如果需要根访问，那么输入如下命令：

```
sudo python setup.py install
```

一种更便捷和简单的方法是使用 pip 安装。请按照如下步骤进行操作。

1．首先，检查你的 pip 是否已经安装好。打开 Python 解释器，输入：

```
>>>import pip
```

2．如果没有出现错误，说明你的 pip 已经安装好了，那么你可以直接跳到第 5 步；如果你看到了错误提示，那么接下来我们快速安装 pip。

3．下载 get-pip.py 到你的机器上。

4．打开终端窗口，定位到下载的文档，输入：

```
python get-pip.py
```

或者

```
sudo python get-pip.py
```

5．如果 pip 已经安装好，那么请保证你现在在系统命令行的提示符下。

6．如果你使用系统默认的 Python 版本，那么请输入：

```
pip install networkx
```

或者

```
sudo pip install networkx
```

7. 如果你使用的是 Anaconda 版本，那么输入如下命令：

```
conda install networkx
```

8. 现在，让我们试着安装其他包，比如 ggplot。输入：

```
pip install ggplot
```

或者

```
sudo pip install ggplot
```

1.7.3 工作原理

你至少有两种不同的方法安装 Python 包。比较老派的方法是，下载包的源代码，在你自己的机器上拆包，然后运行带有安装标签的 setup.py 脚本。如果你愿意，也可以在文本编辑器中打开 setup.py，看看这里的脚本到底在干什么。基于你当前环境的权限管理，你可能需要 sudo 权限。

第二种方法是使用 pip 安装。这种方法会自动抓取远程库中的包，然后在本地进行安装。如果这种方法可行，我们建议使用这种方法。

1.7.4 更多内容

由于 pip 很有用，所以我们建议读者阅读其在线指南。请特别注意其中非常有用的功能 pip freeze > requirements.txt，这个功能可以让你和你的同事交流外部相关的依赖性。

另外，conda 是包管理器以及 Anaconda 版本 Python 的 pip 的替代品。其官方网站的介绍中说，"它是一个跨平台的 Python 包的管理器。"conda 的理念非常高端，超越了Python 本身。如果你在使用 Anaconda，那么我们强烈建议你深入研究 conda 的功能，并且学会使用它，用它代替 pip 来作为你的包的管理器。

1.8 安装和使用 virtualenv

virtualenv 是 Python 工具的一种变形。一旦开始使用这个工具，你就会义无反顾地爱上它。virtualenv 会创建一个本地环境，并在这个环境下安装自带的 Python 版本。一旦从 shell 中激活这个环境，你就可以很方便地用 pip install 在本地安装包了。

首先，这听起来可能有点奇怪。为什么会有人希望这么做呢？因为这不仅可以帮助你处理涉及跨版本的 Python 包的依赖关系所带来的问题，而且还可以让你能够在不破坏其他重要环节的前提下快速地试验。假设你建立了一个网页应用，用的是包 awesom_template 的 0.8 版本，但是你的新数据产品需要这个包的 1.2 版本。在这种情况下你该怎么办呢？如果使用 virtualenv，那么你可以二者都用。

另外一个例子是，如果你在某台机器上没有管理员权限，那么你该怎么办呢？你不能用 sudo pip install 来安装包，因而无法进行数据分析。然而如果有 virtualenv，则这些都不成问题。

虚拟环境是软件开发者高效协同的开发工具。环境可以保证软件在不同的机器上以不同的依赖方式运行（比如生产或者开发服务器）。环境同时能够提醒其他开发者，这里有待开发的软件需求。Python 的 virtualenv 保证了软件是在整体环境中创建的，可以独立测试、协同部署。

1.8.1　准备工作

假设你已经完成了前面的步骤，那么现在你就已经准备好了。

1.8.2　操作流程

按照如下步骤，安装并测试虚拟环境。

1. 打开一个 shell 命令行，输入命令 pip install virtualenv 或者 sudo pip install virtualenv。

2. 安装完成后，在命令窗口输入 virtualenv，你将看到如下截屏中的内容。

3．创建一个临时路径，用如下命令转变当前路径：

```
mkdir temp
cd temp
```

4．在这个路径下，创建第一个虚拟环境，并命名为 venv：

```
virtualenv venv
```

5．你将看到类似如下的文字：

```
New python executable in venv/bin/python
Installing setuptools, pip...done.
```

6．现在，新的本地 Python 版本已经生成了。如果要用它，那么只需激活这个环境，使用如下代码：

```
source ./venv/bin/activate
```

7．注意，活动的脚本无法直接执行，必须先用 source 命令激活。此外，注意你的 shell 命令提示符可能已经发生了变化，前缀已变成了 venv，这表明你现在正在虚拟环境下工作。

8．要想验证这一点，使用 which 命令来观察 Python 的位置：

```
which python
```

你将看到如下输出：

```
/path/to/your/temp/venv/bin/python
```

9．输入如下命令进行安装：

```
pip install flask
```

Flask 是用 Python 写的一个微型网站框架。这个命令同时会安装很多 Flask 用到的包。

10．最后，我们验证一下虚拟环境和 pip 带来的版本控制的力量：

```
pip freeze > requirements.txt
cat requirements.txt
```

应该有如下输出结果：

```
Flask==0.10.1
Jinja2==2.7.2
MarkupSafe==0.19
Werkzeug==0.9.4
itsdangerous==0.23
```

```
wsgiref==0.1.2
```

11. 请注意，不仅捕捉到了包名，包括包的版本号也捕捉到了。requirements.txt 的优美之处在于，如果我们有了一个新的虚拟环境，那么只要简单地输入如下命令，就可以安装列出来的不同版本的 Python 包：

```
pip install -r requirements.txt
```

12. 如果要注销虚拟环境，则只需要输入命令：

```
deactivate
```

1.8.3　工作原理

virtualenv 生成自己的虚拟环境，有自己独立的安装路径，并且可以不依赖默认的操作系统环境进行独立的操作。如果你希望试验新的库，那么使用 virtualenv 就可以避免干扰系统层面的 Python 版本。更进一步，如果你有一个正在工作的应用，而且你希望它保持现状，那么也可以使用 virtualenv 让你的应用在它自己的 virtualenv 下运行。

1.8.4　更多内容

virtualenv 是一个很不错的工具。对于任何一名 Python 程序员来说，它都是无价的。然而，我们还是要提醒诸位，为了提升程序性能，Python 提供了很多工具来与 C 对象打通。因此，在你的虚拟环境下安装特定的 Python 包（比如 NumPy 和 SciPy），需要安装和编译额外的依赖关系，这是由系统来指定的。比较顺利的时候，这些编译也是非常冗长的，这也是我们为什么要维护一个虚拟环境的原因之一。更糟糕的是，如果某些依赖没有安装，将导致编译失败，产生一些如同外星语言一般的报错信息，复杂的依赖链条会让你感到非常困扰。即便是有经验的数据科学家，也会对此头痛不已。

一个简单的解决方案是，使用包管理器来把复杂的库安装到系统环境下。这些工具使用第三方包的预编译格式。如果你在系统环境安装了这些 Python 包，那么当你初始化 virtualenv 时，可以用--system-site-packages 来做标记。这个标记告诉 virtualenv 使用系统已经安装的包，并且设法避免编译新增的安装包。要在你的环境下使用系统已经安装好的包（比如，当你希望使用一个包的新版本时），使用 pit install -I，在虚拟环境下安装依赖关系到 virtualenv，并且忽视全局的包。当你只需要在系统上安装大规模的包，同时使用 virtualenv 来进行其他类型的开发时，这种技术是比较有效的。

本书剩余的部分，我们将假设你已经安装了 virtualenv 以及本章提到的工具。因此，我们不会太过强调或者纠结于虚拟环境的细节。你只要知道，虚拟环境是一个你可以单独执行本书中所有示例的安全环境。

第 2 章
基于 R 的汽车数据可视化分析

本章包含以下主要内容。

- 获取汽车燃料效率数据。
- 为你的第一个分析项目准备好 R。
- 将汽车燃料效率数据导入 R。
- 探索并描述燃料效率数据。
- 分析汽车燃料效率数据随时间的变化情况。
- 研究汽车的品牌和型号。

2.1 简介

本书介绍的第一个项目是分析汽车燃料数据。我们首先用 R 编程语言对该数据集进行分析。R 常称为数据科学通用语言，因为它是目前最流行的统计和数据分析语言。你将从本书的例子中看到，R 在数据处理、分析、建模、可视化和开发有用的脚本以完成分析任务等方面，都是非常好用的工具。

本章的"食谱"大致遵循数据科学管道中的如下步骤：

- 获取；
- 探索和理解；
- 修改、整合和处理；
- 分析和建模；
- 沟通和实施。

从流程上讲，数据科学管道是数据科学的骨架。为了精通数据科学，你需要通过交替应用多种工具和方法来实现这些流程，从而获取经验。这样，在分析具体的数据集时，你将知道哪些方法和工具是适合的。

本章的目的是逐步引导你完成对汽车燃料效率数据的分析，从中你将学到数据科学管道的上述步骤，并且未来对其他数据集和项目进行分析时，你可以应用这些步骤。将本章视为热身吧，更多的挑战将在后续章节中展开。

2.2　获取汽车燃料效率数据

　　每一个数据科学项目都是从数据开始的，本章也并不例外。对于本例而言，我们需要深入研究一个包含燃料效率表现度量标准的数据集，在这个数据集中燃料效率用每英里消耗的燃料加仑数（MPG）来度量。数据集中包含自 1984 年开始记录的美国大多数品牌和型号汽车的相关数据。这份数据来自美国能源部和美国环保局。数据集中除了包含燃料效率数据以外，还有一些所列汽车的其他特征和属性数据。因此，我们有机会使用这类数据进行分组汇总统计，从而看到哪个汽车在历史上有更好的燃料利用效率，以及它们是如何随着时间变化的。最新的数据是在 2013 年 12 月 4 日更新的，本书中使用的数据是 2013 年 12 月 8 日从网站上下载的。

　　推荐你使用随本书代码一起提供的数据集，这样可以保证代码产出的结果与本书展示的一致。

2.2.1　准备工作

　　为了完成本章的内容，首先你需要一台可以连接互联网的电脑，电脑上还需要安装一个文本编辑器。

2.2.2　操作流程

　　按照如下步骤获取本章后续内容所需要的数据。

　　1．从 fueleconomy 网站下载数据 vehicles.csv.zip。

　　2．在电脑上用解压工具对 vehicles.csv.zip 文件进行解压，然后把数据移动到你的工作代码目录下。

　　3．花一点时间，用微软的 Excel 或者 Google 的 Spreadsheet 或者某个简单的文本编辑器打开解压后的 vehicles.csv 文件。逗号分隔文件（csv）是一种很容易处理的文件，这种文件可以用一些很基础而且免费的工具来编辑和展示。文件打开后，你可以先浏览即将要处理的数据，找找感觉。

　　4．浏览网站 http://www.fueleconomy.gov/feg/ws/index.shtml#vehicle。

5. 选择 vehicle 下面的数据描述（Data Description）部分，并将它们复制到本地的一个文本文件中。不要包含 emissions 题头的部分。把这份文件以 varlabels.txt 为名字保存在你的工作目录下。这份文件的前 5 行如下所示：

```
atvtype - type of alternative fuel or advanced technology vehicle
barrels08 - annual petroleum consumption in barrels for fuelType1 (1)
barrelsA08 - annual petroleum consumption in barrels for fuelType2 (1)
charge120 - time to charge an electric vehicle in hours at 120 V
charge240 - time to charge an electric vehicle in hours at 240 V
```

 为了方便使用，这份文件已经包含在本章的代码库中。

2.2.3　工作原理

虽然一开始的这些部分，没有太多需要解释的。但要注意的是，我们是从相对比较简单的问题开始的。在一些数据科学项目中，你是无法如此容易地获取和观察到数据的。

2.3　为你的第一个分析项目准备好 R

为了完成后续工作，你需要在电脑上安装一个 R 环境（尽管基础的 R 或者 RStudio 都可以，但是我们强烈建议你安装功能强大而且免费的 RStudio），并且已经在电脑里保存了汽车燃料效率数据集。请确保你的电脑里已经包含了本次分析所需的所有内容。

2.3.1　准备工作

你需要将电脑连接到互联网，而且假设你的平台上已经安装了 RStudio。前面的章节已经提供过安装指南。

2.3.2　操作流程

如果你正在使用 RStudio，则只需执行以下 3 步。

1. 打开 RStudio。

2. 在 R 的命令窗口，安装这个项目需要的 3 个 R 包如下所示：

```
install.packages("plyr")
install.packages("ggplot2")
```

```
install.packages("reshape2")
```

3．载入这些 R 包：

```
library(plyr)
library(ggplot2)
library(reshape2)
```

2.3.3　更多内容

　　R 的强大在于其社区以及该社区围绕 R 语言所开发的各种功能的包，这些包对于 R 社区的所有成员来说都是可以获取的。目前有超过 4 000 个包和库，它们可以让你的数据分析工作变得容易很多。

　　Hadley Wickham 博士是 R 社区中非常有影响力的成员。他提供了一大批优质并且经常使用的 R 包。在本章中，你会初步使用他的 plyr 以及 ggplot2。此外，你还会使用第三个包——reshape2。plyr 用于对数据集进行分割—应用—合并模式的数据分析，本章稍后会解释它是怎么应用于我们的数据集的。ggplot2 会使复杂数据的可视化变得更容易。

2.4　将汽车燃料效率数据导入 R

　　在上一节的"菜谱"中，已经准备好了所需的全部原料，现在可以把数据集导入 R 中，并开始进行一些初步的分析，以对数据有一个初步的了解。

2.4.1　准备工作

　　本章中用到的大多数分析是递进的，也就是说前一步分析的方法或者结论会用在后续的分析中。因此，如果你已经完成了前面的步骤，则已经有了接下来分析所需要的所有东西。

2.4.2　操作流程

　　以下几步会引导你将数据导入 R 中。

　　1．将工作路径设定到本地保存了 vehicles.csv 的路径下：

```
setwd("path")
```

将路径 path 替换为你电脑中对应的实际文件路径。

2. 如果你知道所要加载的 zip 文档中的文件名，那么就直接从 zip 文件中载入数据：

```
vehicles <- read.csv(unz("vehicles.csv.zip", "vehicles.csv"),
 stringsAsFactors = F)
```

3. 为了检查数据是否已经载入，我们可以使用 head 命令在 R 中展现数据的前几行：

```
head(vehicles)
```

你将在屏幕上看到数据集的前几行。

 我们也可以使用 tail 命令。这个命令将显示数据集的末尾几行，而不是前几行。

4. labels 命令给数据集 vehicles.csv 文件的变量贴上标签。注意，labels 是一个 R 的函数。快速浏览文件发现，数据集的变量名和它们的解释在文件中使用 "-" 分割开来，所以我们读入这个文件时也要设定分隔符为 "-"。

```
labels <- read.table("varlabels.txt", sep = "-", header = FALSE)
## Error: line 11 did not have 2 elements
```

5. 居然有错！我们对报错信息进行仔细检查，发现文件的第 11 行包含两个 "-" 符号，因此这一行就被分成 3 部分而不是像其他只有两部分。我们需要修改文件读取的方式，从而忽略连字符的影响。

```
labels <- do.call(rbind, strsplit(readLines("varlabels.txt"), " -
"))
```

6. 再次用 head 命令来看数据读入是否有效。

```
head(labels)

     [,1]            [,2]
[1,] "atvtype"    "type of alternative fuel or advanced
 technology vehicle"
[2,] "barrels08" "annual petroleum consumption in barrels for
 fuelType1 (1)"
[3,] "barrelsA08" "annual petroleum consumption in barrels for
```

```
fuelType2 (1)"
[4,] "charge120" "time to charge an electric vehicle in hours
 at 120 V"
[5,] "charge240" "time to charge an electric vehicle in hours
 at 240 V"
```

2.4.3　工作原理

我们从内到外一部分一部分地仔细分析上面第 5 步中最后一句相对复杂的语句。

首先，一行一行地读取文件里的内容。

```
x <- readLines("varlabels.txt")
```

每一行都是用字符"-"分割。空格是非常重要的，这样我们就不会分割带有连字符的词语（比如第 11 行）。每一行分为两部分，每部分形成一个字符串向量，这些向量存在一个列表中：

```
y <- strsplit(x, " - ")
```

现在，我们把这些向量堆在一起形成一个字符串矩阵，第一列是变量名，第二列是变量的描述：

```
labels <- do.call(rbind, y)
```

2.4.4　更多内容

敏锐的读者可能已经注意到在 read.csv 函数的调用中包含最后一个参数 stringAsFactors = F。R 默认会将字符串转换为在许多情形下被称为因子的数据类型。因子是 R 中分类变量的称呼，可以认为是对数据的标注或者标签。在 R 的内部，因子以整数形式存储，每个整数映射到因子的一个水平。这项技术可以使老版本 R 的存储成本降低。

一般而言，分类变量是没有顺序的（即一个值大于另外一个值）。下面我们快速地给出一个例子，将一个有 4 个值的字符串类型的变量转换成因子，然后进行比较。

```
colors <- c('green', 'red', 'yellow', 'blue')
colors_factors <- factor(colors)
colors_factors
[1] green  red    yellow blue
Levels: blue green red yellow
colors_factors[1] > colors_factors[2]
[1] NA
Warning message:
```

```
In Ops.factor(colors_factors[1], colors_factors[2]) :
>not meaningful for factors
```

也存在有顺序的分类变量，在统计学中这也称为定序数据。定序数据类似于分类变量，但有一点除外，即数据的尺度或者值是有意义的。对于定序变量，可以说一个取值大于另外一个取值，但是大多少是不能度量的。

此外，当我们将数据导入 R 时，经常会遇到：尽管某一列明明是数值型的，但是其中却夹杂着非数值的情况。在这种情况下，R 可能会将这一列当作因子来导入，而导入之后的数据通常不再是数据科学工作者所希望看到的那样了。尽管因子和字符之间的转换很平常，但是因子和数值之间的转换则比较困难。

R 可以导入很多类型的数据。在本章中，我们处理的是 CSV 文件，也可以直接导入微软的 Excel 文件。之所以选择 CSV 文件，是因为它对于任何操作系统都是可用的，而且更便携。此外，R 还可以从其他流行的统计软件中导入数据，比如 SPSS、Stata 和 SAS。

2.5 探索并描述燃料效率数据

现在我们已经在 R 中导入了汽车燃料效率的数据集，还学习了一点数据导入的细微差异。接下来，我们将对数据集进行一些初步分析。这种分析的目的是对数据进行探索，并由此掌握一些 R 的基本命令。

2.5.1 准备工作

如果你已经完成了前面所有的步骤，那么现在应该已经有了后续所需的所有东西。

2.5.2 操作流程

接下来我们将进行数据集的初步分析，这里我们会对数据集计算一些基本的参数。

1. 我们看看数据集有多少样本（行）。

```
nrow(vehicles)
## 34287
```

2. 我们看看共有多少变量（列）。

```
ncol(vehicles)
## 74
```

3. 使用 names 函数在数据框中展示数据中各列的含义：

```
> names(vehicles)
```

结果如下：

```
> names(vehicles)
 [1] "barrels08"      "barrelsA08"     "charge120"      "charge240"      "city08"         "city08U"
 [7] "cityA08"        "cityA08U"       "cityCD"         "cityE"          "cityUF"         "co2"
[13] "co2A"           "co2TailpipeAGpm" "co2TailpipeGpm" "comb08"        "comb08U"        "combA08"
[19] "combA08U"       "combE"          "combinedCD"     "combinedUF"     "cylinders"      "displ"
[25] "drive"          "engId"          "eng_dscr"       "feScore"        "fuelCost08"     "fuelCostA08"
[31] "fuelType"       "fuelType1"      "ghgScore"       "ghgScoreA"      "highway08"      "highway08U"
[37] "highwayA08"     "highwayA08U"    "highwayCD"      "highwayE"       "highwayUF"      "hlv"
[43] "hpv"            "id"             "lv2"            "lv4"            "make"           "model"
[49] "mpgData"        "phevBlended"    "pv2"            "pv4"            "range"          "rangeCity"
[55] "rangeCityA"     "rangeHwy"       "rangeHwyA"      "trany"          "UCity"          "UCityA"
[61] "UHighway"       "UHighwayA"      "VClass"         "year"           "youSaveSpend"   "guzzler"
[67] "trans_dscr"     "tCharger"       "sCharger"       "atvType"        "fuelType2"      "rangeA"
[73] "evMotor"        "mfrCode"        "trany2"
> |
```

幸运的是，很多变量（列）的名字本身就代表了变量的含义，从而我们可以得知它们可能包含的内容。

4. 我们看看数据集中包含几年的数据，只需要计算 year 这一列的不同取值的向量，然后计算这个向量的长度即可：

```
length(unique(vehicles[, "year"]))
```

```
## 31
```

5. 现在，分别使用 min 和 max 函数可以看到数据集中所保存数据的起止年份：

```
first_year <- min(vehicles[, "year"])
## 1984
last_year <- max(vehicles[, "year"])
## 2014
```

 注意，取决于你下载数据集的时间，last_year 的取值可能比 2014 更大。

6. 由于我们可能会多次使用 year 变量，因此我们应保证有每一年的数据。从 1984～2014 的列表应该包含 31 个不同的值。为了检验这一点，我们使用如下命令：

```
> length(unique(vehicles$year))
```

```
[1] 31
```

7. 我们找出汽车使用的主要燃料类型：

```
table(vehicles$fuelType1)
```

```
##              Diesel        Electricity Midgrade Gasoline
```

```
Natural Gas
##                   1025                56                41
57
##    Premium Gasoline   Regular Gasoline
##                8521              24587
```

可以看到，数据集中的大多数汽车使用的是普通的汽油，第二常用的燃油类型是较高端的汽油。

8. 让我们探索一下这些汽车使用的传动方式。我们把缺失值用 NA 填补：

```
vehicles$trany[vehicles$trany == ""] <- NA
```

9. 现在，trany 这一列是文本，我们仅关注车辆的传动方式是自动（automatic）还是手动（manual）。因此，使用 substr 函数提取 trany 这一列值的前 4 个字符，然后确定它是否与 Auto 一致。如果一致，生成一个新的变量 trany2，其值定为 Auto；否则，其值定为 Manual。

```
vehicles$trany2 <- ifelse(substr(vehicles$trany, 1, 4) == "Auto",
                                                "Auto",
"Manual")
```

10. 我们将这个新变量变成因子类型，然后使用 table 函数来观察不同类型传动方式的记录：

```
vehicles$trany <- as.factor(vehicles$trany)
table(vehicles$trany2)
##   Auto Manual
## 22451 11825
```

我们可以看到自动挡汽车的数量大概是手动挡的两倍。

2.5.3 工作原理

数据框是 R 所提供的非常有利的数据类型，本章中我们会花大力气介绍它。数据框允许我们将不同类型的数据（数值型、字符型、逻辑型、因子等）组织在相关联的行中。比如用户信息，使用数据框，每一行可以保存用户的姓名（字符型）、年龄（数值型）、性别（因子），还有标签标注是否为当前的消费者（布尔型）。如果你很熟悉关系型数据库，那么你应该知道，这与数据库中的表很像。

目前，我们已学习了如何快速地浏览读取到 R 中的数据集。最明显的是，我们使用功能强大的 table 函数来观察 fuelType1 这个变量不同取值所对应的记录数。这个函数还有很多其他用途，比如计算交叉列联表：

```
with(vehicles, table(sCharger, year))
```

上面的代码给出的结果如下：

```
> with(vehicles, table(sCharger, year))
         year
sCharger 1984 1985 1986 1987 1988 1989 1990 1991 1992 1993 1994 1995 1996 1997 1998 1999 2000 2001 2002 2003 2004 2005
         1964 1701 1210 1247 1130 1149 1074 1130 1116 1088  979  962  767  757  800  840  826  891  949 1015 1089 1136
       S    0    0    0    0    0    4    4    2    5    5    3    5    6    5   12   12   14   20   26   29   33   30
         year
sCharger 2006 2007 2008 2009 2010 2011 2012 2013 2014
         1067 1098 1152 1166 1091 1077 1125 1141 1051
       S   37   28   35   19   18   20   28   42   57
> |
```

这里，我们能看到每年带或者不带增压充电器的汽车型号的数量（由数据可以看到增压充电器似乎最近几年比过去更流行了）。

此外，注意我们使用了 with 命令。这个命令告诉 R 使用 vehicles 数据集作为接下来的命令——table 的默认数据集。因此，我们可以直接用变量 sCharger 和 year，而不必再使用美元符号和数据框名称组合来引用这两个变量了。

2.5.4　更多内容

为了说明数据导入中可能存在的问题，我们再仔细看看 sCharger 和 tCharger。这两列表示这辆车是否包含增压充电器或者涡轮增压机。

我们先来看 sCharger，看看这个变量的类型以及它都有哪些取值：

```
> class(vehicles$sCharger)
[1] "character"
> unique(vehicles$sCharger)
[1] "" "S"
```

接下来看 tCharger，期待有一致的结果：

```
> class(vehicles$tCharger)
[1] "logical"
> unique(vehicles$tCharger)
[1]   NA TRUE
```

然而，我们发现这两个看起来差不多的变量却是完全不同的数据类型。tCharger 是一个逻辑型变量，也称为布尔型变量。这种变量用来记录真或假、是或否。而 sCharger 是字符型。哪里出了问题呢？在这个例子中，我们可以检查原始数据。幸运的是，这个数据保存在一个 CSV 文件中，我们可以使用普通的文本编辑器打开并读取它（推荐 Windows 的 Notepad 或者 UNIX 系统的 vi。当然，你也可以用你自己喜欢的文本编辑器）。

当我们打开文件时，可以看到 sCharger 和 tCharger 这两列所对应的行要么是空，要么是 S 或者 T。

因此，R 读取 tCharger 这一列的 T 时把它当作了布尔型变量的值 TRUE，而不是普通的字符 T。这不是一个致命的错误，可能并不一定影响分析。然而，这种被忽略的程序漏洞可能在随后的分析中带来问题并导致大量的返工。

2.6 分析汽车燃料效率数据随时间的变化情况

到目前为止，我们已经成功地将数据导入了 R 中，并且通过一些重要的基本统计量对数据集有了一个初步的理解，比如数据集中包含哪些值，以及哪些特征会频繁地出现。下面我们将通过油耗参数与时间还有其他数据点之间存在的关系来继续探索这个数据集。

2.6.1 准备工作

如果之前的步骤都已经完成，那么就可以继续往下看了。

2.6.2 操作流程

接下来将使用 plyr 和图形库 ggplot2 来探索数据集。

1. 首先，我们看看平均 MPG 是否随着时间有一个趋势上的变化。为此，我们使用 plyr 包的 ddply 函数来操作 vehicles 数据框，按年份整合，然后对每个组计算 highway、city 的均值并组合燃料效率。这个结果将赋值给一个新的数据框 mpgByYr。注意，这是我们关于分割—应用—合并方法应用的第一个例子。将数据框按照年份分割成组，然后将均值函数作用到每一个变量上，再将组合结果保存在一个新的数据框中。

```
mpgByYr <- ddply(vehicles, ~year, summarise, avgMPG =
 mean(comb08), avgHghy = mean(highway08), avgCity =
 mean(city08))
```

2. 为了更好地理解新数据框，我们将它传递到 ggplot 函数中，并用散点图绘制 avgMPG 和 year 两个变量。此外，我们还会标明坐标轴名称、图的标题，甚至可以加上一个平滑过的条件均值 geom_smooth()，即下图中的阴影区域。

```
ggplot(mpgByYr, aes(year, avgMPG)) + geom_point() +
 geom_smooth() + xlab("Year") + ylab("Average MPG") +
```

```
 ggtitle("All cars")
## geom_smooth: method="auto" and size of largest group is <1000,
so using
## loess. Use 'method = x' to change the smoothing method.
```

上述代码会给出如下图形。

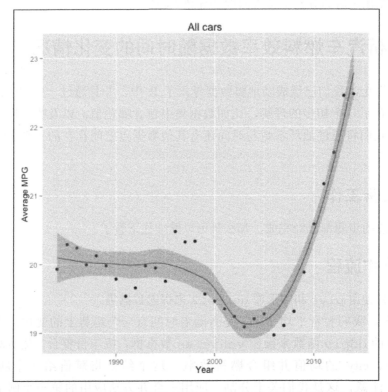

3．基于这个可视化结果，我们或许能得出一个结论：近年来销售的汽车的燃油经济性有了显著增长。然而，由于如下数据所显示的近年来混合动力和非燃油汽车的销量在增加，所以上述结论有一定的误导性。

```
table(vehicles$fuelType1)

##             Diesel      Electricity Midgrade Gasoline
Natural Gas
##               1025               56                41
57
##   Premium Gasoline Regular Gasoline
##               8521            24587
```

4．由于非燃油汽车数量并不多，所以现在我们还是只看燃油汽车的情况并重画上述图形。为此，我们使用 subset 函数来生成一个新的数据框 gasCars。这个数据框只包含 fuelType1 的取值为如下取值的记录：

```
gasCars <- subset(vehicles, fuelType1 %in% c("Regular Gasoline",
"Premium Gasoline", "Midgrade Gasoline") & fuelType2 == "" &
atvType != "Hybrid")
mpgByYr_Gas <- ddply(gasCars, ~year, summarise, avgMPG =
mean(comb08))
ggplot(mpgByYr_Gas, aes(year, avgMPG)) + geom_point() +
geom_smooth() + xlab("Year") + ylab("Average MPG") +
ggtitle("Gasoline cars")
## geom_smooth: method="auto" and size of largest group is <1000,
so using
## loess. Use 'method = x' to change the smoothing method.
```

对这个新的数据框，上述命令行会给出如下图形：

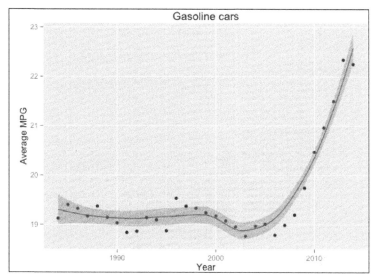

5. 是否近年来大功率汽车的产量降低了呢？如果是这样，那么就可以解释这种增长。首先，我们要明确是否大功率汽车的燃料效率更低。注意变量 displ，它表示发动机的排量，单位为升。现在它还是字符串类型，我们需要把它变为数值型：

```
typeof(gasCars$displ)

##  "character"
gasCars$displ <- as.numeric(gasCars$displ)
ggplot(gasCars, aes(displ, comb08)) + geom_point() +
 geom_smooth()
```

```
## geom_smooth: method="auto" and size of largest group is >=1000,
so using
## gam with formula: y ~ s(x, bs = "cs"). Use 'method = x' to
change the
## smoothing method.
## Warning: Removed 2 rows containing missing values
  (stat_smooth).
## Warning: Removed 2 rows containing missing values
  (geom_point).
```

散点图让我们看到，有充分的证据表明发动机排量和燃料效率变量之间确实是负相关的。也就是说，小功率汽车的燃料效率会更高。

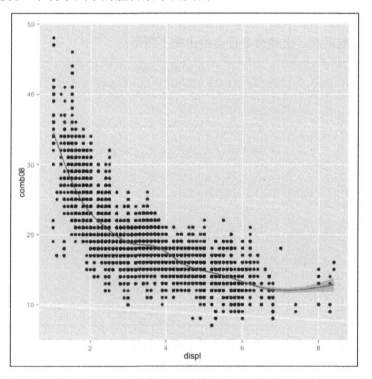

6. 现在，让我们看看是否近年生产了更多的小功率汽车，这样就可以解释燃料效率为什么在最近有大幅的提升了。

```
avgCarSize <- ddply(gasCars, ~year, summarise, avgDispl =
mean(displ))

ggplot(avgCarSize, aes(year, avgDispl)) + geom_point() +
  geom_smooth() + xlab("Year") + ylab("Average engine displacement
```

```
(1)")
```

```
## geom_smooth: method="auto" and size of largest group is <1000,
so using
## loess. Use 'method = x' to change the smoothing method.
## Warning: Removed 1 rows containing missing values (stat_smooth).
## Warning: Removed 1 rows containing missing values (geom_point).
```

上述命令行会给出如下图形:

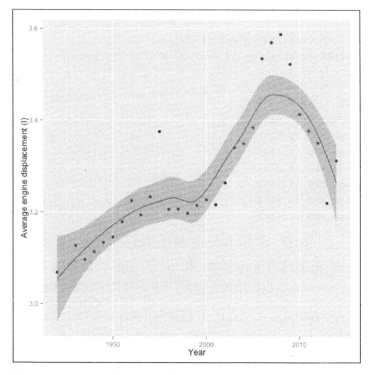

7. 从上图我们可以看到,平均发动机排量在 2008 年之后有一个显著的下降。为了更好地观察它对燃料效率的影响,我们在同一幅图上绘制出逐年的 MPG 和排量之间的关系。首先使用 ddply 函数生成一个新的数据框 byYear,它包含每年的平均燃料效率和平均发动机排量:

```
byYear <- ddply(gasCars, ~year, summarise, avgMPG = mean(comb08),
  avgDispl = mean(displ))

> head(byYear)
  year    avgMPG avgDispl
1 1984 19.12162 3.068449
2 1985 19.39469       NA
```

```
3 1986 19.32046 3.126514
4 1987 19.16457 3.096474
5 1988 19.36761 3.113558
6 1989 19.14196 3.133393
```

8. head 函数向我们展示了生成的新的数据框,这个数据框包含 3 列:year、avgMPG 以及 avgDispl。我们将使用 ggplot2 包中的分面功能,在同一张图但不同的面上逐年显示平均油耗以及平均排量之间的关系。我们必须分解这个数据框,把一个宽的数据框变成一个长的数据框。

```
byYear2 = melt(byYear, id = "year")
 levels(byYear2$variable) <- c("Average MPG", "Avg engine
displacement")

head(byYear2)
  year     variable    value
1 1984 Average MPG 19.12162
2 1985 Average MPG 19.39469
3 1986 Average MPG 19.32046
4 1987 Average MPG 19.16457
5 1988 Average MPG 19.36761
6 1989 Average MPG 19.14196
```

9. 如果使用 nrow 函数,则我们可以看到数据框 byYear2 有 62 行,而 byYear 只有 31 行。byYear 中的两列(avgMPG 和 avgDispl)融合成 byYear2 中的一列(value)。注意 byYear2 数据框中的变量列用于识别值所代表的列。

```
ggplot(byYear2, aes(year, value)) + geom_point() +
 geom_smooth() + facet_wrap(~variable, ncol = 1, scales =
 "free_y") + xlab("Year") + ylab("")
## geom_smooth: method="auto" and size of largest group is <1000,
so using
## loess. Use 'method = x' to change the smoothing method.
 ## geom_smooth: method="auto" and size of largest group is <1000,
so using
## loess. Use 'method = x' to change the smoothing method.
## Warning: Removed 1 rows containing missing values (stat_smooth).
## Warning: Removed 1 rows containing missing values (geom_point).
```

上述命令行会给出如下图形:

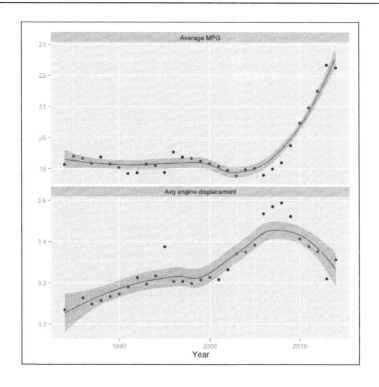

从上图中，我们可以看到：

- 发动机的大小在 2008 年之前总体是在增加的，尤其是 2006 年到 2008 年间大功率汽车的发动机有一个明显的增大。
- 从 2009 年起，车辆的平均大小开始下降，这在一定程度上解释了燃料效率的提升。
- 直到 2005 年，车的平均大小一直在提升，但是燃料效率基本上是一个常数。这意味着在这些年发动机的效率一直在提升。
- 2006 年到 2008 年的数据比较有趣。虽然平均的发动机大小有一个突然的增加，但是 MPG 与前几年差不多。看起来我们要对这个问题进行更多的研究。

10．我们将这一趋势放到小排量的发动机上，来看看自动挡还是手动挡传动对 4 缸发动机更有效，以及油耗是如何随时间变化的。

```
gasCars4 <- subset(gasCars, cylinders == "4")

ggplot(gasCars4, aes(factor(year), comb08)) + geom_boxplot() +
facet_wrap(~trany2, ncol = 1) + theme(axis.text.x =
element_text(angle = 45)) + labs(x = "Year", y = "MPG")
```
上述命令行会给出如下图形：

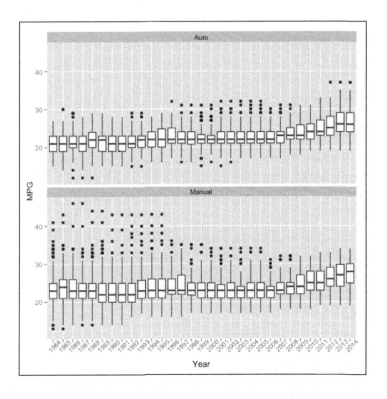

11. 这一次，ggplot2 生成了一个箱线图。这个图展示了在每一年值的分布情况（而不只是展示像均值这样的单一数值）。

12. 接下来，我们看看每一年手动挡汽车占比情况的变化。

```
ggplot(gasCars4, aes(factor(year), fill = factor(trany2))) +
 geom_bar(position = "fill") + labs(x = "Year", y = "Proportion
 of cars", fill = "Transmission") + theme(axis.text.x =
 element_text(angle = 45)) + geom_hline(yintercept = 0.5,
 linetype = 2)
```

上述命令行会给出如下图形：

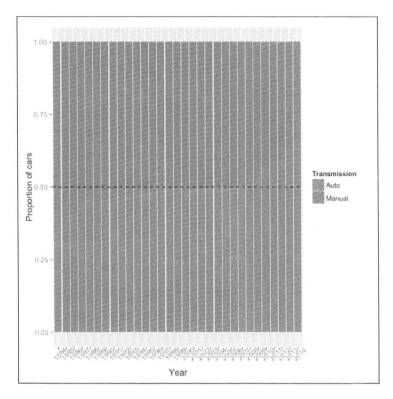

2.6.3 工作原理

ggplot2 是基于 Wilkinson、Anand 和 Grossman 所设计的基本绘图语法的 R 的开源版本。这种语法将统计数据可视化进行解构，将数据可视化的过程解构为不同的模块，从而让我们能够更好地理解统计图形是如何绘制的。在 ggplot2 中，Hadley Wickham 采用了这些想法，并且实现了一种分层绘制的方法。这种方法可以让用户非常便捷地使用不同的模块组合来绘制复杂的可视化图形。比如本章的第一幅图，我们绘制了每一年所有车型的平均燃料效率随时间的变化情况：

```
ggplot(mpgByYr, aes(year, avgMPG)) + geom_point() + geom_smooth() +
   xlab("Year") + ylab("Average MPG") + ggtitle("All cars")
```

为了生成这个图形，首先告诉 ggplot 我们所要使用的数据框为 mpgByYr，然后告诉 ggplot2 哪个变量会映射在图像中进行绘制。在本例中，aes(year, avgMPG) 明确指定了年份映射到横轴、平均 MPG 映射到纵轴。geompoint() 告诉这个包，我们是通过点的方式绘制图形，而第二个 geom，geomsmooth() 则在图中加上一个阴影区域来展示平滑的均值，并且加上一个置信度为 0.95 的置信区间。最后，xlab() 和 ylab()

以及 ggtitle() 函数在这幅图中加上标签、标题等。这样，我们就生成了一幅比较复杂并且品质相当不错、可以直接出版的图形，而所使用的代码只是寥寥数行。ggplot2 能做的远不止这些。

同样重要的是，你需要注意 ggplot2 这种绘图语法并没有告诉你如何最佳地展现你的数据，这种语法只是提供了一种便捷的展现数据的工具。如果你对可视化感兴趣而且希望得到更多的建议，那么我们强烈推荐你去看 Edward Tufte 的工作。他著有很多数据可视化方面的书籍，比如经典的《定量信息的可视化呈现》（*The Visual Display of Quantitative Information*，Graphics Press USA）。此外，ggplot2 并不能进行动态的数据可视化。

2.6.4　更多内容

在第 9 步，我们看到手动传动方式貌似比自动传动方式更有效，并且从平均的角度来看，从 2008 年开始，二者呈现出同样的增长。然而，这里有个很奇怪的事情。最近几年，自动传动的车中有一些非常高效（MPG 小于 40），而同时在手动传动的车中几乎没有看到同样高效的。但在早几年，这个现象则是相反的。每一年手动挡的车的占比是否有变化呢？答案是肯定的。

在这一部分，我们使用了 plyr 以及 ggplot2 两个非常重要的 R 包，带领读者对数据进行了比较详尽的分析。传统的软件开发已经设计了一些通用框架的分析模块，一部分模块正在进入数据科学的领域。这其中特别值得注意的是 Hadley Wickham 博士的分割—应用—合并模式。使用这种策略，我们可以通过某些变量将一个问题分割成多个小的、更易处理的问题。当完成这种数据整理之后，我们就可以对新分组的数据进行分析和操作，最后将分析结果整合在一个新的数据结构中。正如你在这一部分所看到的，我们反复使用这种分割—应用—合并的策略，从许多不同的角度审视数据。

除了 plyr 以外，在这一部分我们也倚重 ggplot2 包。这个包也值得重视。目前网上已经有很多针对 ggplot2 包的很不错的入门介绍，因此我们在这里不做过多介绍。重要的是，你需要理解 ggplot2 为什么能够让你生成一些非常复杂的统计可视化图形，而代码却是如此精简。

2.7　研究汽车的品牌和型号

基于上一节遗留的问题，我们继续对数据集进行更深入的分析。

2.7.1 准备工作

如果之前的步骤都已经完成，那么就可以继续往下看了。

2.7.2 操作流程

这一部分我们将研究汽车的品牌和型号是如何随时间改变的。

1. 让我们看看品牌和车型随时间的变化如何影响燃料的效率。首先，我们看看美国这些年不同的品牌和车型出现的频率并将注意力放在 4 缸发动机的车上。

```
carsMake <- ddply(gasCars4, ~year, summarise, numberOfMakes =
length(unique(make)))

ggplot(carsMake, aes(year, numberOfMakes)) + geom_point() + labs(x
= "Year", y = "Number of available makes") + ggtitle("Four cylinder
cars")
```

从下图我们可以看到，品牌数量有一个明显的下降，而在最近几年又有小幅上升。

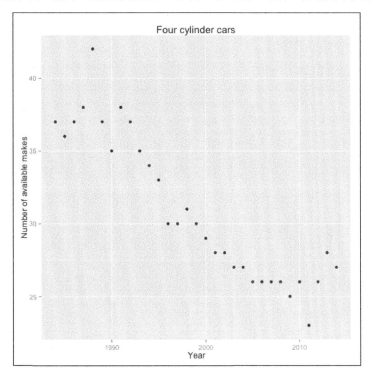

2. 可以看看每一年的品牌吗？我们发现，在这段时间内，每年只有 12 个制造 4 缸

发动机汽车的制造商。

```
uniqMakes <- dlply(gasCars4, ~year, function(x)
  unique(x$make))

commonMakes <- Reduce(intersect, uniqMakes)
commonMakes
##  [1] "Ford"        "Honda"       "Toyota"      "Volkswagen"
  "Chevrolet"
##  [6] "Chrysler"    "Nissan"      "Dodge"       "Mazda"
  "Mitsubishi"
## [11] "Subaru"      "Jeep"
```

3. 在燃料效率方面这些制造商每年是如何做的？我们看到大多数制造商的燃料效率在逐年提升，有一些制造商在最近 5 年在燃料效率方面有一个飞速的提升。

```
carsCommonMakes4 <- subset(gasCars4, make %in% commonMakes)
avgMPG_commonMakes <- ddply(carsCommonMakes4, ~year + make,
  summarise, avgMPG = mean(comb08))


ggplot(avgMPG_commonMakes, aes(year, avgMPG)) + geom_line() +
  facet_wrap(~make, nrow = 3)
```

上述命令行会给出如下图形：

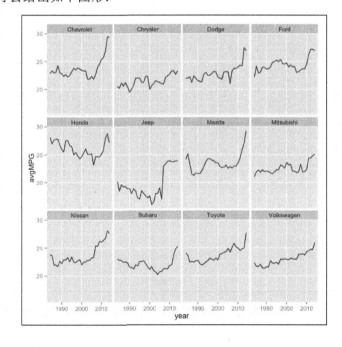

2.7.3　工作原理

在第 2 步，我们看到一个很有趣的"魔法"，只需要几行代码就能做很多的工作。这正是 R 在解决问题上的美妙，这种美妙表现在对复杂思想的精练表述上。然而，如果你不熟悉 R 强大的库，那么你可能会觉得 R 代码太难以理解了。

代码的第一行，我们使用 dlply 来操作 gasCars4 数据框，按照年份来分割数据集，然后对每一块的 make 变量应用一个函数。对每一年，计算出不同的制造商列表，然后用 dlply 返回这些列表的列表。注意是 dlply，而不是 ddply，因为它将数据框（d）作为输入，返回列表（l）作为输出；而 ddply 则是输入一个数据框（d），返回一个数据框（d）。

```
uniqMakes <- dlply(gasCars4, ~year, function(x) unique(x$make))
commonMakes <- Reduce(intersect, uniqMakes)
commonMakes
```

第二行代码更有意思。使用 Reduce 这一更高级的函数，这个 Reduce 函数与 map reduce 编程中的 reduce 过程的想法是一样的，而 map reduce 是 Google 提出的基于 Hadoop 的编程模式。从某种角度来讲，R 是一个函数式编程语言，其核心包含一些高级函数。高级函数接受其他函数作为其输入。在这行代码中，我们将 intersect 函数作为输入赋值给 Reduce 函数，这将对前面创建的每一年每个品牌列表的每一个元素成对地应用 intersect 函数。最终，这些结果放在一个新的列表中，这个列表展现了每一年都会出现的品牌。

虽然代码只有短短的两行，但是解释它如何工作却花了整整两个段落。

2.7.4　更多内容

本章最后一幅图展现了 ggplot2 非凡的分面绘图能力。代码中加入+facet_wrap (~make, nrow = 3)是告诉 ggplot2 我们希望对坐标系进行分割，将每一个品牌的数据绘制在一个子图上，并把这些子图分布在 3 个不同的行。这是一种很强大的数据可视化技术，使得我们可以看到仅处理一个变量的特定值所无法发现的规律。

在第一个数据科学项目里，我们尽量使事情简单化。这个数据集本身很小——解压后只有 12 MB 左右，易于存储，个人笔记本电脑就可以处理。我们使用 R 导入数据集，检查数据集的一部分（而不是全部）是否完整，对数据进行汇总。之后我们对数据进行了探索，回答了一些问题，并用 plyr 以及 ggplot2 两个关键的包来处理数据以及对数据可视化。在整个数据科学管道中，最终结果就是给出了我们对数据的总结，并对数据进行了可视化。

第 3 章
基于 Python 的税收数据应用
导向分析

本章包含以下主要内容。
- 高收入数据分析的准备工作。
- 导入并探索性地分析世界高收入数据集。
- 分析并可视化美国高收入数据。
- 进一步分析美国的高收入群体。
- 使用 Jinja2 报告结果。
- 基于 R 的数据分析再实现。

3.1 简介

本书中我们利用 R 和 Python 采取实用的方法进行数据分析。据此我们可以相对轻松地回答关于某个数据集的问题，对数据建模，并且输出可视化结果。因此，对于快速建立模型原型并进行分析，R 语言是不错的选择，因为它就是一种为统计数据分析量身定制而用于该特定领域的语言，并且也确实很好用。

在本章，我们将介绍另一种分析方法，它更加适合产品环境和应用。数据科学管道往往包含假设建立、数据获取、清洗及转换、数据分析、模型建立、可视化与应用等一系列流程，而这些流程无论如何都不会是一个简单而线性的过程。此外，当数据分析需要以自动方式大规模地重复运行时，很多新的考虑和需求自然也会应运而生。因此，许多数据应用需要一个实用性很广的工具包。这个工具包需要提供快速建立模型原型的能力，可以广泛应用于不同的系统，并且能为一系列的计算应用（包括网络应用、数据操作、科学计算等）提供全面的支持。基于上述要求，Python 成为应用型数据分析工具的有力竞争者。

与 R 语言很类似，Python 是一种解释型语言（有时也称为脚本语言）。它不需要特殊的集成开发环境（IDE）或者软件编译工具，因此开发和建立模型原型的速度与 R 语言一样快。与 R 语言一样，Python 也使用了 C 语言共享对象来改善计算性能。此外，Python 还是 Linux、UNIX 和 Mac OS X 默认的系统工具的一种，并且在 Windows 下也得到支持。Python 可以说是"自带电池"：它的标准程序库广泛地包括了从多进程到压缩工具的功能模块。正因为如此，作为一个灵活的计算工具，Python 可以适用于任何问题领域。如果你需要标准程序库之外的程序库，那么 Python 与 R 语言一样也提供程序库管理工具来下载和安装其他的程序库。

Python 的计算灵活性意味着相对于 R 语言，对于一些分析任务，它可能需要更多的代码。然而，Python 确实能进行与 R 相同的统计运算。这就自然引出了一个问题："我们什么时候需要用 R 语言，而什么时候又用 Python 呢？"在本章中，我们采用应用导向的数据分析方法来试着回答这个问题。

应用导向方法简介

数据应用和数据产品越来越成为我们日常生活中不可或缺的一部分。这些产品远远超越了简单的数据驱动的 Web 应用，它本身包括数据库支持的各种前端的网络和移动应用，以及处理交易的中间软件。根据这种定义，一个简单的博客和一个大型电子商务网站并没有什么本质区别。然而，数据产品和应用通过数据获取价值，同时也产生新的数据。这种类型的应用可以用于拓展传统应用，比如博客的语义化标签或者电子商务网站的推荐系统。另一方面，它们本身也可以成为独立的数据产品，包括从自我量化设备到无人驾驶汽车等应用。

在线或者说数据流背景下的数据处理和分析，可以说是应用导向数据分析区别于传统数据挖掘或者基于静态数据集的统计分析的典型特征。为了处理这类数据，我们需要具有相当的编程灵活性或者动态的方法。而灵活性恰恰是 Python 在数据科学应用中的闪光之处。

以下面的一个汇报任务为例。取出一个瞬间的数据快照，再手动生成一份包含绘图和可视化结果的分析报告，这是一种很好的理解数据和获得数据模式的方法。它往往可以帮助我们理解数据的变化以及对更大规模的趋势有一个基本了解。当这样的报告只需要一天一次在很小的数据集上运行时，调度器只需每天把生成的报告写到一个文件即可。然而，当这样的汇报任务变成每小时一次或者随时运行，那么这意味着可视化应用已经成为一个静态的网络应用，由此它可能变得更为重要。随着任务和数据规模的增长，在报告上增加限定条件或者请求会变得越来越重要。这就是一个数据应用的典型的生命周期，而用 Python 进行开发非常适合应对这种需求不断变化的情况。

接下来我们将通过对世界各国（地区）高收入数据集的描述、建模和可视化来讨论 Python 中的统计工具。并且，随着本章的进一步深入，我们也将介绍如何在应用导向背景的框架中使用本书中用到的分析方法。

3.2　高收入数据分析的准备工作

为了完成以下例子，你需要在电脑上安装 Python，并且需要有世界各国（地区）高收入数据集。下面的方法将确保你安装了此分析项目所需的工具。

3.2.1　准备工作

为完成下述步骤，你需要一台连接到互联网的电脑。请确保你已经下载并安装了 Python 及必要的 Python 程序库来完成这个项目。

> 参考第 1 章相关内容，准备你的数据科学环境，用 virtualenv 来设置 Python 开发环境，并安装 matplotlib 和 NumPy 所需的程序库。

3.2.2　操作流程

以下步骤会引导你下载世界各国（地区）高收入数据集，并安装完成此项目所需的 Python 程序库。

> 尽管世界各国（地区）高收入的原始数据集可以通过网络下载，但是，这个站点已经更新过多次，数据的输出格式已经改变（从.csv 变更为.xlsx）。本书中所述方法仍假设它为.csv 的文件格式。
>
> 本章假设我们已有输入数据文件的适于分析的格式版本。

1. 保存世界各国（地区）高收入数据集至电脑中指定的位置。
2. 打开终端窗口，开启一个 Python 解释器（Python Interpreter）。
3. 检查并确认安装了 NumPy、matplotlib 和 Jinja2 3 个程序库，试着导入它们。

```
In [2]: import numpy as np
   ...: import jinja2
   ...: import matplotlib as plt
```

上述每个数据库都应当在没有任何来自 Python 的注释或者评论信息的情况下顺利导入。如果是的话，那么准备工作就完成了。否则，请参考第 1 章的相关内容来设置你的系统。

3.2.3　工作原理

由于 NumPy 是 Python 的基础科学计算程序库，因此对于任何数据科学工具来说，它都是必不可少的，我们将在与 Python 相关章节的很多地方反复使用它。然而，NumPy 是一个需要系统编译的外部程序库，因此我们也会讨论一些除了 NumPy 以外的 Python 原生的替代方法。

3.3　导入并探索性地分析世界高收入数据集

当完成下载和上述安装步骤后，你可以用 Python 读入数据集并开始进行一些初步分析来大致了解其中的数据。

我们分析的数据集 The World Top Incomes Database（10/12/2013）是由 Alvaredo、Facundo、Anthony B. Atkinson、Thomas Piketty 及 Emmanuel Saez 整理制作的。它包含通过税收记录获取的、过去大约 100 年内全球各国（地区）高收入的信息。

3.3.1　准备工作

如果已经完成上一节的步骤，那么你可以继续往下进行。

3.3.2　操作流程

通过以下步骤用 Python 导入数据集并开始探索分析。

1. 利用下面的脚本，我们在内存中创建一个 Python 列表，每行导入为 Python 的字典结构。其中，列名作为字典的键（CSV 的第一行包含表头信息），每行对应的值作为字典的键值。

```
In [3]: import csv
   ...: data_file = "../data/income_dist.csv"
   ...: with open(data_file, 'r') as csvfile:
   ...: reader = csv.DictReader(csvfile)
   ...: data = list(reader)
```

注意，输入文件 income_dist.csv 可能位于不同的目录下，这取决于你下载后放置的位置。

2．我们用 len 函数快速检查读入的记录数。

```
In [4]: len(data)
    ...:
Out[4]: 2180
```

3．当使用带表头信息的 CSV 数据时，我们检查 CSV reader 的字段名以及变量数。

```
In [5]: len(reader.fieldnames)
    ...:
Out[5]: 354
```

4．尽管数据量并不很大，但是我们仍然使用最佳的方式来读取它。我们不用一次性地将所有的数据都保存在内存中，而是用 Python 中的生成器（generator）机制一次一行地读取数据。

生成器是一种允许你创建迭代作用函数的 Python 表达式：它用一种节约内存的遍历方式一步一步地创建数据，而不是一次返回所有的数据。随着数据集越来越大，在读取数据的同时，使用生成器根据需要过滤并清理数据是一种行之有效的方法。

```
In [6]: def dataset(path):
    ...: with open(path, 'r') as csvfile:
    ...: reader = csv.DictReader(csvfile)
    ...: for row in reader:
    ...: yield row
```

同时，请注意 with open (path, 'r') as csvfile 语句。该语句保证了当 with 句段退出时，即使（或者说尤其是）存在异常（exception）时，CSV 文件也会关闭。Python 中的 with 句段取代了 try、except 和 finally 语句，语法上更为简洁，语义上也更为精准。

5．用我们的新函数来看看数据集中都有哪些国家：

```
In [7]: print(set([row["Country"] for row in dataset(data_file)]))

    ...: set(['Canada', 'Italy', 'France', 'Netherlands',
'Ireland',...])
```

6．我们还可以用如下语句得到数据集中包含的年份：

```
In [8]: print(min(set([int(row["Year"]) for row in
```

```
dataset(data_file)])))
   ...:
1875

In [9]: print(max(set([int(row["Year"]) for row in
dataset(data_file)])))
   ...:
2010
```

7. 在之前的两个例子中，我们用了 Python 的列表推导式（comprehension）来产生一个集合。与之前提到的保障内存安全的生成器很类似，一个推导式是一种用于产生迭代对象的简明语法。输出变量通过 for 关键字进行指定，并可以通过可选的 if 条件用迭代器（iterable）表示该变量。在 Python 3.6 中，还存在集合和字典推导式这样的结构。之前的国家集合也可以表示成如下形式：

```
In [10]: {row["Country"] for row in dataset(data_file)}
    ...: set(['Canada', 'Italy', 'France', 'Netherlands',
'Ireland',...])
Out[10]: {'Netherlands', Ellipsis, 'Ireland', 'Canada', 'Italy',
'France'}
```

8. 我们筛选出美国的数据单独进行分析：

```
In [11]: filter(lambda row: row["Country"] == "United States",
    ...: dataset(data_file))

Out[11]: <filter at 0xb1aeac8>
```

Python 的 filter 函数的作用是根据一个序列（sequence）或者迭代器（第二个参数）中所有能使第一个参数指定函数为真的值去创建一个列表。在这里，我们用一个匿名函数（lambda 函数）来检查指定行的 Country 这一列对应的值是否等于 United States。

9. 对这些数据集进行最初的发现和探索后，我们现在用 matplotlib 进一步观察一些数据。matplotlib 是 Python 中最主要的科学绘图包之一，拥有与 MATLAB 相类似的绘图能力。

```
In [12]: import csv
    ...: import numpy as np
    ...: import matplotlib.pyplot as plt

In [13]: def dataset(path, filter_field=None, filter_value=None):
    ...: with open(path, 'r') as csvfile:
       ...: reader = csv.DictReader(csvfile)
    ...: if filter_field:
    ...: for row in filter(lambda row:
```

```
    ...: row[filter_field]==filter_value, reader):
    ...: yield row
    ...: else:
    ...: for row in reader:
    ...: yield row

In [14]: def main(path):
    ...: data = [(row["Year"], float(row["Average income per tax
unit"]))
    ...: for row in dataset(path, "Country", "United States")]
    ...: width = 0.35
    ...: ind = np.arange(len(data))
    ...: fig = plt.figure()
    ...: ax = plt.subplot(111)
    ...: ax.bar(ind, list(d[1] for d in data))
    ...: ax.set_xticks(np.arange(0, len(data), 4))
    ...: ax.set_xticklabels(list(d[0] for d in
data)[0::4],rotation=45)
    ...: ax.set_ylabel("Income in USD")
    ...: plt.title("U.S. Average Income 1913-2008")
    ...: plt.show()

In [15]: if __name__ == "__main__":
    ...: main("income_dist.csv")
```

上面这段程序会生成如下输出：

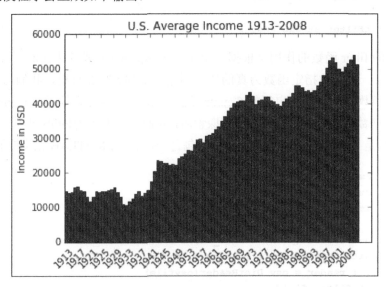

上面这个用 Python 进行数据探索的例子与很多使用 R 语言的章节看起来相当类似。

载入数据集，筛选并计算范围，但这可能需要更多行的代码以及类型转换来实现，当然，我们还是能够以一种保障内存安全的方式快速地完成数据的分析工作。

10. 当开始准备绘图时，我们会更多地用到 NumPy 和 matplotlib。NumPy 与 R 语言的使用方法类似，将 CSV 文件中的数据载入内存中的一个数组（array）里，然后动态地决定每一列的数据类型。做到这一点会用到如下两个模块化函数。

- genfromtext：这个函数通过两重主循环将文件中的表格化数据读入创建的数组中。第一重循环将文件的每一列转换为字符串序列，第二重将其转换为适当的数据类型。虽然这个函数速度较慢，内存效率较低，但是其输出格式是更便于在内存中处理的数据表格，并且能处理缺失数据。而其他更简单快捷的函数则不能。
- recfromcsv：这是一个基于 genfromtext 的辅助函数，其默认参数设置为提供 CSV 文件接口。

请看下面的程序：

```
In [16]: import numpy as np

    ...: dataset = np.recfromcsv(data_file, skip_header=1)

    ...: dataset

array([[          nan,   1.93200000e+03,             nan, ...,
               nan,   1.65900000e+00,   2.51700000e+00],
       [          nan,   1.93300000e+03,             nan, ...,
               nan,   1.67400000e+00,   2.48400000e+00],
       [          nan,   1.93400000e+03,             nan, ...,
               nan,   1.65200000e+00,   2.53400000e+00],
       ...,
       [          nan,   2.00600000e+03,   4.52600000e+01, ...,
         1.11936337e+07,   1.54600000e+00,   2.83000000e+00],
       [          nan,   2.00700000e+03,   4.55100000e+01, ...,
         1.19172976e+07,   1.53000000e+00,   2.88500000e+00],
       [          nan,   2.00800000e+03,   4.56000000e+01, ...,
         9.14119000e+06,   1.55500000e+00,   2.80300000e+00]])
```

函数的第一个参数是数据源。它应当是一个指向本地或者远程文件的字符串或者有 read 方法的类似于文件的对象。URL 会在载入前下载到当前工作目录。此外，输入既可以是纯文本文件，也可以是压缩文件。该函数可以识别 gzip 和 bzip2。这些文件必须以.gz 或者.bz2 为扩展名。genfromtext 值得注意的可选参数包括分隔符，在 recfromcsv 中默认的为逗号；skip_header 和 skip_footer 可以从顶部或底部分别跳过可选数行；dtype 可以指定数据类型。在默认设置下，dtype 是 None，这样 NumPy 会试着检测正确的数据格式。

11. 现在我们对这个数据表格有了一个整体的认识。

```
In [17]: dataset.size

    ...:
Out[17]: 2179

In [18]: (len(dataset)+1)*len(dataset.T[1]) # works on 3.6
    ...:
Out[18]: 771720
In [19]: dataset.shape
    ...:
Out[19]: (2179,)
```

 在不同的 NumPy 版本中，你可能会看到略微不同的输出。dataset.size 语句可能返回数据的行数(2179)，而 shape 可能输出 (2179,)。

ndarray 的 size 属性返回的是矩阵中元素的数目，shape 属性则返回一个数组维度的元组 tuple。CSV 文件是两维的，因此（m,n）元组 tuple 分别表示行列数。

但是，使用这种方法有一些需要注意的地方。首先，我们必须跳过表头行；genfromtext 允许将关键词参数设为 True 来命名列（在这种情况下，不要设置 skip_headers=1）。不幸的是，在我们处理的这个数据集中，列名包含有逗号。CSV reader 可以正确地处理这种情况，因为包含逗号的字符串有引号，但 genfromtext 并不是一般意义上的 CSV reader。为了解决这个问题，要么改变表头，要么添加其他的名字。其次，Country 列被读成了 nan，Year 列则转换为浮点数，这会造成一些困扰。

12. 对数据集进行手动修正很有必要，也很常见。因为我们知道一共有 354 列，其中前两列为 Country 和 Year。我们可以提前指定它们的列名和数据类型：

```
In [20]: names = ["country", "year"]

    ...: names.extend(["col%i" % (idx+1) for idx in range(352)])
    ...: dtype = "S64,i4," + ",".join(["f18" for idx in range(352)])
    ...:
In [21]: dataset = np.genfromcsv(data_file, dtype=np.dtype, names=names,
    ...: delimiter=",", skip_header=1, autostrip=2)
    ...:
```

我们将前两列分别命名为 country 和 year，然后将数据类型分别分配为 S64（也称为 string-64）和 i4（也称为 integer-4）。我们对剩余的列命名为 coln，其中 n 是从 1 到 352 的整数，而数据类型为 f18（也称为 float-18）。这种字符长度使得我们可以尽可能多地获取数据，包括指数型浮点数。

不幸的是，当我们观察数据时发现，存在很多的 nan 值。nan 代表非数值（**Not a Number**），是一种在浮点数运算中用于表示既非数值也非无穷的标识。缺失数据是数据清洗阶段中很常见的问题。看起来我们的数据集中有很多缺失或者无效的条目。考虑到在历史数据中对于特定的列，很多国家当时并没有有效的数据收集，这样的情况也很合理。

13. 为了清理这样的数据，我们使用 NumPy 中的掩码数组（masked array）。掩码数组实质上是由一个标准的 NumPy 数组和一个指示该位置数据是否应该被用于计算的布尔值集合组成的。可以通过以下方法实现：

```
import numpy.ma as ma
ma.masked_invalid(dataset['col1'])
masked_array(data = [-- -- -- ..., 45.2599983215332
 45.5099983215332 45.599998474121094],
mask = [ True True True ..., False False False],fill_value =
 1e+20)
```

3.3.3 工作原理

我们修改了数据集函数来根据需要过滤某个字段或某个值。如果不指定过滤，则读入整个 CSV 文件。最有趣的部分是主函数内的程序。在这里，我们用 matplotlib 绘制了一幅美国每年的平均收入柱状图。我们来仔细看看这部分代码。

将数据收集在列表推导式（list comprehension）中的（year, avg_income）元组（tuple）中，其中数据集已经通过前述方法过滤为仅有美国的数据。

为了进行计算，我们必须将每个计税单位的平均收入映射为浮点数。在这个例子中，我们仍然将年份识别为字符串，因为它只是起到标签的作用。然而，为了进行 datetime 的计算，需要用 datetime.strptime (row['Year'],'%Y').date()将年份转换为日期格式。

在完成数据收集、过滤和转换后，可以开始设置绘图。宽度（width）是每个柱体的最大宽度。一个名为 ind 的迭代器（ndarray）在这里表示每个柱体在 x 轴上的位置。在这个例子中，我们需要为数据集中的每个数据点分配一个位置。NumPy 中的 np.arange

函数与内置的 xrange 函数类似，它返回一个在指定间隔内等距分布的迭代器（ndarray）。这里我们以列表的长度为停止值，以默认的 0 为开始值，1 为步长，这些都可以根据情况具体设定。使用 arange 允许浮点数参数，并且往往比简单的实例化整个数组要快得多。

figure 和 subplot 模块化函数用 matplotlab.pyplot 模块来分别创建基准图表和坐标轴。figure 函数创建一个新的图表或者返回一个之前创建图表的引用。subplot 函数返回一个子图（subplot）坐标轴。通过行数、列数和子图数量的参数可以定义绘图方格。当 3 个参数都小于 10 时，这个函数有一条捷径：只需要提供一个表示各自数值的三位数即可。比如，plot.subplot(111)就会在子图中创建 1×1 的坐标轴。

随后用数据在子图中创建一个柱状图。注意，我们用到了另一个推导式来传递数据集中收入的值和前述 np.arange 中创立的标识。然而，在设置 x 轴标签时，我们发现如果将年份作为单独标签，x 轴将难以辨识，因此我们从第一年开始每 4 年加一个刻度。这里，我们用一个步长为 4 的 np.arange 来设置刻度。类似地，我们用 Python 列表的切片来跳过中间的标签。以一个特定的列表为例，如下所示：

```
mylist[s:e:t]
```

列表的切片开始于 s，结束于 e，步长为 t。切片同样支持负数来从列表的最后开始循环，比如 mylist[-1]会返回列表中的最后一项。

3.3.4　更多内容

NumPy 是一个难以置信的实用而强大的库，然而我们应当注意一些非常重要的区别。Python 中的列表数据类型与 numpy 数组不同。Python 列表可以包含任意多种不同的数据类型，包括列表本身。因此，下面这个列表的例子是完全成立的：

```
python_list = ['bob' , 5.1, True, 1, [5, 3, 'sam'] ]
```

在括号内部，Python 列表包含那些指向列表元素内存地址的指针。为了获得列表的第一个元素，Python 去列表内存地址取第一个位置的值。这个值是第一个元素的内存地址。之后 Python 跳到该新内存地址去取得真正的第一个元素。因此，获得列表的第一个元素需要两次内存查询。

NumPy 数组则与 C 语言数组非常相似。它们必须由单一的数据类型构成。这使得数组可以存储在内存中的连续区块，因此数组的读取速度也明显更快。当读取数组中的第一个元素时，Python 去对应的内存地址直接取得实际值。当需要数组的下一个元素时，它就在内存中第一个元素旁边，所以读取速度要快得多。

3.4 分析并可视化美国高收入数据

到目前为止，我们已经导入了高收入数据集并进行了一些简单的了解。接下来，让我们深入一个特定国家，对他们的收入分布数据进行一些分析。因为美国有按高收入百分比呈现的最完整的数据，所以在接下来的练习中我们将使用美国的数据。如果你希望使用其他国家的数据集，请注意，你可能需要用到不同的字段来获得相同的分析。

3.4.1 准备工作

为了进行分析，我们先创建一些在本章中会反复用到的辅助方法。应用导向的分析往往需要一些能够快速适应变化的数据和分析需求的可复用代码来完成一个个独立的任务。这里，我们创建两个帮助函数，一个提取出特定国家的数据，另一个从特定行的集合中创建一组时间序列。

```
In [22]: def dataset(path, country="United States"):
    ...: """
    ...: Extract the data for the country provided. Default is United
States.
    ...: """
    ...: with open(path, 'r') as csvfile:
    ...: reader = csv.DictReader(csvfile)
    ...: for row in filter(lambda row: row["Country"]==country,reader):
    ...: yield row
    ...:

In [23]: def timeseries(data, column):
    ...: """
    ...: Creates a year based time series for the given column.
    ...: """
    ...: for row in filter(lambda row: row[column], data):
    ...: yield (int(row["Year"]), row[column])
```

第一个函数用 csv.DictReader 遍历数据集，并用 Python 内建的 filter 函数过滤出特定的国家。第二个函数利用 Year 列从数据中创建一个时间序列。该生成器函数针对数据集中的特定列产生（year, value）的元组。注意，该函数应该传递给由 dataset 函数创建的生成器。现在我们利用这两个函数对一个国家的不同列进行一系列的分析。

3.4.2 操作流程

大体上讲，美国的数据可以分为 6 组：

- 前 10%收入份额；
- 前 5%收入份额；
- 前 1%收入份额；
- 前 0.5%收入份额；
- 前 0.1%收入份额；
- 平均收入份额。

这些分组是位于上述组别中数据点的集合。一个简单而快速的初步分析就是绘制各收入组别的收入百分比随时间的变化情况。因为给不同的时间序列绘图是一个常用的任务，我们再一次创建一个辅助函数来包装 matplotlib，以对每个输入的时间序列绘制线图。

```
In [24]: def linechart(series, **kwargs):
    ...: fig = plt.figure()
    ...: ax = plt.subplot(111)
    ...: for line in series:
    ...: line = list(line)
    ...: xvals = [v[0] for v in line]
    ...: yvals = [v[1] for v in line]
    ...: ax.plot(xvals, yvals)
    ...: if 'ylabel' in kwargs:
    ...: ax.set_ylabel(kwargs['ylabel'])
    ...: if 'title' in kwargs:
    ...: plt.title(kwargs['title'])
    ...: if 'labels' in kwargs:
    ...: ax.legend(kwargs.get('labels'))
    ...: return fig
    ...:
```

这是一个很简单的函数。它创建了一个 matplotlib.pyplot 图像及子图坐标轴（axis subplot）。对序列中的每一条线，它从元组的第一项获取 x 轴的值（时间序列元组的第一项是 Year），第二项作为 y 轴的值。它将这些值分成各自的生成器，然后画到创建的图形上。最后，所有对图形的设置（比如图标或者图例），都可以通过关键字参数利用这个函数来进行。接下来的步骤详细解释了这种应用导向分析的方法。

为了产生我们需要的绘图，只需对需要的列使用定义好的 timeseries 函数，然后传递给 linechart 函数。这个简单的任务可以很容易地重复，我们对接下来的几幅图使用同样的方法：

```
In [25]: def percent_income_share(source):
    ...: """
    ...: Create Income Share chart
    ...: """
```

```
...: columns = (
...: "Top 10% income share",
...: "Top 5% income share",
...: "Top 1% income share",
...: "Top 0.5% income share",
...: "Top 0.1% income share",
...: )
...: source = list(dataset(source))
...: return linechart([timeseries(source, col) for col in columns],
...: labels=columns,
...: ,
...: ylabel="Percentage")
...:
...:
```

注意，产生绘图的过程也包装在函数之中。这样，我们可以根据需要修改图形，而该函数则包含图形本身的生成和设置。该函数识别每个序列的列，并从数据集中取得数据。对于每一列，它创建一个时间序列，然后将这个时间序列以及我们的绘图设置传递给 linechart 函数。

1. 为绘制图形，我们给 percent-income_source 函数定义输入参数：

```
In [26]: percent_income_share(data_file)

     ...:
Out[26]:
```

下面的截屏显示了最终结果。在本章接下来的部分，你会以类似的方式用这些函数创建需要的图表。

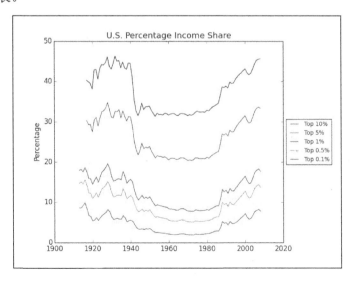

这幅图告诉我们，不同收入组的原始百分比倾向于向相同方向移动。当一个组的收入增加时，另一个组的收入也会增加。这看起来是一个不错的合理性检查，因为在前 0.1%收入组的人群也同样在前 10%收入组的人群中出现，而且他们对每个收入组的总体平均贡献很大。同样，在每条线之间有着清晰而一致的区别。

2．了解原始百分比有一定的作用，我们可能也希望考虑相对于该收入组的历年平均百分比及该百分比随时间的变化情况。为此，我们先对各组百分比计算各自的均值，然后将所有的值除以该均值。

鉴于均值归一化是一个可以用于一系列数据集的常用函数，我们再次创建一个以时间序列为输入、返回除以均值后的新时间序列的函数。

```
In [27]: def normalize(data):

    ...: """

    ...: Normalizes the data set. Expects a timeseries input
    ...: """
    ...: data = list(data)
    ...: norm = np.array(list(d[1] for d in data), dtype="f8")
    ...: mean = norm.mean()
    ...: norm /= mean
    ...: return zip((d[0] for d in data), norm)
    ...:
```

3．现在我们很容易另写一个函数对各列计算均值归一化的时间序列：

```
In [28]: def mean_normalized_percent_income_share(source):
    ...: columns = (
    ...: "Top 10% income share",
    ...: "Top 5% income share",
    ...: "Top 1% income share",
    ...: "Top 0.5% income share",
    ...: "Top 0.1% income share",
    ...: )
    ...: source = list(dataset(source))
    ...: return linechart([normalize(timeseries(source, col)) for
col in columns],
    ...: labels=columns,
    ...: ,
    ...: ylabel="Percentage")
    ...: mean_normalized_percent_income_share(data_file)
    ...: plt.show()
    ...:
```

注意，下面的命令与前面的函数除了归一化外非常相似。

```
>>> fig = mean_normalized_percent_income_share(DATA)
>>> fig.show()
```

上述命令会生成如下图形：

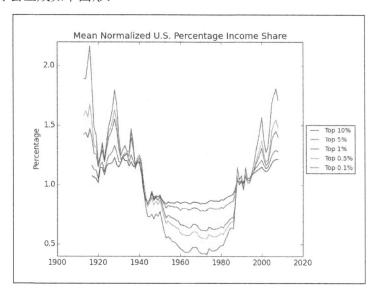

这幅图告诉我们，越富有的收入组，他们收入的百分比倾向于波动更大。

4. 这个数据集还将各组的收入来源分为不同类别，比如包含资本收益的收入和不包含资本收益的收入。现在我们看一看各组别的资本收益随着时间的变化。

另一个常用功能是计算两列之差，然后绘制得到的时间序列。计算两个 NumPy 数组之差很容易，在后面的分析中也常用到，因此我们写了另一个函数来完成这项工作。

```
In [29]: def delta(first, second):
   ...: """
   ...: Returns an array of deltas for the two arrays.
   ...: """
   ...: first = list(first)
   ...: years = yrange(first)
   ...: first = np.array(list(d[1] for d in first), dtype="f8")
   ...: second = np.array(list(d[1] for d in second), dtype="f8")
   ...: if first.size != second.size:
   ...: first = np.insert(first, [0,0,0,0], [None, None,
None,None])
   ...: diff = first - second
```

```
...:    return zip(years, diff)
...:
```

此外，再介绍一个有用的辅助函数：

```
In [30]: def yrange(data):
    ...:    """
    ...:    Get the range of years from the dataset
    ...:    """
    ...:    years = set()
    ...:    for row in data:
    ...:        if row[0] not in years:
    ...:            yield row[0]
    ...:        years.add(row[0])
```

这个函数也可以从数据集中创建 NumPy 数组并将数据类型定为浮点型。注意，我们需要从其中一个数据集中获得年份的列表。这里我们通过第一个数据集获取。

5. 还需要注意，first.size 必须等于 second.size。以上述情况为例，也就是说每个数组需要有相同的维度。年份和计算出的数组之差组成一个时间序列。

```
In [31]: def capital_gains_lift(source):
    ...:    """
    ...:    Computes capital gains lift in top income percentages over
time chart
    ...:    """
    ...:    columns = (
    ...:        ("Top 10% income share-including capital gains",
    ...:         "Top 10% income share"),
    ...:        ("Top 5% income share-including capital gains",
    ...:         "Top 5% income share"),
    ...:        ("Top 1% income share-including capital gains",
    ...:         "Top 1% income share"),
    ...:        ("Top 0.5% income share-including capital gains",
    ...:         "Top 0.5% income share"),
    ...:        ("Top 0.1% income share-including capital gains",
    ...:         "Top 0.1% income share"),
    ...:        ("Top 0.05% income share-including capital gains",
    ...:         "Top 0.05% income share"),
    ...:    )
    ...:    source = list(dataset(source))
    ...:    series = [delta(timeseries(source, a),
timeseries(source,b))
    ...:        for a, b in columns]
    ...:    return linechart(series,labels=list(col[1] for col in
    ...:    columns),
```

```
...: ,
...: ylabel="Percentage Difference")
...: capital_gains_lift(data_file)
...: plt.show()
...:
```

之前的代码将列保存为两列的元组，然后用 delta 函数计算两列之差。像我们之前的图形一样，这段代码创建如下图形：

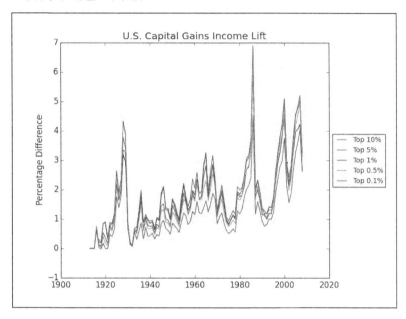

这幅图非常有意思，它显示了资本收益随时间的波动性。如果你熟悉美国金融史，那么你就可以从这幅图中看出这个著名证券市场的繁荣和萧条对资本收益的影响。

3.4.3 工作原理

对大型数据集进行操作的最简单方式是使用 NumPy 提供的 array 类。我们已经看到，这个类允许我们进行一些常用的操作，包括数字和数组间基本的数学运算。然而，将生成器转换为数组需要将数据载入内存。Python 的内建 list 函数需要输入一个迭代器并返回一个列表。这是有必要的，因为 NumPy 数组必须知道数据的长度才能正确地分配所需的内存。有了这个数组，就很容易计算均值并对整个数组进行除法操作了。这样，所有的数组元素都通过除法操作除以了均值。实质上是我们对数组元素用均值进行了归一化，然后将新计算的数据和年份组合在一起返回时间序列。

3.5　进一步分析美国高收入群体

到目前为止，我们主要分析了随时间变化的收入百分比。下面进一步分析数据集中其他的一些有趣数字，特别是实际的收入数字和组成这些数字的收入种类。

3.5.1　准备工作

如果已经完成上一节的步骤，则你可以继续往下进行。

3.5.2　操作流程

通过下面的步骤，我们进一步探究数据集中其他的收入数据。

1. 该数据集同样还包含不同收入分组的每年平均收入。我们对它进行绘图，观察各组别随时间的相对变化情况。

```
In [32]: def average_incomes(source):
    ...: """
    ...: Compares percentage average incomes
    ...: """
    ...: columns = (
    ...: "Top 10% average income",
    ...: "Top 5% average income",
    ...: "Top 1% average income",
    ...: "Top 0.5% average income",
    ...: "Top 0.1% average income",
    ...: "Top 0.05% average income",
    ...: )
    ...: source = list(dataset(source))
    ...: return linechart([timeseries(source, col) for col in
    ...: columns], labels=columns, ,
    ...: ylabel="2008 US Dollars")
    ...: average_incomes(data_file)
    ...: plt.show()
```

因为我们已经有了绘制线图的基础，所以可以用已有的工具快速地对新数据进行分析。只需选择新的各列，再相应地绘制图形即可！下面是绘制的图形：

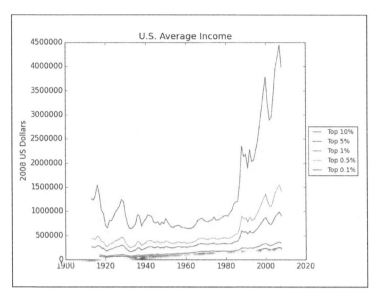

这幅图显示的结果非常有趣。直到 20 世纪 80 年代，富裕阶层只是比低收入组多收入 100 万～150 万美元。而从 20 世纪 80 年代开始，这种差异迅速地扩大了。

2. 我们可以使用 delta 函数来了解富裕阶层比普通的美国人富裕多少。

```
In [33]: def average_top_income_lift(source):

    ...:     """
    ...:     Compares top percentage avg income over total avg
    ...:     """
    ...:     columns = (
    ...:     ("Top 10% average income", "Top 0.1% average income"),
    ...:     ("Top 5% average income", "Top 0.1% average income"),
    ...:     ("Top 1% average income", "Top 0.1% average income"),
    ...:     ("Top 0.5% average income", "Top 0.1% average income"),
    ...:     ("Top 0.1% average income", "Top 0.1% average income"),
    ...:     )
    ...:     source = list(dataset(source))
    ...:     series = [delta(timeseries(source, a), timeseries(source,
    ...:     b)) for a, b in columns]
    ...:     return linechart(series,labels=list(col[0] for col in
columns),
    ...:     ,ylabel="2008 US Dollars")
    ...:
```

除了选择列名和运用项目中已有的功能模块外，我们仍然没有写新的代码。下面是运行结果：

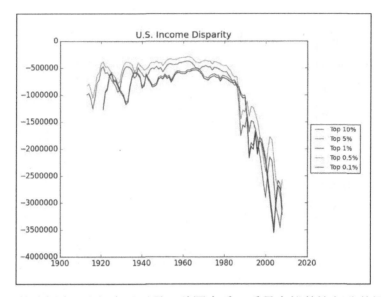

3. 在最后的分析中，我们会展示另一种图来看一看最富裕的这部分美国人的收入组成。因为这种组成是一个基于百分比的时间序列，所以堆栈图是完成这个任务的好办法。我们再次用到时间序列的代码，只是新加一个创建堆栈图的函数。

```
In [34]: def stackedarea(series, **kwargs):
    ...: fig = plt.figure()
    ...: axe = fig.add_subplot(111)
    ...: fnx = lambda s: np.array(list(v[1] for v in s),
dtype="f8")
    ...: yax = np.row_stack(fnx(s) for s in series)
    ...: xax = np.arange(1917, 2008)
    ...: polys = axe.stackplot(xax, yax)
    ...: axe.margins(0,0)
    ...: if 'ylabel' in kwargs:
    ...: axe.set_ylabel(kwargs['ylabel'])
    ...: if 'labels' in kwargs:
    ...: legendProxies = []
    ...: for poly in polys:
    ...: legendProxies.append(plt.Rectangle((0, 0), 1, 1,
    ...: fc=poly.get_facecolor()[0]))
    ...: axe.legend(legendProxies, kwargs.get('labels'))
    ...: if 'title' in kwargs:
    ...: plt.title(kwargs['title'])
    ...: return fig
    ...:
```

上述函数需要一组时间序列，其百分比相加之和需要等于 100。我们创建一个特殊的匿名函数来将每个序列转换成一个 NumPy 数组。NumPy 的 row_stack 函数创建了一系列垂直堆叠的数组，该结构可以用 subplot.stackplot 数组生成堆栈图。上述函数中唯一的意外是需要使用图例代理（proxy）来创建堆栈图图例中要填充颜色的矩形。

4. 现在我们可以来看看最富裕的这部分美国人的收入组成：

```
In [35]: def income_composition(source):
    ...: """
    ...: Compares income composition
    ...: """
    ...: columns = (
    ...: "Top 10% income composition-Wages, salaries andpensions",
    ...: "Top 10% income composition-Dividends",
    ...: "Top 10% income composition-Interest Income",
    ...: "Top 10% income composition-Rents",
    ...: "Top 10% income composition-Entrepreneurial income",
    ...: )
    ...: source = list(dataset(source))
    ...: labels = ("Salary", "Dividends", "Interest", "Rent","Business")
    ...: return stackedarea([timeseries(source, col) for col in columns],
    ...: labels=labels, ,
    ...: ylabel="Percentage")
    ...:
```

上述代码绘制的图形如下：

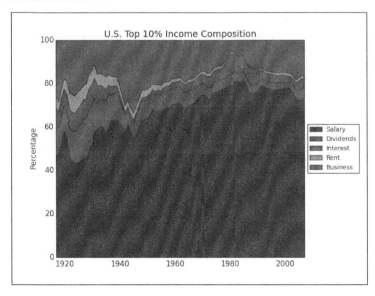

正如你所看到的，前 10%收入的美国人大多数的收入来源是工资；然而，企业收入也占到很大比例。股利分红在 20 世纪初比 20 世纪末扮演了更重要的角色，租金和利息也是如此。有意思的是，在 20 世纪前期，与创业收入相关的收入百分比在下降。直到 20 世纪 80 年代，可能是因为科技的原因，创业收入才开始重新增长。

3.5.3　工作原理

这个范例充分说明了应用导向方法的价值。我们不断将完成单个任务的代码抽象化为函数。随着函数库的不断扩充，我们的分析工作更多的是组合而非重新创造，因为它们往往只是由一些略微不同的重复任务组成。更好的是，这些单独的函数更容易测试和评价。久而久之，随着更多的分析，我们可以建立一个丰富而且完全可定制的工具库，从而大大加快未来研究的速度。

这个例子同样揭示了 Python 代码如何进行与 R 语言类似的分析工作。随着进一步的分析，我们不断利用之前建立的工具和函数，并且创建新的工具，比如基于之前工具的堆栈图函数。然而，与分析导向的方法不同，这些工具现在已经存在于对特定数据的代码库中。我们随后会看到，它们可以用于制作其他的应用和分析报告。

3.6　使用 Jinja2 汇报结果

可视化和图形化对于识别数据集中的明显模式非常有效。然而，随着来自不同来源的趋势不断涌现，我们需要更深入的报告和对一些与项目并不直接相关的技术的描述。应用导向的分析使用模板语言在分析时动态地构建文档，而不是手工地创建分析报告。Jinja2 是能将模板和用于填充模板的数据源组合在一起的一个 Python 库。这里的模板通常是 HTML 文件，也可以是任意类型的文本文件。这种组合对于汇报我们需要进行的分析是最为理想的。

3.6.1　准备工作

Jinja2 模板库应该已经安装并可以使用了。

3.6.2　操作流程

下面的步骤将阐释如何使用 Jinja2 模板库来创建灵活而优美的输出报告。

1. Jinja2 很简单，有着与 Python 相似的语法（尽管不是 Python）。模板可以包括逻辑或者控制流（比如循环、条件和格式编排），这样就不需要用数据去适应模板。下面是一个简单的例子：

```
In [36]: from jinja2 import Template
    ...: template = Template(u'Greetings, {{ name }}!')
    ...: template.render(name='Mr. Praline')
Out[36]: 'Greetings, Mr. Praline!'
```

2．然而，我们应该将模板从 Python 代码中剥离出来作为文本文件保存在系统中。Jinja2 提供一种中央 Environment 对象，可以用来保存设置或者保存全局对象。这些全局对象又可以从文件系统或其他 Python 包中载入模板。

```
In [37]: from jinja2 import Environment, PackageLoader,
FileSystemLoader
    ...: # 'templates' should be the path to the templates folder
    ...: # as written, it is assumed to be in the current directory
    ...: jinjaenv = Environment(loader =
FileSystemLoader('templates'))
    ...: template = jinjaenv.get_template('report.html')
```

这里，Jinja2 环境配置为从 Python 模块的 templates 目录下去寻找模板文件。另一个推荐的加载器是 FileSystemLoader，它需要一个搜索路径来寻找模板文件。在本例中，我们从 Python 模块中取到一个叫作 report.html 的模板来呈现。

呈现模板只需简单的 template.render(context) 语句，它会返回一个输出的 Unicode 字符串。其中，context 应该是一个 Python 字典，它的关键字是在模板中使用的变量名。另外，context 也可以作为关键字参数传递：template.render({'name':'Terry'}) 与 template.render (name='Terry') 等价。然而，对于大型模板（以及大型数据集）来说，用 template.stream 方法要有效得多；它并不一次呈现整个模板，而是逐步执行各语句作为生成器产生结果。

3．Stream 可以传递给一个类文件对象写到磁盘或者在网络上序列化：

```
template.stream(items=['a', 'b',
'c'],name='Eric').dump('report-2013.html')
```

这项看起来简单的技术威力巨大，特别是与 JSON 模块一起使用时。JSON 数据可以直接转到 JavaScript 中用于互动绘图和网络上的可视化工具库，比如 D3、Highcharts 和 Google Charts。

4．下面是一个世界高收入数据集的完整例子。

```
In [38]: import csv

    ...: import json
    ...: from datetime import datetime
```

```
      ...: from jinja2 import Environment, PackageLoader,
FileSystemLoader
      ...: from itertools import groupby
      ...: from operator import itemgetter
      ...:

In [39]: def dataset(path, include):
      ...: column = 'Average income per tax unit'
      ...: with open(path, 'r') as csvfile:
      ...: reader = csv.DictReader(csvfile)
      ...: key = itemgetter('Country')
      ...: # Use groupby: memory efficient collection by country
      ...: for key, values in groupby(reader, key=key):
      ...: # Only yield countries that are included
      ...: if key in include:
      ...: yield key, [(int(value['Year']),
      ...: float(value[column]))
      ...: for value in values if value[column]]
      ...:
      ...:

In [40]: def extract_years(data):
      ...: for country in data:
      ...: for value in country[1]:
      ...: yield value[0]
      ...:
      ...: datetime.now().strftime("%Y%m%d")
      ...: jinjaenv = Environment(loader =
FileSystemLoader('templates'))
      ...: template = jinjaenv.get_template('report.html')
      ...: template.stream(context).dump(path)
      ...:

In [41]: def write(context):
      ...: path = "report-%s.html" %datetime.now().strftime("%Y%m%d")
      ...: jinjaenv = Environment(loader =
FileSystemLoader('templates'))
      ...:     template = jinjaenv.get_template('report.html')
      template.stream(context).dump(path)
In [40]: def main(source):
      ...: # Select countries to include
      ...: include = ("United States", "France", "Italy",
      ...: "Germany", "South Africa", "New Zealand")
      ...: # Get dataset from CSV
      ...: data = list(dataset(source, include))
```

```
...: years = set(extract_years(data))
...: # Generate context
...: context = {
...: 'title': "Average Income per Family, %i - %i"
...: % (min(years), max(years)),
...: 'years': json.dumps(list(years)),
...: 'countries': [v[0] for v in data],
...: 'series': json.dumps(list(extract_series(data, years))),
...: }
...:
...:

In [42]: write(context)
...: if __name__ == '__main__':
...: source = '../data/income_dist.csv'
...: main(source)
```

这里有很多代码，让我们一步一步地看。dataset 函数从我们的数据集中读入 Average income 一列，并基于包含国家的集合进行筛选。它用到了一个帮助循环功能 groupby 来根据 Country 值对各行进行分组，这也意味着我们按不同国家分别获得数据。itemgetter 和 groupby 函数都是 Python 中常用的能保障内存安全的辅助函数，可以在大规模数据分析时派上用场。

提取数据集之后，我们创建了两个辅助方法。第一个函数 extract_years 从每个国家产生所有的年份值。这很有必要，因为不是所有的国家都有每一年的数据。我们会用这个函数来确定模板中的年份范围。第二个函数 extract_series 归一化数据并用 None 来替代空白年份，以保证时间序列的正确性。

这里的 write() 方法打包了写模板的功能。它创建了一个名称为 report-{date}.html 的文件，用当前的日期作为参考。它同时还载入 Environment 对象，找到报告模板，然后将输出写到磁盘。最后，main 方法聚合所有的数据和参数，并连接这些函数。

5. 报告模板如下。

```
<html>
<head>
    <title>{{ title }}</title>
</head>
<body>
    <div class="container">
        <h1>{{ title }}</h1>
        <div id="countries">
            <ul>
            {% for country in countries %}
```

```
            <li>{{ country }}<li>
          {% endfor %}
          </ul>
      </div>
      <div id="chart"></div>
    </div>

    <script type="text/javascript"
src="http://codeorigin.jquery.com/jquery-
2.0.3.min.js"></script>
    <script src="http://code.highcharts.com/highcharts.js">
     </script>
    <script type="text/javascript">
        $.noConflict();
        jQuery(document).ready(function($) {
            $('#chart').highcharts({
                xAxis: {
                    categories: JSON.parse('{{ years }}'),
                    tickInterval: 5,
                },
                yAxis: {
                    title: {
                        text: "2008 USD"
                    }
                },
                plotOptions: {
                    line: {
                        marker: {
                            enabled: false
                        }
                    }
                },
                series: JSON.parse('{{ series }}')
            });
        });
    </script>
</body>
</html>
```

这个模板将标题放在正确的位置，然后创建一个数据集中未排序国家（地区）的列表。此外，它用 Highcharts 来创建一个互动的绘图。Highcharts 是一个基于选项的 JavaScript 绘图库。注意，我们用 JSON.parse 来解析在 Python 中转存的 JSON 数据。这保证了在将 Python 的数据类型转为 JavaScript 时不会发生冲突。当在浏览器中打开报告时，可以看到如下截图：

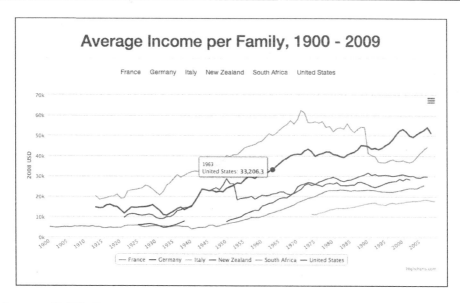

3.6.3   工作原理

在 Python 中进行数据分析和数据挖掘与在 R 语言中非常类似，特别是使用 NumPy 库时。NumPy 与 R 语言类似，也是为科学计算打造的。它在处理多维数组时，与 R 语言有着相似的功能。然而，一般而言，Python 往往需要更多的代码，尤其是在用 matplotlib 绘图时。这是 Python 对数据的通用方法导致的，特别是因为它还用于很多问题领域，而非仅限于统计分析。这同样也是 Python 的优势所在。

特别地，Python 的数据分析倾向于应用导向的方法，尤其是针对需要实时更新的数据流，而非对单个数据集进行分析。通常这意味着用 Python 进行数据分析需要利用 NumPy 这样的工具快速地建立模型原型和统计调查，同时需要利用特别有包容性的标准程序库来处理数据管道中各个阶段的不同数据。

3.6.4   更多内容

有很多种不同的 Python 模板语言，每一种都用不同的方法来组合预定义的模板和数据，以生成可读的输出结果。很多这样的模板语言都设计用作网络应用框架的支柱，比如为从数据库中构建动态网页而设计的 Django 和 Flask。因为这些语言都很易于生成 HTML，所以用这些工具使得根据网络应用来生成报告——从一次性报告到定期报告、到按需报告都变得很简单。Jinja2 是 Flask 的主要语言，并具有类似于 Django 的语法，使得它成为后续应用的最优选项之一。

3.7　基于 R 的数据分析再实现

本节的内容很简洁,我们用 R 软件来再次完成前几节讨论过的大部分数据分析问题。本节的内容不需要额外安装任何 R 包。

3.7.1　准备工作

R 默认版本中的函数对本节之前完成的分析问题足够用了。income_dist.csv 文档需要保存在当前工作目录下。

3.7.2　操作流程

与 income_dist.csv 数据有关的分析非常容易实现,下面的程序逐步给出了实现过程。

1. 利用 read.csv 函数加载 income_dist.csv,并使用函数 nrow、str、unique 等得到下列结果:

```
id <- read.csv("income_dist.csv",header=TRUE)
nrow(id)
str(names(id))
length(names(id))
ncol(id) # equivalent of previous line
unique(id$Country)
levels(id$Country) # alternatively
min(id$Year)
max(id$Year)
id_us <- id[id$Country=="United States",]
```

数据首先存储在 R 对象 ID 中。我们看到数据集中共有 2180 个观测(行)。数据集有 354 个变量,利用 str 和 names 两个函数可以看到一部分。通过代码 id[id$Country=="United States",]筛选出美国的数据。现在,我们先用绘图函数得到平均收入税收的第一印象,我们得到一幅质量很差的图形。

2. 使用 plot 函数,得到如下简单的展示:

```
plot(id_us$Year , id_us$Average.income.per.tax.unit) 0
```

因为只是临时说明,所以输出图形没有放在这里。现在我们用 barplot 函数来代替 plot 函数绘图。

3. 利用 barplot 函数以及选取适当的标签,我们可以得到一幅非常优美的图形:

```
barplot(id_us$Average.income.per.tax.unit,ylim=c(0,60000),
        ylab="Income in USD",col="blue",main="U.S. Average Income
1913-2008",
        names.arg=id_us$Year)
```

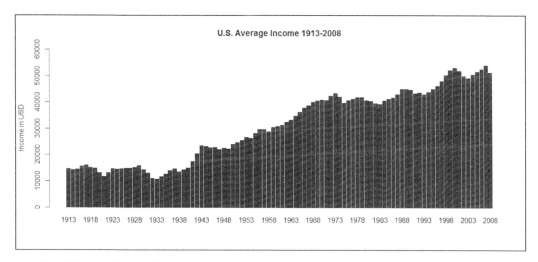

使用图形函数的参数设置选项一直是一个很好的实践。比如，我们通过 ylim 来指定 y 轴的范围，用 ylab 设定 y 轴标签，通过 main 为图形设置标题。

为进行进一步分析，我们继续把目光集中到美国的数据上。

1. 正如 3.4 节的分析过程，我们在 R 中用下述程序再次完成对美国高收入数据的分析。获得数据集中美国的子集数据后，我们用在[]中的子集选择 10%、5%、1%、0.5%、0.1%的具体变量数据。新的 R 对象是 id2_us2。

```
id2 <- read.csv("income_dist.csv",header=TRUE,check.names = F)
# using the check.names=F option to ensure special characters in
colnames
id2_us <- id2[id$Country=="United States",]
id2_us2 <- id2_us[,c("Top 10% income share",
                     "Top 5% income share",
                     "Top 1% income share",
                     "Top 0.5% income share",
                     "Top 0.1% income share")]
row.names(id2_us2) <- id2_us$Year
```

2. ts 函数将 R 对象 id2_us2 转换为时间序列对象。现在，对数据进行特定选择，我们用下面一段代码来按年份可视化：

```
id2_us2 <- ts(id2_us2,start=1913,frequency = 1)
```

```
windows(height=20,width=10)
plot.ts(id2_us2,plot.type="single",ylab="Percentage",frame.plot=TRUE,
        col=c("blue","green","red","blueviolet","purple"))
legend(x=c(1960,1980),y=c(45,30),c("Top 10%","Top 5%","Top 1%","Top
0.1%"),
        col = c("blue","green","red","blueviolet","purple"),pch="-")
```

注意，id2_us2 包含 5 个时间序列对象。我们用选项设置 plot.type="single"
在一个图框内画出所有 5 条线。图例和颜色选项设置用以提升图形展示的可观赏性。绘
图结果如下所示：

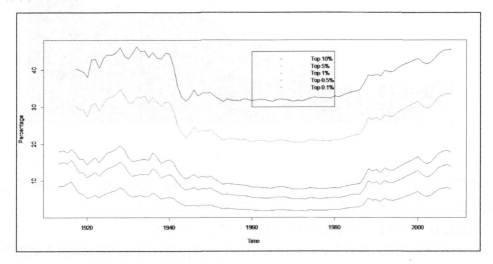

3．对归一化的数据重复前面的步骤：

```
id2_scale <- scale(id2_us2)
windows(height=20,width=10)
plot.ts(id2_scale,plot.type="single",ylab="Percentage",frame.plot=T
RUE,
        col=c("blue","green","red","blueviolet","purple"))
legend(x=c(1960,1980),y=c(2,1),c("Top 10%","Top 5%","Top 1%","Top
0.5%","Top 0.1%"), col =
c("blue","green","red","blueviolet","purple"),pch="-")
```

输出结果如下所示：

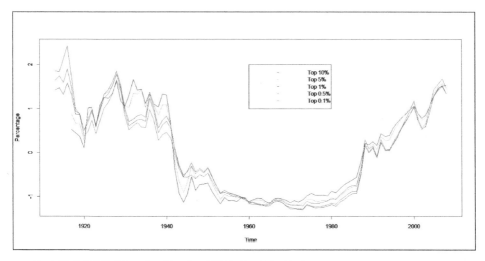

4. 注意这幅图使得 5 个时间序列的比较更直观了。

5. 用 R 重复 3.5 节的 Python 分析过程，我们给出 R 代码并输出最后一段代码的运行结果：

```
id2_us3 <- id2_us[,c("Top 10% income share-including capital
gains",
                     "Top 10% income share",
                     "Top 5% income share-including capital gains",
                     "Top 5% income share",
                     "Top 1% income share-including capital gains",
                     "Top 1% income share",
                     "Top 0.5% income share-including capital
gains",
                     "Top 0.5% income share",
                     "Top 0.1% income share-including capital
gains",
                     "Top 0.1% income share",
                     "Top 0.05% income share-including capital
gains",
                     "Top 0.05% income share")
                ]
id2_us3[,"Top 10% capital gains"] <- id2_us3[,1]-id2_us3[,2]
id2_us3[,"Top 5% capital gains"] <- id2_us3[,3]-id2_us3[,4]
id2_us3[,"Top 1% capital gains"] <- id2_us3[,5]-id2_us3[,6]
id2_us3[,"Top 0.5% capital gains"] <- id2_us3[,7]-id2_us3[,8]
id2_us3[,"Top 0.1% capital gains"] <- id2_us3[,9]-id2_us3[,10]
id2_us3[,"Top 0.05% capital gains"] <- id2_us3[,11]-id2_us3[,12]
id2_us3 <- ts(id2_us3,start=1913,frequency = 1)
windows(height=20,width=10)
```

```
plot.ts(id2_us3[,13:18],plot.type="single",ylab="Percentage",frame.
plot=TRUE,
        col=c("blue","green","red","blueviolet","purple","yellow"))
legend(x=c(1960,1980),y=c(7,5),c("Top 10%","Top 5%","Top 1%","Top
0.5%",
                                "Top 0.1%","Top 0.05%"),
        col =
c("blue","green","red","blueviolet","purple","yellow"),pch="-")
```

生成的图形如下所示：

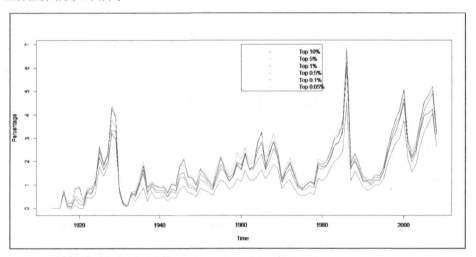

3.7.3　更多内容

　　R 和 Python 是两种最具有竞争力的、让人无法抗拒的近乎完美的语言。大部分情况下，用 R 重现 Python 的分析是可行的，反之亦然。毋庸置疑的是，谁也无法确切地回答哪一个更好。当然，这也不是我们要考虑的问题。

第 4 章
股市数据建模

本章包含以下主要内容。

● 获取股市数据。

● 描述数据。

● 清洗并探索性地分析数据。

● 生成相对估值。

● 筛选股票并分析历史价格。

4.1　简介

本章将引导你参与一个财务分析项目，通过分析股票市场数据，判断股市是被高估还是被低估了，从而识别出有效投资的目标股票列表，并对目标股票的历史价格进行可视化分析。

我们必须指出，本章的目标不是让你成为股市分析方面的专家，或者帮你致富。华尔街量化投资分析师研究的模型，明显比我们在这里接触到的更为复杂。很多书整本都在讲解股市模型和金融工程，而我们只有一章来阐述这个问题。因此，受时间和形式所限，本章主要目标如下。

● 对我们将要分析的数据有一个基本了解。

● 找到有效地对这些数据进行分析和建模的方法。

● 如何利用数据科学工具和方法对这些数据进行分析。

本章用到的数据来源于finviz网站，而股票历史价格数据则通过Yahoo财经日报获得。

与前几章类似，本项目也采用R统计语言作为分析工具。可能你已经注意到，R有很多功能强大的程序包可以帮助我们完成分析任务；本章将充分利用其中的部分程序包。此外，本章中依然遵循数据科学管道流程，但会因为处理不同的数据类型和任务类型而进行适当调整。

准备工作

为了完成本章的数据科学项目，你需要一台可以访问互联网的电脑，并且这台电脑上应安装了 R 语言和以下包：

```
install.packages("XML")
install.packages("ggplot2")
install.packages("plyr")
install.packages("reshape2")
install.packages("zoo")

library(XML)
library(ggplot2 ,quietly=TRUE)
library(plyr ,quietly=TRUE)
library(reshape2 ,quietly=TRUE)
library(zoo ,quietly=TRUE)
```

XML 包帮助我们从互联网上获取数据，ggplot2 包帮助我们绘制出漂亮的可视化图表，plyr 和 reshape2 包帮助我们描述统计数据，而通过 zoo 包可以计算移动平均值。

你还需要设置一个工作目录以保存分析过程中生成的图表：

```
setwd("path/where/you/want/to save/charts")
```

4.2　获取股市数据

如果你看一眼互联网上的股票数据，那么你会发现自己很快就会淹没在各种股票价格和财务数据中。在采集、获取数据时，一个很重要但经常被忽视的要点就是获取数据的效率。在其他条件相同的情况下，你不希望花费几小时来拼凑一个可以在更短时间内获取的数据集。考虑到这一点，我们将尝试从少数几个数据源中获取尽量多的数据。这不仅有助于尽可能保证数据的一致性，而且还可以提高分析的可复制性和结果的可再现性。

操作流程

第一份需要获取的数据是将要分析的股票快照。其中一个最好的办法就是从众多的股票交易应用程序中下载数据，我们最喜欢从 finviz 网站下载股票数据。

我们通过以下步骤获得本章需要的股票数据。

1. 获取 finviz 的股票交易数据，如下图所示。

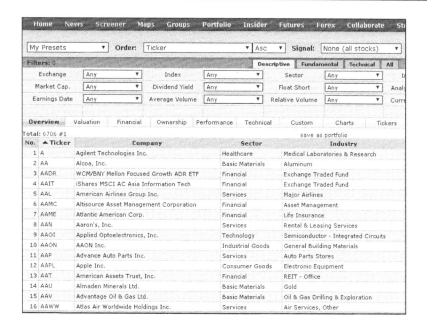

正如你所看到的，网站上可以通过多个指标条件进行筛选。如果单击所有选项，则你将看到可显示的所有指标。

2. 对我们的分析项目来说，我们需要输出交易系统中所有公司的全方位数据。你可以用系统中的 69 个复选框进行筛选。

3. 滑动鼠标到最右下端，可以看到有一个导出链接。单击链接保存为 CSV 文件，并命名为 finviz.csv。

4. 打开 RStudio，从文件目录中读取刚保存的 finviz.csv 文件，并赋给一个数据框，例如：

```
finviz <- read.csv("path/finviz.csv")
```

在数据分析中，每一步都最好通过代码来实现，而不是通过一系列人工干预的单击动作来实现。如此方能更快、更容易地复现你的结果。

5. 如果是第一次操作，则可以通过上面的第 1~4 步获取数据。熟练后，我们就可以通过下面两个命令替换前面几行代码：

```
url_to_open <-
 'http://finviz.com/export.ashx?v=152&c=0,1,2,3,4,5,6,7,8,9,10,
 11,12,13,14,15,16,17,18,19,20,21,22,23,24,25,26,27,28,29,30,31,
 32,33,34,35,36,37,38,39,40,41,42,43,44,45,46,47,48,49,50,51,5
 2,53,54,55,56,57,58,59,60,61,62,63,64,65,66,67,68'

finviz <- read.csv(url(url_to_open))
```

第 5 步中的 URL 结构包含了以逗号进行分割的可供选择的一系列复选框列表。你可以编程生成这个网址，以便轻松选择你需要下载的任何公司的数据组合。如果你不希望输入 0～68 个数字，那么可以通过 sprintf（字符串格式化）和 paste（粘贴）命令来完成同样的事情。

```
url_to_open <-
sprintf("http://finviz.com/export.ashx?v=152&c=%s",
paste(0:68, collapse = ","))
```

4.3　描述数据

我们已经获取股票数据，现在用一些命令来了解数据包含哪些字段，并从这些字段值中得到有用的信息。

4.3.1　准备工作

你需要对前面下载的数据进行描述统计分析。

4.3.2　操作流程

下述步骤将引导你进行一个简洁的数据描述。

1. 通过下面的命令可以观察你导出的数据中包含的字段：

```
> head(finviz[,1:4])
```

如下所示，这个命令将显示数据的前 6 行，以便你可以看到数据中包含的字段以及一些字段值。在这个例子中，我们可以看到数据中存在一些定义为 NA 的缺失值。

```
    No.  Ticker                    Company           Sector
1   1       A       Agilent Technologies Inc.      Healthcare
2   2      AA                     Alcoa, Inc.   Basic Materials
```

```
3 3      AADR        WCM/BNY Mellon Focused Growth ADR ETF           Financial
4 4      AAIT        iShares MSCI AC Asia Information Tech            Financial
5 5      AAL                   American Airlines Group Inc.            Services
6 6      AAMC       Altisource Asset Management Corporation          Financial
```

2.下一个命令将返回每个字段的描述。对于数值型字段，该命令可以输出最小值、最大值、平均值、中位数和四分位数；对于字符型字段，该命令可以输出出现最多的字段。其输出如下所示：

```
> summary(finviz[,1:4])
      No.              Ticker                    Company                Sector
 Min.   :   1     A      :   1     Banco Bradesco S.A.    :   2     Financial     :2915
 1st Qu.:1677     AA     :   1     Banco Santander-Chile  :   2     Technology    : 867
 Median :3354     AADR   :   1     Berkshire Hathaway Inc.:   2     Services      : 864
 Mean   :3354     AAIT   :   1     Embotelladora Andina S.A.: 2     Basic Materials: 608
 3rd Qu.:5030     AAL    :   1     First Bancorp          :   2     Healthcare    : 578
 Max.   :6706     AAMC   :   1     Gray Television Inc.   :   2     Consumer Goods : 375
                  (Other):6700     (Other)                :6694     (Other)       : 499
```

4.3.3　工作原理

现在我们已经对数据完成了第一步的统计描述，它值得花费一些时间以确定哪些字段对我们而言是最重要的，并且弄懂这些字段的含义。

前几个字段包含识别该公司的信息。

股票代码（有时也称为股票符号）可以确定是哪家公司的股票。不存在股票代码完全相同的两家公司，所以 AA 就是指美国铝业公司、AAPL 就是指苹果公司等。

接下来，我们有公司的名称、领域、行业等字段。通过领域和行业信息对股票分类的方法，可以了解每家公司的主要业务；领域比较宽泛（越高级），行业比较具体（低级）。比如，苹果公司（AAPL）在消费品领域，主要是生产电子设备的消费品。

4.3.4　更多内容

我们已经了解了数据集中的前几个字段，其他大多数字段都是数值型的。首先，让我们了解那些最重要的字段。

- **价格**：当前公司股票中每股的美元价值。
- **成交量**：最近交易日股票成交量。
- **净发股票**：上市公司发行的所有股票数量。
- **P/E**：市盈率是该公司的股票价格除以该公司每股净发股票的收益。
- **PEG**：市盈率增长率是公司的市盈率除以其盈利增长速度，你可以以公司的增长来估计公司的市盈率。
- **明年每股收益增长**：该公司明年每股收益增长的预期速度。

- **总债务/股东权益**：总负债是金融健康的度量，即公司的总债务及股东权益的美元价值。该指标可以让你感觉公司是如何在为其成长和运作进行融资的。负债比股权具有更高风险，因此高负债率将引起人们的关注。
- **β**：衡量个别股票或股票基金相对于整个股市的价格波动情况。当 $\beta=1$ 时，表示该股票的波动与股市大盘一致；当 $\beta>1$ 时，表示该股票波动大于股市大盘；当 $\beta<1$ 时，表示该股票波动小于股市大盘。
- **RSI**：相对强弱指标是基于股票价值的波动，通过最近两周内一支股票高于开盘价的天数和低于开盘价的天数来决定一个 0～100 之间的分数。较高的 RSI 指数意味着股票被高估，因此价格将很快下降；较低的 RSI 指数意味着股票被低估，因此价格将很快上涨。

如果你希望了解其他指标的含义，investopedia 网站是一个不错的地方。在这个网站上，你可以找到金融和投资相关术语的解释。

4.4　清洗并探索性地分析数据

现在我们已经看到数据，并对指标有了一定程度的了解，接下来是清洗数据，并进行一些探索性的分析。

4.4.1　准备工作

确保你已经安装本章开始时提到的程序包，并通过前面章节中介绍的步骤已经成功将 finviz 数据导入 R 中。

4.4.2　操作流程

请根据下面的步骤进行数据清洗和探索研究。

1. 导入的数值型数据经常会包含特殊字符，比如百分号、美元符号、逗号等。这些字符会使得 R 将该字段判断为字符型而非数值型。例如，finviz 数据集包含了大量必须剔除的百分号。为此，我们建立一个 clean_numeric 函数，通过 gsub 命令去掉任何不需要的字符。只需创建这个函数一次，之后在本章中将多次用到它：

```
clean_numeric <- function(s){
  s <- gsub("%|\\$|,|\\)|\\(", "", s)
  s <- as.numeric(s)
}
```

2. 使用上述函数对 finviz 数据集中的数值型字段进行处理：

```
finviz <- cbind(finviz[,1:6],apply(finviz[,7:68], 2,
clean_numeric))
```

3. 如果你再次查看数据，可以发现所有讨厌的百分号都已经不见了，字段均变成了数值型的。

> 在这个命令以及本章的后续部分中，很多地方我们通过列数引用来代表列。如果因为某些原因列数发生变化，那么引用的数字列也会相应地进行调整。

4. 现在我们已经准备好真正开始研究数据了！第一步要做的事情就是看一下股票价格的分布，对于最高价、最低价及多数股票价格区间有一个大概的了解：

```
hist(finviz$Price, breaks=100, main="Price Distribution",
xlab="Price")
```

你将看到如下图形：

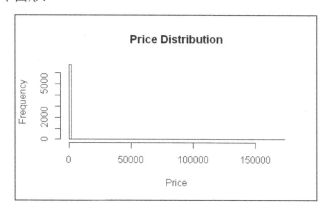

在这里，我们遇到第一个问题是存在异常高的股票价格使得 R 通过缩放 x 轴的方式来绘制直方图时，不能通过此图形看出正常股票价格的分布，故此图形就失去了应有的价值。这是使用直方图表示数据时遇到的一个常见问题。

5. 我们把 x 轴上限定在 150 美元，看看此时得到的结果：

```
hist(finviz$Price[finviz$Price<150], breaks=100, main=
"Price Distribution", xlab="Price")
```

你将看到如下图形：

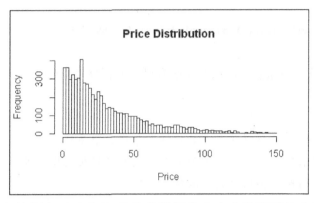

这一次好多了！从图中可以看到，我们的数据集中大多数股票的定价在 50 美元以下。因此，按绝对值计算，一支定价为 100 美元的股票会被认为是昂贵的。

6. 当然，事情不会如此简单。不同的领域和行业有不同的价格水平。理论上，如果同行业中其他股票的价格在 120～150 美元之间，那么定价 100 美元的股票就是便宜的。我们计算每个领域板块的平均价格，并尝试进行比较：

```
sector_avg_prices <- aggregate(Price~Sector,data=finviz,FUN="mean")
colnames(sector_avg_prices)[2] <- "Sector_Avg_Price"
ggplot(sector_avg_prices, aes(x=Sector, y=Sector_Avg_Price,
fill=Sector)) + geom_bar(stat="identity") + ggtitle("Sector Avg
Prices") + theme(axis.text.x = element_text(angle = 90, hjust = 1))
```

你将看到如下图形：

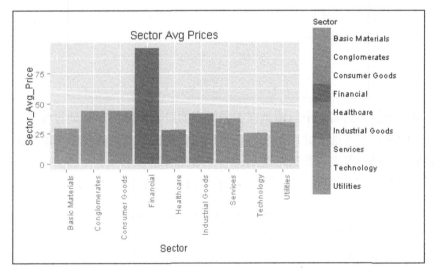

这幅图很有趣，金融领域的平均股票价格显著高于其他领域。我敢打赌，造成这种

情况是因为一些异常点打乱了原本的分布。

7. 我们来看一下原因！找一下哪些公司或行业会极大影响到金融领域股票的平均价格。

首先，统计各个行业的平均股票价格。

```
industry_avg_prices <-
aggregate(Price~Sector+Industry,data=finviz,FUN="mean")
industry_avg_prices <- industry_avg_prices[order(
industry_avg_prices$Sector,industry_avg_prices$Industry),]
colnames(industry_avg_prices)[3] <- "Industry_Avg_Price"
```

接着，建立关于金融领域的数据子集：

```
industry_chart <- subset(industry_avg_prices,Sector=="Financial")
```

最后，给出各个行业的平均股票价格在金融领域的直方图显示：

```
ggplot(industry_chart, aes(x=Industry, y=Industry_Avg_Price,
fill=Industry)) + geom_bar(stat="identity") +
theme(legend.position="none") + ggtitle("Industry Avg Prices") +
theme(axis.text.x = element_text(angle = 90, hjust = 1))
```

你将看到如下图形：

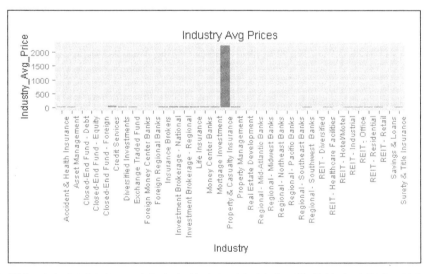

这幅图似乎在告诉我们，财产和意外险行业是导致平均价格上涨的主要原因。

8. 我们深入财产和意外险行业来看看，具体是哪些公司股票价格存在异常。

```
company_chart <- subset(finviz,Industry=="Property & Casualty
```

```
Insurance")

ggplot(company_chart, aes(x=Company, y=Price, fill=Company)) +
  geom_bar(stat="identity") + theme(legend.position="none") +
  ggtitle("Company Avg Prices") +
  theme(axis.text.x = element_text(angle = 90, hjust = 1))
```

你将看到如下图形：

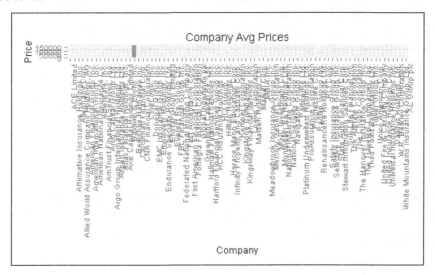

因为有太多公司，所以你很难一眼看出异常点。但当你仔细观察上面的图片时，会发现 Berkshire Hathaway 公司很明显是一个特例。最近，它的每份股票价格超过了 172 000美元。

9. 既然这些公司的股票价格如此极端，我们就从数据集中剔除这些极端值，重新计算得到金融领域更真实的平均股票价格。

```
finviz <- subset(finviz, Ticker!="BRK-A")
sector_avg_prices <- aggregate(Price~Sector,data=finviz,FUN="mean")
colnames(sector_avg_prices)[2] <- "Sector_Avg_Price"
ggplot(sector_avg_prices, aes(x=Sector, y=Sector_Avg_Price,
fill=Sector)) + geom_bar(stat="identity") + ggtitle("Sector Avg
Prices") + theme(axis.text.x = element_text(angle = 90, hjust = 1))
```

你将看到如下图形：

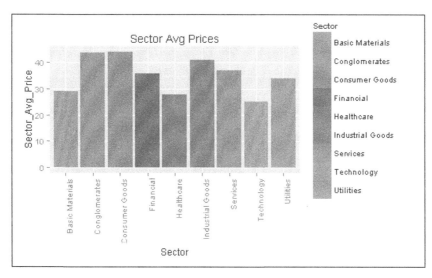

现在得到的股票价格的平均值分布较为合理了，我们可以比较出一家公司的股票相对所在行业或领域内平均股票价格的水平。

4.4.3 工作原理

这部分，我们利用 aggregate 函数来描述数据。例如前面出现过的一段代码：

```
sector_avg_prices <- aggregate(Price~Sector,data=finviz,FUN="mean")
```

此外，我们可以使用 plyr 程序包中的 ddply 函数得到同样的结果：

```
sector_avg_prices <- ddply(finviz, "Sector", summarise,
 Price=mean(Price, na.rm=TRUE))
```

你可以尝试使用 ddply 函数替换本章中所有出现的 aggregate 函数。

4.5 生成相对估值

分析股票市场数据最有趣的地方就是提出一个估值模型。最终目标是判断一支股票是被低估还是被高估了。主要有两种方法可以做到这一点。绝对估值法通常更耗费时间，因为它需要挖掘一家公司的财务报表，从而做出一个估值判断。另外一种方法是相对估值法，它可以快速估计一支股票的价格，但缺少全面考虑。其基本思想就是通过将股票和同类股票的价格和估值率进行比较，从而得出该股票的估值。在本节中，我们将使用简单的相对估值法对股票进行估值。

4.5.1　准备工作

这里将用到你在前几节已经下载和清洗好的数据集。

4.5.2　操作流程

本节我们主要做 3 件事情。首先，我们按照领域计算股票价格的平均值，以便用在相对估值的分析工作中。其次，在行业层面计算股票平均值。最后，我们将股票的价格和平均值进行对比以得到其指数值，进而判断其是否被低估。你可以参考以下步骤进行分析。

1. 在 R 中计算多列平均值，首先融合数据。这将增加一行来放置每一列的平均值，即增加数据集的长度而不是宽度。通过下面的截图，我们可以看到每一步骤后数据集的变化。

Sector	Industry	CountryORRegion	Market.Cap	P.E	Forward.P.E	PEG	P.S	P.B	P.Cash
Healthcare	Medical Laboratories & Research	USA	19823.59	28.52	16.78	2.97	2.92	3.75	7.41
Basic Materials	Aluminum	USA	12062.38	NA	19.33	NA	0.52	1.15	8.39
Financial	Exchange Traded Fund	USA	NA	NA	NA	NA	NA	NA	NA
Financial	Exchange Traded Fund	USA	NA	NA	NA	NA	NA	NA	NA
Services	Major Airlines	USA	11645.76	30.67	6.61	0.87	0.46	NA	1.72
Financial	Asset Management	USA	2348.00	NA	NA	NA	78.27	671.14	23.00
Financial	Life Insurance	USA	83.71	8.73	NA	NA	0.52	0.86	2.24
Services	Rental & Leasing Services	USA	2297.49	17.15	15.81	2.34	1.02	1.85	7.43
Technology	Semiconductor - Integrated Circuits	USA	159.82	NA	13.24	NA	2.17	NA	21.89
Industrial Goods	General Building Materials	USA	1035.39	31.31	24.94	3.13	3.18	6.39	47.28
Services	Auto Parts Stores	USA	9090.47	22.56	15.17	1.46	1.42	6.19	16.02
Consumer Goods	Electronic Equipment	USA	480222.89	13.29	11.60	0.68	2.76	3.70	11.80
Financial	REIT - Office	USA	1296.44	651.20	95.76	132.90	5.11	1.90	6.83
Basic Materials	Gold	Canada	99.68	NA	NA	NA	332.28	2.27	6.83
Basic Materials	Oil & Gas Drilling & Exploration	Canada	520.70	NA	NA	NA	2.19	0.53	NA
Services	Air Services, Other	USA	789.65	7.06	8.05	3.07	0.48	0.62	2.70
Financial	Exchange Traded Fund	USA	NA	NA	NA	NA	NA	NA	NA
Financial	Asset Management	USA	2176.37	17.35	13.70	2.17	14.53	1.53	NA
Healthcare	Diagnostic Substances	USA	857.43	50.66	41.31	2.89	4.77	4.59	8.41
Industrial Goods	Industrial Equipment & Components	Switzerland	58863.99	20.54	15.88	1.77	1.42	3.35	12.61
Healthcare	Drug Manufacturers - Major	USA	81300.48	19.67	14.20	1.47	4.33	22.77	8.47
Services	Drugs Wholesale	USA	15598.96	43.42	15.76	3.13	0.16	6.94	44.89
Financial	Regional - Mid-Atlantic Banks	USA	480.18	26.65	10.90	3.33	3.80	1.66	1.69
Services	Education & Training Services	USA	91.80	NA	NA	NA	0.61	NA	1.71
Services	Business Services	USA	2150.47	93.64	41.22	5.70	4.41	6.95	27.61
Services	Trucking	USA	828.76	54.47	12.45	5.45	0.36	1.59	5.87
Services	Auto Dealerships	USA	1469.79	14.83	10.95	0.95	0.28	3.12	1130.61

数据集将以概要的形式，先从宽变长，接着再从长变宽。
我们通过下面的命令来实现。

```
sector_avg <- melt(finviz, id="Sector")
```

2. 过滤数据，仅保留我们要计算平均值的字段：

```
sector_avg <- subset(sector_avg,variable %in%
c("Price","P.E","PEG","P.S", "P.B"))
```

现在 sector_avg 数据集应该如下所示：

Sector	variable	value
Healthcare	P.E	28.52
Services	P.E	30.67
Financial	P.E	8.73
Services	P.E	17.15
Industrial Goods	P.E	31.31
Services	P.E	22.56
Consumer Goods	P.E	13.29
Financial	P.E	651.2
Services	P.E	7.06
Financial	P.E	17.35
Healthcare	P.E	50.66
Industrial Goods	P.E	20.54
Healthcare	P.E	19.67
Services	P.E	43.42
Financial	P.E	26.65

每一个变量对应一个列变量及其值。这将方便我们对变量进行分组求平均值。

3. 由于在原始数据集中，不是所有股票的数据都完整，所以要剔除一些变量值不完整的股票。同时要保证数据集中所有值都是数值型的：

```
sector_avg <- (na.omit(sector_avg))
sector_avg$value <- as.numeric(sector_avg$value)
```

4. 将数据再变宽。我们将增加列用于存放所选择字段的领域平均值，并对列进行重命名，以便知道其列所代表的是领域平均值：

```
sector_avg <- dcast(sector_avg, Sector~variable, mean)
colnames(sector_avg)[2:6] <-
c("SAvgPE","SAvgPEG","SAvgPS","SAvgPB", "SAvgPrice")
```

你将得到如下结果：

	Sector	SAvgPE	SAvgPEG	SAvgPS	SAvgPB	SAvgPrice
1	Basic Materials	42.87945	5.390194	35.677311	10.203838	29.22257
2	Conglomerates	20.79571	1.045000	1.532000	58.426316	40.11000
3	Consumer Goods	30.29197	3.446652	1.380000	4.712809	42.40154
4	Financial	32.88929	5.403305	12.335628	4.465120	35.38289
5	Healthcare	38.44733	12.175091	184.600614	9.349106	27.94912
6	Industrial Goods	32.73892	3.314206	1.856246	3.765014	40.78930
7	Services	44.43990	3.927596	1.992289	33.536609	36.45865
8	Technology	59.85766	4.749591	9.386424	4.697576	24.87183
9	Utilities	27.20184	97.133068	7.979917	2.030339	34.01273

5. 按照行业层面再计算一遍：

```
industry_avg <- melt(finviz, id=c("Sector","Industry"))
industry_avg <- subset(industry_avg,variable %in%
c("Price","P.E","PEG","P.S","P.B"))
industry_avg <- (na.omit(industry_avg))
industry_avg$value <- as.numeric(industry_avg$value)
industry_avg <- dcast(industry_avg, Sector+Industry~variable, mean)
industry_avg <- (na.omit(industry_avg))
colnames(industry_avg)[3:7] <-
 c("IAvgPE","IAvgPEG","IAvgPS","IAvgPB","IAvgPrice")
```

6. 我们把领域行业平均值列添加到原始数据集 finviz 中：

```
finviz <- merge(finviz, sector_avg, by.x="Sector", by.y="Sector")
finviz <- merge(finviz, industry_avg, by.x=c("Sector","Industry"),
by.y=c("Sector","Industry"))
```

当执行完最后一行代码后，你会发现数据集 finviz 的记录数变少了，主要原因是我们剔除了没有对应行业平均值的股票数据。这对于缩小研究股票数量范围是好事，因为我们没有足够的信息对这些股票进行估值。

7. 现在可以使用新变量了。首先，增加 10 个预留变量，并统一赋值为 0。根据是否低于行业和领域平均值，预留变量将用于判断一支股票的价格是否被低估了。

```
finviz$SPEUnder <- 0
finviz$SPEGUnder <- 0
finviz$SPSUnder <- 0
finviz$SPBUnder <- 0
finviz$SPriceUnder <- 0
finviz$IPEUnder <- 0
finviz$IPEGUnder <- 0
finviz$IPSUnder <- 0
finviz$IPBUnder <- 0
finviz$IPriceUnder <- 0
```

8. 基于标准判断，当股票的价格低于平均水平时，表明这支股票被低估，将预留变量的 0 值替换为 1：

```
finviz$SPEUnder[finviz$P.E<finviz$SAvgPE] <- 1
finviz$SPEGUnder[finviz$PEG<finviz$SAvgPEG] <- 1
finviz$SPSUnder[finviz$P.S<finviz$SAvgPS] <- 1
finviz$SPBUnder[finviz$P.B<finviz$SAvgPB] <- 1
finviz$SPriceUnder[finviz$Price<finviz$SAvgPrice] <- 1
finviz$IPEUnder[finviz$P.E<finviz$IAvgPE] <- 1
finviz$IPEGUnder[finviz$PEG<finviz$IAvgPEG] <- 1
```

```
finviz$IPSUnder[finviz$P.S<finviz$IAvgPS] <- 1
finviz$IPBUnder[finviz$P.B<finviz$IAvgPB] <- 1
finviz$IPriceUnder[finviz$Price<finviz$IAvgPrice] <- 1
```

9. 对这 10 列求和得到一个新的指标值列，其值落在[0,10]之间。该指数值基于不同维度的考虑来告诉你一支股票是否被低估：

```
finviz$RelValIndex <- apply(finviz[79:88],1,sum)
```

4.5.3   工作原理

相对估值法是通过将一支股票的统计数据与类似股票进行比较，判断其是被高估还是被低估。一个简化的示例是，一支股票市盈率相对低于其所在行业平均市盈率（其他所有条件都相同）可以被认为是低估，如果该公司的财务状况良好，就可以投资该公司的股票。一旦我们得到这个指标，就可以选择出最有前途的股票，比如指数值大于相对估值指数（8 或者更高）的股票。

```
potentially_undervalued <- subset(finviz,RelValIndex>=8)
```

创建出的 potentially_undervalued 数据集应该是下面的样子：

	Sector	SAvgPE	SAvgPEG	SAvgPS	SAvgPB	SAvgPrice
1	Basic Materials	42.87945	5.390194	35.677311	10.203838	29.22257
2	Conglomerates	20.79571	1.045000	1.532000	58.426316	40.11000
3	Consumer Goods	30.29197	3.446652	1.380000	4.712809	42.40154
4	Financial	32.88929	5.403305	12.335628	4.465120	35.38289
5	Healthcare	38.44733	12.175091	184.600614	9.349106	27.94912
6	Industrial Goods	32.73892	3.314206	1.856246	3.765014	40.78930
7	Services	44.43990	3.927596	1.992289	33.536609	36.45865
8	Technology	59.85766	4.749591	9.386424	4.697576	24.87183
9	Utilities	27.20184	97.133068	7.979917	2.030339	34.01273

我们必须承认这是一个非常简单的方法。但是，它为更复杂的计算方法提供了一个参考框架。例如，一旦学会这个过程，你就可以：

- 添加自定义的标准，赋值 1 来表明股票被低估；
- 给变量值赋不同权重；
- 增加或者剔除不同标准；
- 创建不仅是 0、1 的更多精确值。

由于篇幅所限，这里无法详细列举所有过程，但过程是一样的。

4.6　筛选股票并分析历史价格

当我们在进行股票投资的时候，需要缩小股票选择范围。换句话说，我们需要剔除那些不值得投资的股票。对于值得投资的定义是因人而异的。在本节中，我们希望使用一些基本的标准，缩小股票选择范围，仅保留少数有投资前景的股票。一旦学会这个过程，我们还是很鼓励你根据自己的想法来判断一支股票是否值得投资。一旦锁定了投资目标，我们将分析这些股票的历史价格，看能否得到什么结论。

4.6.1　准备工作

我们使用上一节中修改过的 finviz 数据集，其中增加了行业和领域平均值列、0 和 1 二元值列，以及通过对二元值列求和得到的指标值列。

除了我们在本章所用的包外，本节还需要 zoo 程序包。该包可以帮助我们计算股票历史价格的移动平均值。

4.6.2　操作流程

下面的步骤将告诉你如何筛选股票。

1．首先，确定股票筛选标准，就是选择 finviz 数据集中有投资潜力股票的方法。下面先从一些简单的标准开始：

- 选择美国的公司；
- 每股价格介于 20～100 美元；
- 股票体量大于 10 000 股；
- 在当前和未来预测每股都是盈利的；
- 总资产负债率小于 1；
- β 值小于 1.5；
- 机构持股不超过 30%；
- 相对估值指标值大于 8。

2．如上所述都是简单的举例。你可以根据你认为最好的投资结果，来添加或者删除标准。目标是将股票投资范围缩小到 10 支以内。

3．我们将上述筛选标准应用到 finviz 数据集上得到一个新的数据集，并命名为 target_stocks：

```
target_stocks <- subset(finviz, Price>20 & Price<100 & Volume>10000
&
```

```
CountryORRegion=="USA" &
EPS..ttm.>0 &
EPS.growth.next.year>0 &
EPS.growth.next.5.years>0 &
Total.Debt.Equity<1 & Beta<1.5 &
Institutional.Ownership<30 &
RelValIndex>8)
```

在写本书的时候，最终有 6 支股票满足筛选条件，如下面的截图所示。如果你从网站上下载最新的数据，那么可能会得到不同的股票数量和完全不同的股票。

	Sector	SAvgPE	SAvgPEG	SAvgPS	SAvgPB	SAvgPrice
1	Basic Materials	42.87945	5.390194	35.677311	10.203838	29.22257
2	Conglomerates	20.79571	1.045000	1.532000	58.426316	40.11000
3	Consumer Goods	30.29197	3.446652	1.380000	4.712809	42.40154
4	Financial	32.88929	5.403305	12.335628	4.465120	35.38289
5	Healthcare	38.44733	12.175091	184.600614	9.349106	27.94912
6	Industrial Goods	32.73892	3.314206	1.856246	3.765014	40.78930
7	Services	44.43990	3.927596	1.992289	33.536609	36.45865
8	Technology	59.85766	4.749591	9.386424	4.697576	24.87183
9	Utilities	27.20184	97.133068	7.979917	2.030339	34.01273

4. 现在，我们看一下选出股票的历史价格，研究股票价格随时间的表现。我们将使用一个 for 循环遍历列表中每支股票的价格波动。我们会随时停下来解释每段代码的作用：

```
counter <- 0
for (symbol in target_stocks$Ticker){
```

前面一个命令是初始化一个变量，定位我们选出的目标股票。之后，开始用 for 循环遍历目标股票代码列表，进行如下操作：

```
url <-
paste0("http://ichart.finance.yahoo.com/table.csv?s=",symbol,
"&a=08&b=7&c=1984&d=01&e=23&f=2014&g=d&ignore=.csv")
stock <- read.csv(url)
stock <- na.omit(stock)
colnames(stock)[7] <- "AdjClose"
stock[,1] <- as.Date(stock[,1])
stock <- cbind(Symbol=symbol,stock)
```

将目标股票的历史价格数据赋值给一个 url 变量，然后我们读取这个数据并命名为 stock。通过剔除一些空值、重命名最后一列、确认日期列是日期格式等，使得清理后的数据是 R 语言可以识别的，并增加股票代码作为数据集的第一行。

5．接下来的几行 for 循环将计算股票的移动平均值，并与日常值进行比较。为完成这一步，请确保你已经安装并加载了本节开头提到的 zoo 程序包。

第一部分将计算 50 天和 200 天的移动平均值。

```
maxrow <- nrow(stock)-49
ma50 <- cbind(stock[1:maxrow,1:2],rollmean(stock$AdjClose,
50,align="right"))
maxrow <- nrow(stock)-199
ma200 <-
cbind(stock[1:maxrow,1:2],rollmean(stock$AdjClose,200,align="right"
))
```

第二部分就是将移动平均值合并到包括股票历史价格的数据集中，这样一切都是相同数据集的一部分：

```
stock <- merge(stock,ma50,by.x=c("Symbol","Date"),by.y=c("Symbol",
  "Date"), all.x=TRUE)
colnames(stock)[9] <- "MovAvg50"
stock <- merge(stock,ma200,by.x=c("Symbol","Date"),by.y=c("Symbol",
"Date"),all.x=TRUE)
colnames(stock)[10] <- "MovAvg200"
```

6．画出并保存遍历过程中每支股票的历史价格图表：

```
price_chart <- melt(stock[,c(1,2,8,9,10)],id=c("Symbol","Date"))
qplot(Date, value, data=price_chart, geom="line", color=variable,
main=paste(symbol,"Daily Stock Prices"),ylab="Price")
ggsave(filename=paste0("stock_price_",counter,".png"))
```

最后生成并保存好的图表如下图所示。

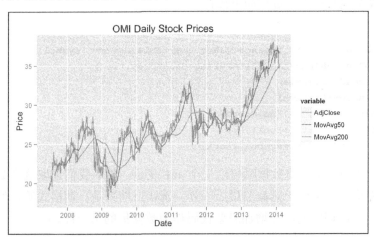

接下来的循环代码将给出股票当前的开盘、最高、最低、收盘价格：

```
price_summary <- ddply(stock, "Symbol", summarise,
open=Open[nrow(stock)],
high=max(High),low=min(Low),close=AdjClose[1])
```

然后，将开盘、最高、最低、收盘价格合并到 stocks 数据集中，以便对不同股票进行对比。再合并日常价格到 pricesummaries 数据集中，这样也可以对不同股票进行比较：

```
if(counter==0){
    stocks <- rbind(stock)
    price_summaries <- rbind(price_summary)
  }else{
    stocks <- rbind(stocks, stock)
    price_summaries <- rbind(price_summaries, price_summary)
  }
```

最后将迭代变量加 1，并用一个大括号结束循环。

```
counter <- counter+1
}
```

 我们打散整体代码是为了解释循环中每段代码的作用。如果你希望看到整个 for 循环是什么样子的，那么可以查阅本章附带的代码文件。

完整的代码块如下所示。

```
#Pull historical prices
counter <- 0
for (symbol in target_stocks$Ticker){
  url <- paste0("http://ichart.finance.yahoo.com/table.csv?s=",symbol,
              "&a=08&b=7&c=1984&d=01&e=23&f=2014&g=d&ignore=.csv")
  stock <- read.csv(url)
  stock <- na.omit(stock)
  colnames(stock)[7] <- "AdjClose"
  stock[,1] <- as.Date(stock[,1])
  stock <- cbind(Symbol=symbol,stock)
  maxrow <- nrow(stock)-49
  ma50 <- cbind(stock[1:maxrow,1:2],rollmean(stock$AdjClose,50,align="right"))
  maxrow <- nrow(stock)-199
  ma200 <- cbind(stock[1:maxrow,1:2],rollmean(stock$AdjClose,200,align="right"))
  stock <- merge(stock,ma50,by.x=c("Symbol","Date"),by.y=c("Symbol","Date"),all.x=TRUE)
  colnames(stock)[9] <- "MovAvg50"
  stock <- merge(stock,ma200,by.x=c("Symbol","Date"),by.y=c("Symbol","Date"),all.x=TRUE)
  colnames(stock)[10] <- "MovAvg200"
  price_chart <- melt(stock[,c(1,2,8,9,10)],id=c("Symbol","Date"))
  qplot(Date, value, data=price_chart, geom="line", color=variable,
        main=paste(symbol,"Daily Stock Prices"),ylab="Price")
  ggsave(filename=paste0("stock_price_",counter,".png"))
  price_summary <- ddply(stock, "Symbol", summarise, open=Open[nrow(stock)],
                    high=max(High),low=min(Low),close=AdjClose[1])
  #Compile prices and summaries for all symbols into a single data frame
  if(counter==0){
    stocks <- rbind(stock)
    price_summaries <- rbind(price_summary)
  }else{
    stocks <- rbind(stocks, stock)
    price_summaries <- rbind(price_summaries, price_summary)
  }
  counter <- counter+1
}
```

一旦我们遍历完所有股票代码，就得到一个包括目标列表所有股票历史价格的数据集 stocks 和一个包括对股票进行描述统计的数据集 pricesummaries。让我们画出来，看看它们长什么样子。

7. 首先画出目标股票的历史价格图：

```
qplot(Date, AdjClose, data=stocks, geom="line", color=Symbol, main="Daily
Stock Prices")
ggsave(filename=("stock_price_combined.png"))
```

上面的代码生成如下图形：

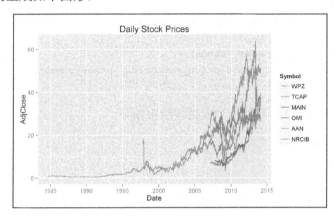

8. 画出价格统计值：

```
summary <- melt(price_summaries,id="Symbol")
ggplot(summary, aes(x=variable, y=value, fill=Symbol)) +
geom_bar(stat="identity") + facet_wrap(~Symbol)
ggsave(filename=("stock_price_summaries.png"))
```

画图结果如下：

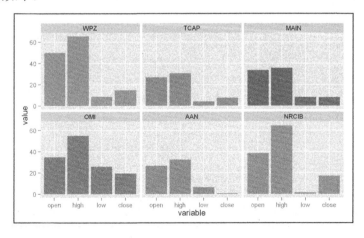

4.6.3　工作原理

股票价格日常波动幅度很大，导致很难研究。移动平均值平滑了价格波动，这样我们就可以更好地了解一支股票的价格随时间是上升还是下降。

移动平均值也可以用于判断入市投资的时间。换句话说，通过移动平均值作为指导来决定是立即投资股市还是等待再投资。关于投资入市的最佳时机有很多不同的见解，其中一种情况是，当处于上涨趋势且 50 天的移动平均值低于 200 天的移动平均值时适合入市。

本节生成的股票历史价格图形显示出目标股票在一段时间中的表现。如果你希望投资多支股票，那么最好选择那些价格不是高度相关的股票。你可以想象一支股票相对另外一支股票的波动情况。在上面的图表中，你可以看到代码为 WPZ 和 NRCIB 的股票波动比较大，而其他股票相对波动较小。

另外一种价格比较的方法是观察上面的价格统计柱状图。该图给出了统计时期内开盘、最高、最低、收盘价格。开盘价格是最初的股票交易价格，收盘价格是目前为止最后的股票交易价格，最高价格是股票交易期间的最高点，最低价格是股票交易期间的最低点。前面提到的波动，通过另外一种方式呈现在这幅图中，比如你看到的两支波动股票的最高和最低点。这幅图告诉你，股票的收盘价依赖于历史最高点和最低点，这为你对股票的当前估值提供参考。

第 5 章
就业数据可视化探索

本章包含以下主要内容。

- 分析前的准备工作。
- 将就业数据导入 R。
- 探索就业数据。
- 获取、合并附加数据。
- 添加地理信息。
- 提取州和县级水平的薪资及就业信息。
- 可视化薪资的地理分布。
- 分行业探索就业机会的地理分布。
- 绘制地理时间序列的动画地图。
- 函数基本性能测试。

5.1 简介

本章的项目带你探索来源于美国政府劳工统计局（BLS）的美国就业数据。作为联邦机构，劳工统计局的职责包括衡量美国经济环境下劳动力市场的活动、工作条件及薪资水平。其主要任务是收集、分析并传播重要的经济信息，为公共和个人决策提供参考。本项目中，我们将使用 2012 年的季度就业与薪资普查数据（QCEW）进行分析，该数据包含分地区、分行业的年度就业及薪资数据。你可以通过 BLS 官网下载 CSV 格式的数据集，其中文件 2012.annual.singlefile.csv 包含 15 列大约 350 万条记录。

我们使用的就业与薪资普查数据由雇主按季度提交到企业税收征管系统，除去个体经营者、未纳入企业管理系统的自由职业者以及一些农场和家政工人，普查数据覆盖了大约 98% 的美国居民工作岗位，并从县、市区、州和国家层级对不同行业进行了汇总。该政府项目自 20 世纪 30 年代开始实行，现行的版本开始于 2003 年。数据集来源于企业依法向联邦政府及当地政府提交的报告，因此它应该是没有报告偏差的。总体来说，该数据从地域与行业的角度，概述了国家就业及薪资水平。

值得指出的是，本章所使用的是美国 2012 年薪资水平及就业的地理分布数据，这是截至写作日我们能得到的最新的全年数据。我们将考察州和县级的情况，并深入探讨一些行业。同时，也将考察 2003—2012 年薪资水平地理分布随时间推移发生的变化，以及这些变化所反映出的美国就业形势的改变。

本章的主要目标是通过探索美国劳工统计局的薪资与就业数据，指导你一步一步地梳理数据科学的研究思路。我们将遍历将数据导入 R、转换和操作数据、创建数据的子集，以及通过可视化展现数据内部结构这一完整的分析流程。希望你可以将这个案例作为一个范例，转换到其他目的相近的项目中。

提示：与前面的几个章节相比，本章的内容难度要大一些。

这里我们假设你已经学习过第 1 章内容并且已经在你的电脑上安装好了 RStudio 来完成本章的范例。

5.2 分析前的准备工作

本节将使用一些本项目需要的工具完成基础工作，如果你还没有将 R 软件安装在电脑上，则请参考第 1 章。

5.2.1 准备工作

你需要准备好一台装有 R 软件的电脑，并连接好网络。

5.2.2 操作流程

下面的步骤将指导你从劳工统计局网站下载数据集、安装将要使用的 R 包，为本章接下来的内容做好准备。

1．通过劳工统计局网站下载大小为 76.8MB 的压缩数据 2012_annual_singlefile.zip，并保存在本地。

2．在文件管理器中右键单击文件，选择合适的菜单项进行解压缩。

如果你熟悉 Linux/Mac OS X 操作系统的命令行，那么可以利用命令 unzip 2012_

annual_singlefile.zip 便捷地解压文件。

　　3．启动电脑上的 RStudio 或者 R。

　　4．加载项目所需要的 R 包：

```
library(data.table)
library(plyr)
library(dplyr)
library(stringr)
library(ggplot2)
library(maps)
library(bit64)
library(RColorBrewer)
library(choroplethr)
```

　　如果你有尚未安装的 R 包，那么可以通过以下命令行进行安装，只需将 data.table 更改为你希望安装的包名即可：

```
install.packages('data.table',repos='http://cran.r-project.org')
```

　　R 包存储库，又称 CRAN，在世界各地有多个镜像。这里"镜像"指的是运行在不同服务器上的软件存储库备份，这些服务器遍布在不同的区域，为附近的用户提供快速的访问渠道。建议你选择靠近所在区域的镜像，以便快速下载 R 包。在前述的代码片段中，你需要将 http://cran.r-project.org 更改为你选择的 CRAN 镜像的 URL。

　　5．将工作目录设置为数据文件的存储路径，你可以通过以下命令来告诉 R 去哪里查找文件：

```
setwd('path')①
```

5.2.3　工作原理

　　我们将主要使用 3 个非常实用的 R 包进行导入、操作、转换大数据集。

　　data.table 包改善了 R 中的 data.frame 对象，使得数据处理速度更快，并且支持在数据集中加入数据库专家非常熟悉的索引变量。同时，data.table 支持大数据的快速聚合，包括对数据进行有序连接。在本节，我们主要使用 data.table 中的 fread 函数进行大型结构化数据的快速导入。我们将在后续的函数测试部分比较本包中的函数与其他函数的性能差异。

　　stringr 包提供了文本和字符串的处理工具，简化和统一了 R 中的字符串语法，这使得涉及字符串查找、操作和提取的任务变得更加容易，我们将在本章使用这些功能。

———————————

① 译者注：如果希望在 D 盘 "Data" 文件夹查找文件，则命令为 setwd(' D:/Data ')。

dplyr 包是 Hadley Wickham 博士继开发出 plyr 包后，开发的又一个流行 R 包。它的操作对象是矩形数据框，支持快速聚合、转换、加和、列选择以及连接。由于 dplyr 包提供了语法糖，所以命令可以串联在一起，前一个命令的结果可以直接传输给下一个命令，我们将在本章频繁地使用这个包。

ggplot2 包是我们主要使用的可视化工具，它在 R 中提供了一套绘图语法，使得可视化方法十分灵活。

map 包提供了美国的地理信息，我们将在绘图中使用。

5.3　将就业数据导入 R

本项目的第一步是将就业数据导入 R 中，这样才能评估数据并进行一些基本的分析。

5.3.1　准备工作

在开始接下来的内容之前，你需要先完成前面几个小节的内容。

5.3.2　操作流程

可以使用以下两种不同的方法导入 CSV 文件中的数据。

1. 我们可以使用以下代码直接将数据导入 R 中：

```
ann2012 <- read.csv(unz('2012_annual_singlefile.zip',
 '2012.annual.singlefile.csv'), stringsAsFactors=F)
```

尽管这个方法对压缩文件同样适用，但是会耗费很长的时间。

2. 我们先将数据直接导入 R 中，然后进行后续的操作和合并。这里使用 data.table 包中的 fread 函数进行导入：

```
library(data.table)
ann2012 <- fread('data/2012.annual.singlefile.csv')
```

这种方法很简单！并且会比前一种方法快很多倍。这种方法不会自动将字符转换为因子格式，因此，当你需要使用因子变量时，要自己转换。在我们看来，这是一种优雅的方式。

5.3.3　工作原理

我们在第 2 章熟悉了 read.csv 函数，它逐行读取数据，默认列之间用逗号分隔。本章我们使用的数据有 350 万行，虽然对于大多数现代个人计算机来说内存是足够的，但是使用 read.csv()导入数据耗时太长。

data.table 包中的 fread 函数使用底层的 C 函数在文件中识别文件长度、字段数量、数据类型以及文件的定界符，可以用它识别的参数读取文件。因此，fread 函数的读取速度远胜 read.csv。R 的说明文档提供了 fread 函数更多的细节。

5.3.4　更多内容

当前 R 软件的一个限制是导入 R 中的数据需要占用电脑的内存。对于更大的数据集来说，使用基于 SQL 语言的数据库进行数据存储和处理，既有速度优势，也规避了 R 软件的内存限制。在企业的应用场景下，数据通常存储在 Oracle、SAP、MySQL、PostgreSQL 等数据库中。

很多进入数据科学领域的人都拥有 SQL 背景，对于这些人来说，sqldf 包是非常有用的。sqldf 包支持在 R 中使用 SQL 命令和查询语句，会将 R 中的 data.frame 数据结构作为 SQL 数据库中的列表来处理。sqldf 包还支持连接大多数 SQL 数据库，包括 SQLite、MySQL 以及 PostgreSQL 等。

下面的例子演示了如何将数据导入 SQLite 数据库，并进行读取和处理：

```
sqldf('attach blsdb as new')
read.csv.sql(file='2012.annual.singlefile.csv', sql='create table
main.ann2012 as select * from file', dbname='blsdb')
ann2012 <- sqldf("select * from main.ann2012", dbname='blsdb')
```

 运行上述代码需要确保你的电脑上安装了 SQLite 数据库。具体安装过程，本书不再赘述。

执行上述命令会花费一些时间，这种方法只将数据存储在 SQLite 中，而不是存储在 R 中。

你可以用以下命令将数据导入 R 中：

```
ann2012 <- sqldf("select * from main.ann2012", dbname='blsdb')
```

通过 sqldf 包，你也可以选择使用 SQL 语言对 SQLite 中的数据进行处理。对于一些用户来说，先使用 SQL 语言处理数据，然后将处理完成的数据导入 R 中是更为便捷的方法。

在本书的前面部分我们将精力集中于 R，不会更多地介绍 sqldf 的相关内容。如果你更熟悉 SQL 语言，那么欢迎使用 SQL 命令来重复不同章节中用 R 语言实现的步骤。

5.4 探索就业数据

我们已经将数据导入 R，并学习了一些大数据导入的方法。接下来，我们将要进行一些基础的分析工作，目的是查看概况。识别特征，保证接下来的分析工作可以顺利进行。

5.4.1 准备工作

在开始下面的内容之前，你需要先完成前一小节的内容。

5.4.2 操作流程

接下来的步骤将带领我们探索已导入的就业数据。

1. 让我们看一下这个数据的行数和列数：

```
> dim(ann2012)
[1] 3556289       15
```

数据共有 15 列。

2. 让我们来看一下数据的前几行：

```
head(ann2012)
```

你可以参考以下的截图：

```
Console D:/Github/practical-data-science/two/
> head(ann2012)
   area_fips own_code industry_code agglvl_code size_code year  qtr disclosure_code
1:     01000        0            10          50         0  2012    A
2:     01000        1            10          51         0  2012    A
3:     01000        1           102          52         0  2012    A
4:     01000        1          1021          53         0  2012    A
5:     01000        1          1022          53         0  2012    A
6:     01000        1          1023          53         0  2012    A
   annual_avg_estabs_count annual_avg_emplvl total_annual_wages taxable_annual_wages
1:                  116233           1828248       3.792883e-313        6.632697e-314
2:                    1252             56031       2.072269e-314        0.000000e+00
3:                    1252             56031       2.072269e-314        0.000000e+00
4:                     599             11734       3.555500e-315        0.000000e+00
5:                       2                13       2.155134e-318        0.000000e+00
6:                      17               161       6.053830e-317        0.000000e+00
   annual_contributions annual_avg_wkly_wage avg_annual_pay
1:          2.07203e-315                  808          41990
2:          0.00000e+00                 1440          74857
3:          0.00000e+00                 1440          74857
4:          0.00000e+00                 1179          61330
5:          0.00000e+00                  662          34437
6:          0.00000e+00                 1468          76343
> |
```

own_code、ndustry_code 等变量代表什么含义？我们可能需要更多的信息才能理解这个数据。

3．数据有一个特殊之处，total_annual_wages、taxable_annual_wages 和 annual_contributions 列的一些值非常小。对比真实数据可以发现这些数据是错误的。事实上，当我们用 fread 函数导入数据时，就给出了警告信息。

```
ann2012 <- fread('data/2012.annual.singlefile.csv', sep=',',
colClasses=c('character', 'integer', 'integer', 'integer',
'integer', 'integer', 'character',rep('integer',8)))
```

你可以参考以下的截图：

```
> ann2012 <- fread('data/2012.annual.singlefile.csv', sep=',',
+                 colClasses=c('character','integer','integer','integer','integer',
+                              'integer','character',rep('integer',8)))
Read 3556289 rows and 15 (of 15) columns from 0.191 GB file in 00:00:04
Warning message:
In fread("data/2012.annual.singlefile.csv", sep = ",", colClasses = c("character",  :
  Some columns have been read as type 'integer64' but package bit64 isn't loaded. Those column
s will display as strange looking floating point data. There is no need to reload the data. Ju
st require(bit64) to obtain the integer64 print method and print the data again.
```

4．上述警告提示我们，处理如此规模的数据需要 bit64 包。安装并加载这个包，并且用以下命令行重新导入数据，修正问题。

```
install.packages('bit64')
library('bit64')
ann2012 <- fread('data/2012.annual.singlefile.csv', sep=',',
 colClasses=c('character', 'integer', 'integer', 'integer',
 'integer', 'integer', 'character',rep('integer',8)))
```

你可以参考以下的截图：

```
> head(ann2012)
   area_fips own_code industry_code agglvl_code size_code year qtr disclosure_code
1:     01000        0            10          50         0 2012   A
2:     01000        1            10          51         0 2012   A
3:     01000        1           102          52         0 2012   A
4:     01000        1          1021          53         0 2012   A
5:     01000        1          1022          53         0 2012   A
6:     01000        1          1023          53         0 2012   A
   annual_avg_estabs_count annual_avg_emplvl total_annual_wages taxable_annual_wages
1:                  116233           1828248         76768801894          13424728725
2:                    1252             56031          4194319351                    0
3:                    1252             56031          4194319351                    0
4:                     599             11734           719641114                    0
5:                       2                13              436204                    0
6:                      17               161            12253089                    0
   annual_contributions annual_avg_wkly_wage avg_annual_pay
1:             419383612                  808          41990
2:                     0                 1440          74857
3:                     0                 1440          74857
4:                     0                 1179          61330
5:                     0                  662          34437
6:                     0                 1468          76343
```

5.4.3　工作原理

使用 head 函数会显示数据框的前几行（默认为前 6 行）。我们注意到一些列的含义一目了然，但也有一些列则需要更多的信息才可以理解。在将数据导入 R 之前，我们可以先查看一下相关信息。除了我们所使用的 head 函数外，UNIX 系统的 less 命令和 Windows PowerShell 系统的 type 命令都有查看数据前几行的功能。

5.5　获取、合并附加数据

在前面几个小节中，我们发现需要一些额外的信息来理解 CSV 文件中数据的真正含义，本节我们将解决这个问题。

5.5.1　准备工作

我们可以在美国劳工统计局的网站上找到额外的数据。在 Associated Codes and Titles 栏目下，有以下 5 个需要下载的文件：

- agglevel_titles.csv
- area_titles.csv
- industry_titles.csv
- ownership_titles.csv
- size_titles.csv

把它们下载到电脑中，记住存储地址。接下来，我们将把这些数据导入 R，并与原有数据合并。

5.5.2　操作流程

下面的步骤会带领我们将上述文件导入 R 中，并与原有数据合并成一个更大的数据框。

1. 使用以下命令行将数据导入 R：

```
for(u in c('agglevel','area','industry', 'ownership','size')){
assign(u,read.csv(paste('data/',u,'_titles.csv',sep=''),strings
AsFactors=
F))
}
```

这是一个使重复劳动变得简单的代码范例。

2. 如以下截图所示，每一个文件都有一个变量和原数据集（ann2012）是相同的：

```
> intersect(names(agglevel),names(ann2012))
[1] "agglvl_code"
> intersect(names(industry), names(ann2012))
[1] "industry_code"
> intersect(names(area), names(ann2012))
[1] "area_fips"
> intersect(names(ownership),names(ann2012))
[1] "own_code"
> intersect(names(size), names(ann2012))
[1] "size_code"
```

3. 因此，将数据集合并在一起就非常简单了。现在我们用以下命令行将其中 4 个数据集和 ann2012 合并，为方便在下一小节中使用 area_titles.csv 中的数据，我们将它保存在 area 变量中。

```
codes <- c('agglevel','industry','ownership','size')
ann2012full <- ann2012
for(i in 1:length(codes)){
  eval(parse(text=paste('ann2012full <- left_join(ann2012full,
',codes[i],')', sep='')))
}
```

最终结果展示在以下截图中：

```
> head(ann2012full)
  area_fips own_code industry_code agglvl_code size_code year qtr disclosure_code
1     01000        0            10          50        50    0 2012   A
2     01000        1            10          51        51    0 2012   A
3     01000        1           102          52        52    0 2012   A
4     01000        1          1021          53        53    0 2012   A
5     01000        1          1022          53        53    0 2012   A
6     01000        1          1023          53        53    0 2012   A
  annual_avg_estabs_count annual_avg_emplvl total_annual_wages taxable_annual_wages
1                  116233           1828248        76768801894          13424728725
2                    1252             56031         4194319351                    0
3                    1252             56031         4194319351                    0
4                     599             11734          719641114                    0
5                       2                13             436204                    0
6                      17               161           12253089                    0
  annual_contributions annual_avg_wkly_wage avg_annual_pay
1            419383612                  808          41990
2                    0                 1440          74857
3                    0                 1440          74857
4                    0                 1179          61330
5                    0                  662          34437
6                    0                 1468          76343
                            agglvl_title                          industry_title
1                    State, Total Covered                   Total, all industries
2         State, Total -- by ownership sector                Total, all industries
3      State, by Domain -- by ownership sector                Service-providing
4 State, by Supersector -- by ownership sector Trade, transportation, and utilities
5 State, by Supersector -- by ownership sector                      Information
6 State, by Supersector -- by ownership sector               Financial activities
             own_title            size_title
1     Total Covered All establishment sizes
2 Federal Government All establishment sizes
3 Federal Government All establishment sizes
4 Federal Government All establishment sizes
5 Federal Government All establishment sizes
6 Federal Government All establishment sizes
```

5.5.3　工作原理

在操作流程的第 1 步中，我们希望创建 5 个对象分别保存下载的 5 个数据集，它们可以分别使用单独的命令行来完成操作，但循环语句更加方便、快捷。assign 函数需要变量名和希望分配到该变量下的值两个基本输入。这里，for 结构不循环指定的次数，而是遍历所有对象。在第一次循环中，u 的取值为 agglevel，assign 函数使用的变量名为 agglevel，并将 read.csv 命令读取的数据分配到这个变量名下。由于将要导入的所有文件命名格式是相同的，在 paste 命令中，我们再次使用 u 的值，产生对应的 5 个文件名。因此，第一次循环所使用的语句为 assign('agglevel', read.csv('data/agglevel_titles.csv'))，依此类推。

在第 2 步中，我们实现了将数据集连接在一起。首先将原始数据复制并保存到 ann2012full 中，这样我们就可以在保留原始数据的基础上对新数据进行操作，防止操作错误造成数据丢失。然后，我们使用一个类似宏的结构将新数据集与原有数据连接，用 for 循环遍历 code 中的元素。

让我们分步剖析这个复杂的命令（理解复杂代码的完美策略）。在 paste 命令中，产生了需要 eval 函数执行的命令。在第一次循环中，我们使用 left_join（来自于 dplyr 包）连接 ann2012full 和 agglevel，left_join 保证了 ann2012full 的行数不变，agglevel 的行数根据匹配情况进行调整。由于两个数据集只有一个共同的变量，所以 left_join 会自动使用这个变量进行连接。

> 通常情况下，left_join 会使用两个数据集中的共同变量进行连接。如果你想更改设置，那么可以指定你希望用来连接的变量，例如 left_join(ann2012full, agglevel, by="agglvl_code")。

eval 函数用来执行用 paste 函数构建的命令行。我们遍历了 code 中的所有元素，所以 4 个数据集都将与 ann2012full 连接。

我们可以通过查看连接后的 ann2012full 和 ann2012 是否有相同的行数，来简单地判断操作是否正确。

5.6　添加地理信息

本章的主要目的是查看美国薪资收入的地理分布，这首先需要地图。幸运的是，无论是州级还是县级的美国地图都可以在 maps 包中找到，绘制地图所需要的数据也可以获取。

本小节，我们将就业数据与地图数据匹配好，以保证数据呈现在地图的正确位置上。

5.6.1　准备工作

进行接下来的内容之前，需要按照上一小节所述，将 area 数据集导入 R 中。

5.6.2　操作流程

下面的步骤将指导你在 R 中创建出第一张地图。

1. 首先，查看 area 数据集：

```
head (area)
```

输出如下截图：

```
> head(area)
  area_fips                                        area_title
1   US000                                          U.S. TOTAL
2   USCMS     U.S. Combined Statistical Areas (combined)
3   USMSA U.S. Metropolitan Statistical Areas (combined)
4   USNMS U.S. Nonmetropolitan Area Counties (combined)
5   01000                                 Alabama -- Statewide
6   01001                            Autauga County, Alabama
```

我们发现这里有一列为 area_fips，美国人口普查局使用联邦信息处理标准（FIPS）代码来指定美国的县和其他地理区域。

2. 习惯上，我们希望将所有名称的首字母大写。这通过一个小函数来实现：

```
simpleCap <-function(x){
  if(!is.na(x)){
    s <- strsplit(x,' ')[[1]]
    paste(toupper(substring(s,1,1)), substring(s,2), sep='',
collapse=' ')
  } else {NA}
}
```

3. 我们将要用到 maps 包中的 county.fips 和 state.fips 两个数据集。首先，我们来进行一些转换。观察 county.fips 数据集，可以发现一些 FIPS 编码的左侧缺少了 0。而就业数据中的所有编码应由 5 位数字组成。

```
> data(county.fips)
> head(county.fips)
  fips        polyname
1 1001 alabama,autauga
2 1003 alabama,baldwin
```

```
3 1005 alabama,barbour
4 1007     alabama,bibb
5 1009  alabama,blount
6 1011 alabama,bullock
```

4．stringr 包可以帮助我们解决上述问题：

```
county.fips$fips <- str_pad(county.fips$fips, width=5, pad="0")
```

5．我们希望将县名从 county.fips 的 polyname 列中提取出来，并从 state.fips 中提取出州名。

```
county.fips$polyname <- as.character(county.fips$polyname)
county.fips$county <- sapply(
  gsub('[a-z\ ]+,([a-z\ ]+)','\\1',county.fips$polyname),
simpleCap)
county.fips <- unique(county.fips)
```

6．state.fips 数据集涉及很多细节：

```
> data(state.fips)
```

输出如下截图：

```
> head(state.fips)
  fips ssa region division abb     polyname
1    1   1      3        6  AL      alabama
2    4   3      4        8  AZ      arizona
3    5   4      3        7  AR     arkansas
4    6   5      4        9  CA   california
5    8   6      4        8  CO     colorado
6 .  9   7      1        1  CT  connecticut
```

7．我们要将 fips 列的 0 补全，使它们由两位数字组成。将 polyname 中的州名首字母大写，形成新的一列 state。代码和处理 county.fips 数据所使用的一致。

```
state.fips$fips <- str_pad(state.fips$fips, width=2, pad="0",
side='left')
state.fips$state <- as.character(state.fips$polyname)
state.fips$state <- gsub("([a-z\ ]+):[a-z\
\\']+",'\\1',state.fips$state)
state.fips$state <- sapply(state.fips$state, simpleCap)
```

8．我们需要确保每一行是不重复的。注意，这里只需要 fips 和 state 两列的值不同，其他列可以重复。

```
mystatefips <-unique(state.fips[,c('fips','abb','state')])
```

9. 当 unique 函数作用于数据框时，它会返回数据框中不重复的行。你可以在向量上使用 unique 函数，得到不重复的元素。

10. 我们得到了包含 48 个州名的列表，使用以下命令筛选数据，只看这 48 个州的情况：

```
lower48 <- setdiff(unique(state.fips$state),c('Hawaii','Alaska'))
```

 setdiff 函数用来查找所有包含在第一个集合但不包含在第二个集合中的元素。

11. 将所有的信息整合在数据集 myarea 中：

```
myarea <- merge(area, county.fips, by.x='area_fips', by.y='fips',
all.x=T)
myarea$state_fips <- substr(myarea$area_fips, 1,2)
myarea <- merge(myarea, mystatefips,by.x='state_fips',by.y='fips',
all.x=T)
```

12. 将地理信息连接到我们的数据集中，并且只保留列表中 48 个州的数据：

```
ann2012full <- left_join(ann2012full, myarea)
ann2012full <- filter(ann2012full, state %in% lower48)
```

13. 现在我们将最后的数据集以 R data（rda）的格式保存在本地。以下命令提供了对 R 对象非常有效的保存方法：

```
save(ann2012full, file='data/ann2014full.rda',compress=T)
```

5.6.3　工作原理

本小节中的 12[①]个步骤要包含了很多内容，下面我们从第 2 步开始深入讨论一些细节。simpleCap 函数是在 R 中编写函数的一个示范，我们使用函数来封装重复任务，减少代码重复，并确保错误有唯一的源头。如果我们只是重复代码，手动更改输入值，那么很容易在转换中发生错误、破坏隐藏的假设，或者意外地更改重要的变量。此外，如果我们要修改代码，那么必须在每个重复的位置手动执行，这是非常冗长乏味且容易出错的，因此，我们强烈建议你编写函数。

simpleCap 函数中调用了 strsplit、toupper 和 substring 3 个函数。strsplit 函数的作用是在指定分割标识（本例中为空格）处分割字符串（或字符串向量）。substring 函数在

---

① 译者注：此处应为 13。

指定的字符位置之间提取子字符串，仅指定一个字符位置意味着从该位置开始提取到字符串的末尾。toupper 函数将字符串从小写改为大写，反向操作可以通过 tolower 函数来完成。

第 3 步中，我们可以看到很多 R 包是有附带数据集的，county.fips 和 state.fips 两个数据集就是 maps 包中附带的。

第 4 步所使用的 stringr 包是另一个由 Wickham 博士编写的包，它提供了字符串操控函数。这里，我们通过 str_pad 函数用字符（这里是 0）填充字符串，使其保证有一个固定的宽度。

第 5 步使用了 R 中内置的正则表达式（regex）功能，我们不会在这里过多地讨论正则表达式。gsub 函数查找第一个模式，并用第三个模式代替第二个模式。这里，我们正在寻找的模式由一个或多个字母或空格（[a-z \] +）、一个逗号、一个或多个字母或空格组成。第二组字母和空格是我们希望保留的，所以我们用（）括起来。\\1 模式表示用括起来的模式来替换整个模式集。对 polyname 列中的每个元素，都执行这种替换。

我们希望将 polyname 中的每个元素都转化为大写，虽然这可以通过 for 循环来完成，但是使用 sapply 函数更加有效。simpleCap 函数将遍历 polyname 中的每个元素，完成第 7 步的大写化。

第 10 步将 area、county.fips 和 mystatefips 数据集进行了连接。使用 merge 函数而非 left_join 是因为我们希望连接的变量在不同数据框中名称不同，R 标准包中的 merge 函数较为灵活，可以实现这种连接。为了保证仍然是左连接，我们设定 all.x=TRUE。

第 11 步将 myarea 数据与 ann2014full 数据集连接。然后使用 filter 函数筛选数据集，只保留 48 个州的数据。filter 函数来自 dplyr 包，在后面，我们将详细介绍 dplyr 包中的函数。

5.7　提取州和县级水平的薪资及就业信息

到目前为止，我们做的工作都是为了将数据整理成便于分析的格式。下面我们将开始探索不同州、县平均薪资的地理分布。

5.7.1　准备工作

如果你已经完成了本章前几个小节的内容，那么应该就已经准备好了可以从中提取不同层级信息的数据表格。

5.7.2　操作流程

首先，我们通过以下步骤从 ann2014full 中提取州级数据。

1．查看州级整合数据，需要将 agglevel 设为 50。这里，我们只需要查看年均收入（avg_annual_pay）和年均就业水平（annual_avg_emplvl）两个变量：

```
d.state <- filter(ann2014full, agglvl_code==50)
d.state <- select(d.state, state, avg_annual_pay,
annual_avg_emplvl)
```

2．创建 wage 和 empquantlie 两个新的变量来离散化年均收入和年均就业水平变量：

```
d.state$wage <- cut(d.state$avg_annual_pay,
quantile(d.state$avg_annual_pay, c(seq(0,.8, by=.2), .9, .95, .99,
1)))
d.state$empquantile <- cut(d.state$annual_avg_emplvl,
 quantile(d.state$annual_avg_emplvl,
c(seq(0,.8,by=.2),.9,.95,.99,1)))
```

3．运行以下命令行，使得离散化变量的各个级别更容易理解：

```
x <- quantile(d.state$avg_annual_pay, c(seq(0,.8,by=.2),.9, .95,
.99, 1))
xx <- paste(round(x/1000),'K',sep='')
Labs <- paste(xx[-length(xx)],xx[-1],sep='-')
levels(d.state$wage) <- Labs
x <- quantile(d.state$annual_avg_emplvl, c(seq(0,.8,by=.2),.9, .95,
.99, 1))
xx <- ifelse(x>1000, paste(round(x/1000),'K',sep=''), round(x))
Labs <- paste(xx[-length(xx)],xx[-1],sep='-')
levels(d.state$empquantile) <- Labs
```

这样就得到了平均年薪的 0、0.2、0.4、0.6、0.8、0.9、0.95、0.99 和 1 分位数，并把它们转化为以千为单位的整数。对年均就业水平也重复该过程。

4．对县级数据重复上述操作，县级的代码值为 70(agglvl_code==70)，其余步骤是完全相同的。这次让我们尝试一个更聪明的方法，通过创建一个函数来离散化变量并修改标签：

```
Discretize <- function(x, breaks=NULL){
    if(is.null(breaks)){
        breaks <- quantile(x, c(seq(0,.8,by=.2),.9, .95, .99, 1))
```

```
    if (sum(breaks==0)>1) {
      temp <- which(breaks==0, arr.ind=TRUE)
      breaks <- breaks[max(temp):length(breaks)]
    }
  }
  x.discrete <- cut(x, breaks, include.lowest=TRUE)
  breaks.eng <- ifelse(breaks > 1000,
                       paste0(round(breaks/1000),'K'),
                       round(breaks))
  Labs <- paste(breaks.eng[-length(breaks.eng)], breaks.eng[-
1],
                sep='-')
  levels(x.discrete) <- Labs
  return(x.discrete)
}
```

5. 前面我们简单提及了 dplyr 的"语法糖"功能，现在我们可以在实践中学习它。dplyr 包允许我们将不同的操作串联起来，将上一个命令的结果通过操作符"%.%"直接传送到下一个命令。在下面，我们将详细介绍 dplyr 的主要命令。现在，通过下面的代码，展示 dplyr 如何通过几个简单的封装函数实现第 1～3 步中的复杂操作。

```
d.cty <- filter(ann2012full, agglvl_code==70)%.%
select(state,county,abb, avg_annual_pay, annual_avg_emplvl)%.%
mutate(wage=Discretize(avg_annual_pay),
empquantile=Discretize(annual_avg_emplvl))
```

目前，我们已经获得了可视化数据的地理分布所需的数据集。

5.7.3　工作原理

上述 5 个步骤使用了许多 R 代码，现在我们将它拆分开来研究。filter 和 select 两个函数来自 dplyr 包，这个包提供了以下 5 个基本函数。

● fitler：选择满足条件的子集。
● select：从数据集中选择变量或者列。
● mutate：基于数据集原有的变量和列衍生新的变量和列。
● group_by：基于单个或者一组变量对数据进行分组，并且对具有不同变量值或者组合变量值执行函数。
● arrange：基于单个或者多个变量将数据重新排列（或排序）。

其中任意函数都可以对 data.frame、data.table 或者 dplyr 包中的 tbl 对象进行操作。cut 函数在指定分隔点或阈值将连续变量离散化。本例中我们是基于分位数设定阈值的，通过以下序列设定了我们想要的分位点：

```
c(seq(0, .8, by=.2), .9, .95, .99, 1)
```

seq 函数通过设定起始值、终值和两个邻近数的差值生成等差数列，从而完成了这一步骤。

在第 3 步中，我们根据设定好的阈值分割数据。大于 1000 的数在千位取整，并添加单位 K。使用 round 函数，不指定小数点位数，它将默认为保留整数。由于在第 3 步接下来的操作中，我们希望给各范围添加标签，所以需要通过在两个邻近阈值中间加入短横线"-"来创建标签。完成这个操作的方法是将阈值向量复制两次，其中一个不包含最后一个元素，另一个不包含第一个元素。然后用"-"将两个向量粘贴。这个小技巧使两个相邻的阈值对齐并粘贴到一起。如果你不确信，可以输出 xx[-length(xx)]和 xx[-1]，亲自尝试一下。

discretize 函数封装了离散化变量和格式化标签的步骤。

第 5 步的代码段使用 dplyr 将函数串联在一起。我们首先提取原始数据的子集，只保留 agglvl_code=50 (注意代码中为 ==) 的数据。然后将提取出的数据输入第二个函数 select，通过这步只保留我们所感兴趣的 4 个变量。进一步减少的数据又输入到 mutate 函数中，在数据对象中创建了两个新变量。最后的对象保存为 d.cty。

5.8　可视化薪资的地理分布

我们已经创建了包含所需数据的数据集，以可视化州级、县级的平均薪资及就业水平。在本节中，我们将使用代表不同数值或数值范围的颜色去填补各州和县的地图区域，从而可视化薪资的地理分布，这种图称为地区分布图。这种可视化方法近年来越来越流行，因为它的绘制非常容易，尤其是在线绘制。其他的地理可视化技术通过覆盖标记或者其他形状来表示数据，没有必要用有特定的形状来填充地理边界。

5.8.1　准备工作

完成上一小节的内容之后，你应该已经准备好了使用我们创建的数据集来可视化地理分布。我们将使用 ggplot2 包进行可视化，同时，为了使得可视化具有颜色吸引力，我们会调用 RColorBrewer 包中的调色板。如果你还没有安装 RColorBrewer 包，可通过以下命令来安装：

```
install.packages('RColorBrewer', repos='http://cran.r-project.org')
```

5.8.2 操作流程

下面的几个步骤将带领你进行地理空间数据的可视化。

1. 我们需要从地图上获取一些数据。ggplot2 包提供了一个非常方便的函数 map_data，它可以从 maps 包的附带数据集中提取出我们想要的数据。

```
library(ggplot2)
library(RColorBrewer)
state_df <- map_data('state')
county_df <- map_data('county')
```

2. 我们进行一些小的转换，使得所提取的数据匹配原有的数据：

```
transform_mapdata <- function(x){
   names(x)[5:6] <- c('state','county')
   for(u in c('state','county')){
     x[,u] <- sapply(x[,u],simpleCap)
   }
   return(x)
}
state_df <- transform_mapdata(state_df)
county_df <- transform_mapdata(county_df)
```

3. 数据框对象 state_df 和 county_df 包含地图上各点的经纬度，这是主要的地图数据，需要连接到我们在前面创建的决定地图颜色的就业数据中。

```
chor <- left_join(state_df, d.state, by='state')
ggplot(chor, aes(long,lat,group=group))+
geom_polygon(aes(fill=wage))+geom_path(color='black',size=0.2) +
scale_fill_brewer(palette='PuRd') +
theme(axis.text.x=element_blank(),
axis.text.y=element_blank(), axis.ticks.x=element_blank(),
axis.ticks.y=element_blank())
```

运行以上代码，我们可以得到州级平均薪资的地区分布图，如下图所示：

4. 类似地，我们可以创建县级的平均年薪地区分布图，得到更细粒度的薪资地理分布信息：

```
chor <- left_join(county_df, d.cty)
ggplot(chor, aes(long,lat, group=group))+
  geom_polygon(aes(fill=wage))+
  geom_path( color='white',alpha=0.5,size=0.2)+
  geom_polygon(data=state_df, color='black',fill=NA)+
  scale_fill_brewer(palette='PuRd')+
  labs(x='',y='', fill='Avg Annual Pay')+
  theme(axis.text.x=element_blank(), axis.text.y=element_blank(),
axis.ticks.x=element_blank(), axis.ticks.y=element_blank())
```

得到的县级平均年薪的地区分布图，如下图所示：

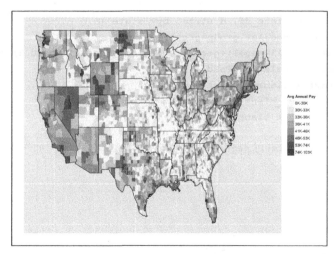

从图上可以非常明显地看出，西北的达科他州、怀俄明州以及内华达州的西北部平均年薪很高，这很可能得益于这几个区域新的石油开发。收入明显较高的城市和沿海地区也很容易从图中看到。

5.8.3 工作原理

让我们详解上述 4 步的工作原理。ggplot2 提供的函数 map_data 不仅能够提取美国各州和县的地理数据，而且还可以提取 maps 包附带的法国、意大利、新西兰、美国的地图数据。

county_df 和 state_df 中包含州和县信息的列原列名为 region 和 subregion。在第 2 步中，我们将这两个列名改为 state 和 county，以便与我们的就业数据进行连接。我们还将州名和县名的首字母大写，以保持与就业数据的格式一致。

在第 3 步中，我们根据州名连接 state_df 和 d.state，从而得到绘图数据集，用来创建地图。然后使用 ggplot 绘制地理图形，并用代表不同离散的平均年薪等级的颜色填充相应的州。

详细地说，我们首先创建了画图数据 chor 数据框，然后调用 geom_polygon 函数根据各州边界的经纬度画出多边形，再根据薪资水平的高低用不同的颜色填充这些多边形，最后通过 geom_path 函数用黑色线条勾勒出各州的边界。以上步骤中所使用的调色板颜色从白色渐变至紫色，用红色表示最高的薪资水平。余下的代码设置了标签，移除了坐标轴刻度和注释。

第 4 步的代码与第 3 步大致相同，只是我们选用的边界是县而不是州。此外，增加了一个图层，将州的边界绘制成黑色(geom_polygon(data=state_df, color='black', fill=NA))，并将县的边界绘制成白色。

5.9 分行业探索就业机会的地理分布

在前节中，我们实现了可视化地区级别的汇总薪资数据。在本节中，我们将使用更细粒度的就业数据集，细化至公共/私营部门的各工作类型，其中工作类型的划分遵循北美工业分类系统（North American Industry Classification System）。本节中，我们将选择关注和可视化 4 个特定行业内私营部门的就业情况地理分布。

我们选择关注的 4 个行业部门如下所示：

- 农业、林业、渔业和狩猎（NIACS 11）；
- 采矿、采石、石油和天然气开采（NIACS 21）；
- 金融和保险（NIACS 52）；

● 专业技术服务（NIACS 54）。

5.9.1　操作流程

我们需要通过以下步骤从就业数据集中提取一个子集，仅保留我们关注的 4 个行业部门的数据。

1．利用 filter 函数筛选出符合行业和部门条件的数据和变量：

```
d.sectors <- filter(ann2012full, industry_code %in%
c(11,21,54,52),
own_code==5, # Private sector
agglvl_code == 74 # county-level
) %.%
select(state,county,industry_code, own_code,agglvl_code,
       industry_title, own_title, avg_annual_pay,
       annual_avg_emplvl)%.%
mutate(wage=Discretize(avg_annual_pay),
emplevel=Discretize(annual_avg_emplvl))
d.sectors <- filter(d.sectors, !is.na(industry_code))
```

 本次的筛选命令有别于 5.8 节的筛选。我们根据行业代码，仅选择部分行业数据，同时要求数据细化至县级水平。

2．调用 ggplot2 包来实现就业数据的可视化。我们通过一个包含 4 个面板的图来展示各个行业的就业水平分布。每个面板将显示一个行业 2012 年的就业水平分布，图中用不同的颜色标识美国各县的就业水平。我们依然采用蓝色为主的调色板来填充图中的各个县区。

```
chor <- left_join(county_df, d.sectors)
ggplot(chor, aes(long,lat,group=group))+
  geom_polygon(aes(fill=emplevel))+
  geom_polygon(data=state_df, color='black',fill=NA)+
  scale_fill_brewer(palette='PuBu')+
  facet_wrap(~industry_title, ncol=2, as.table=T)+
  labs(fill='Avg Employment Level',x='',y='')+
  theme(axis.text.x=element_blank(),
  axis.text.y=element_blank(),
  axis.ticks.x=element_blank(),
  axis.ticks.y=element_blank())
```

上面的代码生成了各个行业的就业水平地理分布图，如下所示：

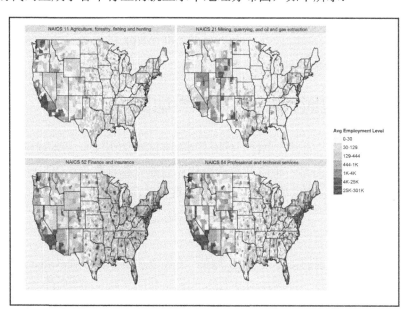

5.9.2 工作原理

本节中，我们使用 dplyr 包中的函数进行数据再加工。首先要使数据的行业代码（industry_code）变量为 11、21、52 或 54，这一步筛选通过%in%来完成，这个集合操作的功能是判断左边的元素是否在右边的集合中。在 filter 命令中我们还有另一个条件，它与上一个条件用逗号分隔，这表示"与"（AND）关系，即所有条件要同时满足才可以筛选。

我们注意到在行业代码中有缺失值，这导致在可视化中多出一个面板。为避免这种情况，我们在第 1 步中删除缺失值。

在第 2 步中，可视化的代码与上一小节的基本相同，只是增加了下面一行：

```
facet_wrap(~industry_title, ncol=2)
```

这行命令将数据根据 industry_title 进行分割，并分别进行可视化。ncol 函数指定将面板数据分成两列和相应的行进行展示。这里我们使用 industry_title 而不是 industry_code 只是为了使面板标签更好理解，省去了读者根据代码查找含义的麻烦。

5.9.3 更多内容

本节只展示了数据集的冰山一角，关于数据还有很多可以探索的地方，比如分私营/

公共部门、深入不同的行业。同时，2012 年的季度数据可以揭示一些时序模式，1990 年以来的年度和季度时序数据都是可以获取的。未来，我们甚至可以分析就业水平的时序模式与社会经济事件之间的关系。choroplethr 和 rMaps 包提供了创建随时间推移的动画功能，用来展示模式的变化。

5.10　绘制地理时间序列的动画地图

将平均年薪作为收入的替代指标，分析其随时间变化的模式，是本项目非常感兴趣的一点。BLS 网站提供了 2003—2012 年的季度就业与薪资普查数据（QCEW）。在本节中，我们将分析每一年各县的平均年薪，并绘制动画展示这段时间薪资随时间变化的模式。

5.10.1　准备工作

为了本节的分析，我们需要从 BLS 网站（http://www.bls.gov/cew/datatoc.htm）下载 2003—2011 年的年度数据。可以在网站 CSV Single Files - Annual Averages 栏下载相应年份的 QCEW，它是基于 NIACS 编码的年度数据文件。我们将这些文件（.zip 文件）存储在原先存放 2012 年数据压缩文件的位置。注意，不要解压缩这些文件。如果你还没有安装 choroplethr 包，那么请通过执行 install.packages('chloroplethr')进行安装。

本节中的操作相当消耗内存。如果你使用 32 位的机器，那么可能将面临内存不足的问题。

5.10.2　操作流程

我们需要导入 2003—2012 年的数据，并提取县级（agglvl_code == 70）平均年薪（avg_annual_pay）。绘制出每一年的薪资地区分布图，并将这些图串联在一起形成动画。因为我们需要为每年的数据执行相同的操作，所以通过创建 for 循环和函数来封装需要重复的操作。我们从处理一年的数据开始编写代码。

1. 从 ZIP 文件（代码中叫作 zipfile）中导入数据到工作环境。实际上，每年的 ZIP 文件遵循 2003_annual_singlefile.zip 的命名规则，ZIP 文件中的 CSV 文件遵循 2003.annual.singlefile.csv 的命名规则。我们可以利用 ZIP 和 CSV 文件共同的命名模式来自动化导入流程。因为作者的数据存储在 data 文件夹下，所以文件路径为'data'，如下面代码所示：

```
unzip(file.path('data',zipfile), exdir='data') # unzips the file    # 解压缩文件
```

```
csvfile <- gsub('zip','csv', zipfile) # Change file name          # 修改文件名称
csvfile <- gsub('_','.',csvfile) # Change _ to . in name          # 用.替换文件名中的_
dat <- fread(file.path('data', csvfile)) # read data              # 读取文件数据
```

2. 连接就业数据和地理信息（myarea）。

```
dat <- left_join(dat, myarea)
```

3. 运用 dplyr 包内的函数提取按照县汇总的薪资数据，并且保留州和县的信息：

```
dat <- filter(dat, agglvl_code==70) %.% # County-level aggregate      # 提取县级汇
总数据
  select(state, county, avg_annual_pay) # Keep variables             # 选择需要的变量
```

4. 封装第 1～3 步的操作。

```
get_data <- function(zipfile){
  unzip(file.path('data',zipfile), exdir='data') # unzips the file   # 解压缩文件
  csvfile <- gsub('zip','csv', zipfile) # Change file name           # 修改文件名称
  csvfile <- gsub('_','.',csvfile) # Change _ to . in name           # 用.替换文件名中的_
  dat <- fread(file.path('data', csvfile)) # read data               # 读取文件数据
  dat <- left_join(dat, myarea)
  dat <- filter(dat, agglvl_code==70) %.% # County-level aggregate    # 提取县级
汇总数据
    select(state, county, avg_annual_pay) # Keep variables          # 选择需要的变量
    return(dat)
}
```

5. 对 10 个年份的数据执行以上操作并保存数据。为了保存这种类型的数据，list
对象是非常适用的。

```
files <- dir('data', pattern='annual_singlefile.zip') # file names    # 文件名称
n <- length(files)
dat_list <- vector('list',n) # Initialize the list                   # 初始化列表
for(i in 1:n){
  dat_list[[i]]<- get_data(files[i]) # ingest data                   #提取并保存数据
  names(dat_list)[i] <- substr(files[i],1,4) #label list with years  #标识年份
}
```

6. 开始可视化。为了确保相同颜色在 10 年的地图中代表的含义相同，各年份变量
的离散化应保持一致。

```
annpay <- ldply(dat_list) # puts all the data together               # 将所有数据放在一起
breaks <- quantile(annpay$avg_annual_pay,
  c(seq(0,.8,.2),.9,.95,.99,1)) # Makes a common set of breaks        # 创建统一的离散
化区间
```

7. 基于第 6 步的离散化区间，可以对每一年创建统一的薪资地区分布图。我们自定义一个函数来完成重复的 ggplot2 可视化过程，函数的输入是由 get_data 函数提取的年度数据，输出为 plot 对象。

```
mychoro <- function(d, fill_label=''){
    # d 有一个变量 "outcome" 将作为 ggplot 函数中的填充变量
    # is plotted as the fill measure
    chor <- left_join(county_df, d)
    plt <- ggplot(chor, aes(long,lat, group=group))+
    geom_polygon(aes(fill=outcome))+
    geom_path(color='white',alpha=0.5,size=0.2)+
    geom_polygon(data=state_df, color='black',fill=NA)+
    scale_fill_brewer(palette='PuRd')+
    labs(x='',y='', fill=fill_label)+
    theme(axis.text.x=element_blank(),
    axis.text.y=element_blank(),
    axis.ticks.x=element_blank(),axis.ticks.y=element_blank())
    return(plt)
}
```

8. 使用 for 循环为 10 年的数据分别创建对应的 plot 对象，并将它们存储在 list 变量中。在此过程中，我们创建 outcome 变量来存储基于统一区间创建的离散化平均年薪。注意，根据我们创建的 mychoro 函数，这个变量必须命名为 outcome。

```
plt_list <- vector('list',n)
for(i in 1:n){
  dat_list[[i]] <- mutate(dat_list[[i]],
  outcome=Discretize(avg_annual_pay,breaks=breaks))
  plt_list[[i]] <-
  mychoro(dat_list[[i]])+ggtitle(names(dat_list)[i])
}
```

9. choroplethr 包的实用函数 choroplethr_animate 可以将 ggplot2 绘制的一系列 plot 对象排列在一起，并制作成动画 GIF 网页文件。默认的网页文件名称为 animated_choropleth.html。

```
library(choroplethr)
choroplethr_animate(plt_list)
```

我们从动画中截取了 3 年的图片，提供一个直观展示，如下图所示。

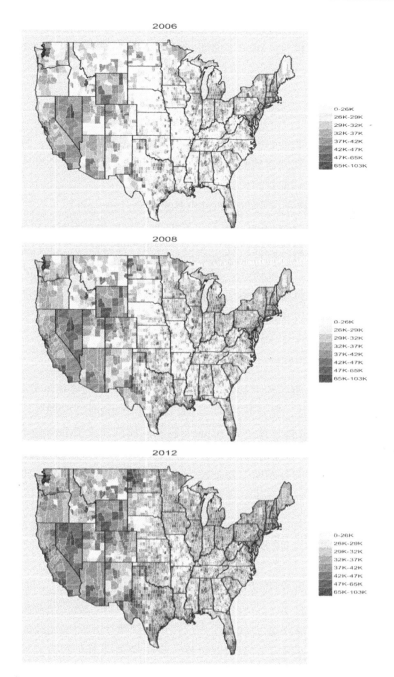

虽然仅看了 3 张图，但我们依然可以观察到西北的达科他州、怀俄明州以及内华达州的西北部就业人数和薪资逐年快速增长。这种增长可能源于该地区页岩油的发现、勘探和开采。8 年的数据变化显示，全美国工资整体上升，然而内陆核心地区的年工资并

无大的变化。我们还可以清楚地看到，在加州地区和美国东北部地区，不仅工资明显上升，而且高薪区域也逐渐扩张。由于上面所示的 3 张图片使用了相同的色阶，所以保证了解释的一致性。

5.10.3　工作原理

本节用到的函数在前面都有涉及，因此不再赘述。在整个过程中，有两个处理需要我们关注。首先，为了得到创建动画所需的每年的图片，我们不得不多次重复相同的步骤，所以稍微调整代码，将重复的代码块重构为函数。

其次，创建每年的薪资地区分布图的过程是数据科学流程的又一个范例。第 1 阶段，从 CSV 文件中读取数据。由于我们已理解了数据集，所以本节的探索和理解阶段（流程的第 2 阶段）相对轻松。第 3 阶段，即在调整、清洗、操纵阶段，我们将不同的数据集关联，并选择需要的变量。第 4 阶段，实现数据分析和建模，基于共同的阈值将薪资数据离散化，映射到一致的色阶上。最后，最终的数据产品——地区分布图动画——用来以简明和可快速理解的方式呈现大量数据。

5.10.4　更多内容

R 包 choroplethr 可以通过基于 ggplot2 的 choropleth 函数创建地区分布图。然而我们不是很喜欢 choropleth 函数的默认输出样式，而直接使用 ggplot2 绘图可以更简单地进行个性化设置。Vaidyanathan 博士除创建 rCharts 包外，还创建了 rMaps 包。rMaps 包通过调用 JavaScript 中用于网页可视化的库，在 R 中生成地区分布图，并且可以通过 ichoropleth 函数简单地创建动态的地区分布图。很遗憾的是，在我们撰写本书的时候，rMaps 依然处于开发阶段，我们尚无法用它来创建县级地图。

5.11　函数基本性能测试

R 语言及其附带的包经常可以为完成同一个任务提供多种方式，同时鼓励用户创建自己的函数去完成特定的任务。当运行时间非常重要的时候，进行性能测试以检验哪种策略最优是十分必要的。本节我们将关注点放在运行速度上，用来比较的两个任务分别是导入数据和根据共同变量连接两个数据对象。所有的测试都在安装了 Windows 7 操作系统、拥有 2.4GHz 处理器和 8GB 内存的台式机上完成。

5.11.1　准备工作

我们将使用 ann2012full 和 industry 数据测试连接函数的性能，同时使用 2012 年就业数据的 CSV 文件测试加载函数的性能。如果你还没有安装 rbenchmark 和 microbenchmark 包，那么可以通过 install.packages()命令进行安装。

5.11.2　操作流程

下面的步骤将带领你完成在 R 中测试两项任务的性能。

1．第一个任务是将就业数据载入 R。2012.annual.singlefile.csv 文件有 3 556 289 行、15 列。尽管本章中我们使用了 fread 函数进行导入，但是还有许多其他的导入方式，例如：

● 最标准的方式是使用 read.csv 函数读入 CSV 文件；

● 先解压 2012_annual_singlefile.zip，再使用 read.csv 函数读入数据；

● 在第一次将数据导入后，存为 RData 文件，后期直接读取 RData 文件。

2．测量任务执行时间（包括命令解析和实际计算时间）最基本的方法是 system.time 函数：

```
> system.time(fread('data/2012.annual.singlefile.csv'))
   user system elapsed
  14.817  0.443   15.23
```

请注意，你看到的时间可能与上面列出的有所不同。

3．然而，R 语言有更简单的用于函数性能比较的包。rbenchmark 包里的 benchmark 函数允许同时比较多个函数的性能。

```
library(rbenchmark)
opload <- benchmark(
  CSV=read.csv('data/2012.annual.singlefile.csv',
  stringsAsFactors=F),
  CSVZIP=read.csv(unz('data/2012_annual_singlefile.zip',
  '2012.annual.singlefile.csv'), stringsAsFactors=F),
  LOAD = load('data/ann2012full.rda'),
  FREAD = fread('data/2012.annual.singlefile.csv'),
  order='relative', # Report in order from shortest to longest
  replications=5
)
```

上面命令的执行结果如下所示。

```
> opload
    test replications elapsed relative user.self sys.self user.child sys.child
4   FREAD          5   16.29    1.000     15.85     0.43        NA        NA
3    LOAD          5   79.67    4.891     79.10     0.50        NA        NA
1     CSV          5  189.30   11.621    160.82     2.54        NA        NA
2  CSVZIP          5  212.02   13.015    182.46     1.55        NA        NA
```

注意，上面的结果是有序的，相对时长记录在 relative 列。可以看到，fread 函数比 read.csv 函数要快很多。有趣的是，fread 函数甚至比加载 RData 文件平均快 4 倍，尽管 RData 文件是 R 数据的惯用存储格式。

4. 我们的第二个任务是左连接两个数据对象。通过左连接就业数据和行业代码的例子来比较各个函数的性能。左连接功能保证左边数据的所有记录都会得到保存，右边数据通过重复或者省略操作得到与左边数据一样的记录数。本章中，我们使用的是 left_join 函数，实际上还有 3 种其他的实现方式：

- R 标准库中的 merge 函数；
- plyr 包中的 join 函数；
- data.table 包中的 merge 函数，不过它需要先将数据对象转化成 data.table 对象。

5. 我们将再次使用 benchmark 函数比较上面几种左连接命令的效率。

```
ann2012full_dt <- data.table(ann2012full, key='industry_code')
industry_dt <- data.table(industry, key='industry_code')
op <- benchmark(
   DT = data.table::merge(ann2012full_dt, industry_dt,
              by='industry_code', all.x=T),
   PLYR = plyr::join(ann2012full, industry,
        by='industry_code',type='left'),
   DPLYR = dplyr::left_join(ann2012full, industry),
  DPLYR2 = dplyr::left_join(ann2012full_dt, industry_dt),
  MERGE = merge(ann2012full, industry,
              by='industry_code', all.x=T),
  order='relative',
  replications=5
)
```

上面命令的执行结果如下所示：

```
> op
    test replications elapsed relative user.self sys.self user.child sys.child
1     DT          5    0.41    1.000     0.41     0.00        NA        NA
4 DPLYR2          5    4.90   11.951     4.24     0.63        NA        NA
3  DPLYR          5    5.40   13.171     4.52     0.86        NA        NA
2   PLYR          5   97.70  238.293    95.46     1.67        NA        NA
5  MERGE          5  207.14  505.220   204.14     2.54        NA        NA
```

结果显示，data.table 方法明显快于其他几种。dplyr 函数大约慢 12 倍，plyr 慢 100 倍，而标准的 merge 函数则慢 200 倍。虽然使用 data.table 的 merge 函数需要耗费一点时间将数据框转换成 data.table 对象，但 data.table 本身执行左连接的优势足以弥补这个消耗。

5.11.3 工作原理

R 语言用于性能测试的最基本工具是 system.time 函数，该函数记录解析命令时间、执行时间，最后记录结束时间。当前命令执行完毕后，程序自动清理和释放内存，确保每一次评估时系统都保有最大的可使用内存，使得比较的结果更加可信。

相比于 system.time 函数，rbenchmark 包的 benchmark 函数提供了更多的灵活性。benchmark 函数封装了 system.time 函数，并允许一次执行多个命令。同时，为了使得测试报告简单明了，benchmark 进行了一些基础计算，如各个命令的相对消耗时间。

关于本节的任务，fread 函数使用了强大的、优化过的 C 函数读取数据，这极大地提升了速度。而 read.csv 函数却需要逐行读取文件并使用逗号分隔符将记录分隔。我们可以通过利用 colClasses 函数指定每列的数据类型来提升文件的读取速度，因为识别数据类型是需要消耗一些时间的。load 函数读取由 save 函数生成的 RData 文件，RData 存储的是 R 对象的二进制表示，虽然这能够减少数据对象的存储空间，但依然没有 fread 函数的读取效率高。

第二个任务中测试了各函数左连接就业数据（ann2014full）和行业代码（industry）的性能。ann2014full 包含 3 556 289 行记录，每行 15 列；industry 包含 2 469 行记录，每行 2 列。这两个数据可以基于相同的列 industry_code 执行左连接操作，ann2014full 所有行将保存。merge 函数通过指定参数 all.x=True 实现左连接，在 join 函数中需要设定 type='left'。为了实现 data.table 对象的合并，我们首先将两个数据框对象转换成 data.table 对象，并规定二者有相同的关键字变量 industry_code，再基于 industry_code 将二者相连。

在上面的代码中，我们引入了一种新的使用函数的方式 plyr::join 和 dplyr::left_join，其中::表示函数来自特定的包。这种使用方式可以避免错误调用函数，特别是在 R 环境载入有相同函数名的 R 包时。

5.11.4 更多内容

data.table 包为数据载入、清洗、连接提供了非常快捷的工具。data.table 对象是 data.frame 的衍生对象，R 中许多应用于 data.frame 对象的函数也可以应用于 data.table 对象。因此，data.table 有充足的理由成为你加载矩形数据的默认容器。

第 6 章
汽车数据可视化（基于 Python）

本章包含以下主要内容。

- IPython 入门。
- 熟悉 Jupyter Notebook。
- 为分析汽车燃料效率做好准备。
- 用 Python 探索并描述汽车燃料效率数据。
- 用 Python 分析汽车燃料效率随时间变化情况。
- 用 Python 研究汽车的品牌和型号。

6.1　简介

在介绍 R 语言的本书第 2 章中，我们介绍了一个运用 R 语言分析汽车燃油经济数据的项目。相关网站上的数据集包含美国各品牌型号的汽车在不同时间点的燃料效率指标，以及丰富的其他特性和属性，这为我们整理和分析数据以发现有趣的趋势和关系提供了机会。

与之前章节讲述的 R 语言不同的是，本章我们全部使用 Python 进行分析。但仍然依照数据科学的分析流程，按照相同的步骤，解决之前的问题。通过本章的学习，你会看到两种语言在进行几乎相同分析时的相似点和区别。

在之前的章节中，我们主要用纯 Python 代码，也使用了一部分 NumPy 和 SciPy 的功能，通过 Python 命令行——又称为 **Read-Eval-Print Loop（REPL）**——或者可执行的脚本文件来实现我们的分析。而在本章中，我们将见识到 Python 作为脚本语言的另一种不同用法——一种更类似于 R 语言的交互式方式。这里，我们将向读者介绍 Python 的非官方交互式环境 IPython 和 Jupyter notebook，并说明如何在这个环境下编写可读性强、记录详尽的分析脚本。此外，我们还将利用相对较新且功能强大的 pandas 库的数据分析能力以及它提供的极为有用的数据框数据类型。pandas 使得我们可以用少量代码完成复杂的任务,这种方法的不便之处就是需要学习 pandas 库本身包含的完全不同的 API。
当然，它可以帮我们节省很多与数据操作相关的重复工作。

　　本章的目的不是指导你重复一个已经完成过的项目，而是向你展示如何用另一种语
言完成该项目。更重要的是，我们希望可以借此使读者对自己代码和分析进行思考。不
仅考虑如何完成，而且还要了解为何在特定语言中要用某种特定的实现方式，以及程序
语言是如何影响分析思路的。

6.2　IPython 入门

　　IPython 是一个足以改变你对交互环境印象的 Python 交互式计算环境（shell）。它带
来了一系列有用的功能，比如 magic functions、自动 Tab 补齐、命令行工具捷径等。这
些功能很可能会成为你不可或缺的工具。我们在此仅做简单的介绍，强烈建议读者深入
探索 IPython 能完成的工作。

6.2.1　准备工作

　　如果你已经完成第 1 章中的安装教程，那么你应该可以完成下面的内容。注意，
IPython 6.1 是 2017 年 5 月发布的一个重要版本。IPython 会话是在 2017 年 3 月发布的交
互式软件的早期版本中运行的。

6.2.2　操作流程

接下来的步骤将帮助你设置并运行 IPython 环境。

1. 在电脑上打开一个终端窗口，输入 ipython。你应该可以马上看到下面的输出。

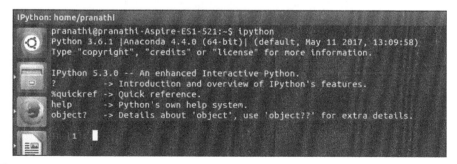

 你的版本可能会与上述命令行输出结果略有不同。

2．为了观察 IPython 的便捷性，输入 ls，你可以看到目录列表！是的，你可以直接用 Python 解释器里的提示符轻松地使用 UNIX 命令。

3．现在，我们试着改变目录。在提示符后输入 cd、空格，然后按 Tab 键。这时你可以看到在当前目录下可见的目录列表。输入目标目录的前几个字符，再按 Tab 键。如果只有一个对应选项，那么按 Tab 键可以自动补齐。否则，会显示符合输入字符的可能选项列表。当你按 Tab 键后，每个输入的字符都会起到过滤的作用。

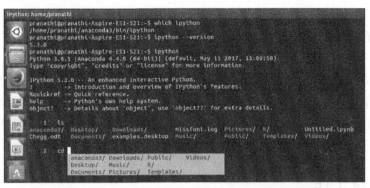

4．接下来，输入"?"，你会看到一个快速简介和 IPython 特性的概述。

5．下面我们来了解 magic functions。这是一些 IPython 能理解的函数，它们总是以 %符号开头。%paste 函数就是这样一个例子，它可以复制、粘贴 Python 代码至 IPython 中并且保证正确地缩进。一个简单的例子是在任何文本编辑器中键入 2 + 3，然后复制它，在 IPython 中执行%paste。

6．我们试一下%timeit 这个 magic function，它智能地对 Python 代码进行基准测试。输入下面的命令：

```
In [2]: n=10000
   ...: %timeit range(n)
   ...:
```

我们会得到如下结果：

```
The slowest run took 4.74 times longer than the fastest. This could
mean that an intermediate result is being cached.
1000000 loops, best of 3: 1.83 mus per loop
```

注意，Python 3.x 中的 range 函数就是早期 Python 2.x 版本中的 xrange 函数。

7．你可以通过在命令前加感叹号来轻松地运行系统命令。输入下面的命令：

```
In [3]: !ping www.google.com
```

可以得到如下输出：

```
Pinging www.google.com [216.239.32.20] with 32 bytes of data:
Reply from 216.239.32.20: bytes=32 time=35ms TTL=57
Reply from 216.239.32.20: bytes=32 time=34ms TTL=57
Reply from 216.239.32.20: bytes=32 time=33ms TTL=57
Reply from 216.239.32.20: bytes=32 time=35ms TTL=57

Ping statistics for 216.239.32.20:
Packets: Sent = 4, Received = 4, Lost = 0 (0% loss),
Approximate round trip times in milli-seconds:
Minimum = 33ms, Maximum = 35ms, Average = 34ms
```

8．IPython 还提供了出色的命令行历史记录。按向上键就可以轻松获得之前输入的命令。继续按向上键可以回溯该次会话的命令，按向下键则为后翻。同样，%history 这个 magic function 允许你直接跳转到该次会话的特定命令。输入下面的命令可以查看你输入的第一条命令。

```
In [4]: %history 1
```

下面是 IPython 会话的完整截屏：

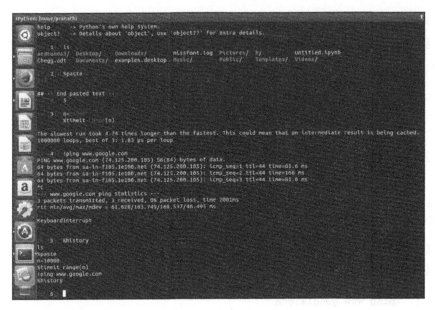

9．输入 exit，退出 IPython，回到系统命令提示符。

6.2.3　工作原理

这里没有太多需要解释的内容。我们只是大致了解了 IPython 的简单功能。希望这已经引起了读者深入了解的兴趣，特别是 IPython 6.1 提供的丰富新特性，它包括动态的用户可控的数据可视化功能。

6.3　熟悉 Jupyter Notebook

Jupyter Notebook 是 Python 的完美补充。实际上，Jupyter Notebook 让你可以分散排列带注释的代码、图像或者任何有用的东西。你可以用 Jupyter Notebook 做任何事，从演示文稿（一个 PowerPoint 的强大替代）到电子实验记录本或者教科书。

6.3.1　准备工作

如果你已经完成第 1 章所述的安装步骤，就可以进行接下来的工作了。

6.3.2　操作流程

下面的步骤将带领你熟悉超级强大的 Jupyter Notebook 环境。我们也希望读者可以跳出简单步骤，去真正理解这个工具的强大之处。

1．执行 mkdir test，在终端创建一个名为 test 的文件夹，然后用 cd test 进入该文件夹。

2．在命令提示符后输入 jupyter notebook。你应当会在终端窗口中看到一些文字快速地滚过，然后屏幕会载入默认的浏览器（对我来说，是 Firefox）。注意，URL 应该是 localhost:8888/tree，这表示浏览器是通过 8888 端口连接到本地机器运行的服务器的。

3．你在浏览器中不会看到任何笔记文件（注意，Jupyter Notebook 文件有.ipynb 扩展名），因为 Jupyter Notebook 会从启动它的目录中搜索笔记文件。现在让我们创建一个笔记文件，单击 New 按钮的下拉菜单，选择 Notebook，然后单击 Python 3 选项（你的可能略有不同）：

4．应该会打开一个新的浏览器选项卡或者窗口，显示如下截图：

5．从上至下，你可以看到基于文字的菜单，其后是常用命令工具栏，接下来是第一个单元格，它与 IPython 中的命令提示行类似。

6．将鼠标光标移至第一个单元格中，输入 5+5。然后，用菜单中的 Cell | Run 或者用 Shift+Enter 键盘快捷键来解释单元格中的内容。这样我们就第一次在 Jupyter Notebook 的单元格中执行了一个简单的 Python 语句。

7．单击第二个单元格，然后单击菜单中的 Cell | Cell Type | Markdown。现在你可以很容易地在单元格中用 markdown 进行文档记录了。

8．关闭这两个浏览器窗口或者选项卡（notebook 和 notebook 浏览器）。

9. 回到最初输入 jupyter notebook 命令的终端，按 Ctrl+C 键，然后按 Y 和 Enter 键。这样就关闭 Jupyter Notebook 服务器了。

6.3.3　工作原理

对于那些熟悉的传统统计软件包（比如 Stata、SPSS、SAS）或者传统数学软件包（比如 MATLAB、Mathematica、Maple）的用户而言，可能已经习惯了各个公司提供的图形和性能丰富的交互环境。从这一点来讲，Jupyter Notebook 可能看起来有点陌生。但是与传统的 Python 命令行相比，它的界面要友好得多。此外，Jupyter Notebook 提供了互动式和串行工作流的有趣组合，使得它特别适合数据分析，尤其是在原型验证阶段。R 语言有一个库叫作 Knitr，它也提供了 Jupyter Notebook 的报告生成功能。

当你输入 Jupyter Notebook 命令时，便开启了一个在本地运行的服务器，而 Jupyter Notebook 本身其实是一个主从架构的网络应用。据 IPython 官网介绍，Jupyter Notebook 使用 ZeroMQ 和 Tornado 的双进程核心架构。ZeroMQ 是一种用于高性能消息传递的智能 socket 库，它可以帮助 IPython 管理多任务时的分布式计算集群。Tornado 是一个用于响应 Jupyter Notebook 的 HTTP 请求的 Python 网络框架和异步网络模块。该项目是开源的，因此你只要愿意也可以做贡献。

Jupyter Notebook 还允许你使用命令行工具 nbconvert 来导出你的笔记文件。这些笔记文件其实是用 JSON 填充的文本文件。它们可以导出为多种文件格式，包括 HTML、LaTex、reveal.js HTML slideshows、Markdown、简单的 Python 脚本和用于 Sphinx 文档记录的 reStructuredText。

最后，免费网络服务 Jupyter Notebook Viewer (nbviewer)可以让你发布和查看远程服务器（这些服务器目前是由 Rackspace 捐赠的）上的笔记文件。因此，如果你希望分享一个原创的精彩的.ipynb 文件，那么你可以上传到相关网站上，让全世界看到你努力的成果。

6.3.4　更多内容

我们尽量不去过度吹捧 Markdown，但如果你不熟悉这个工具，那么我们强烈建议你试一试。Markdown 实际上是两种不同的东西：它既是一种纯文本格式的语法规则（使用它可以轻易转化为结构化文件），也是一个可以将文本转化为 HTML 和其他语言的软件工具。基本上，你可以使用任何想用的文字编辑器编辑 Markdown（VI、VIM、Emacs、Sublime editor、TextWrangler、Crimson Editor 或者 Notepad），只要它能在保存纯文本的同时描述相对复杂的结构，比如不同级的页眉、排序或不排序的列表、区块引用以及一些诸如粗体和斜体的简单格式。Markdown 可以说提供了一种与 JSON 类似的可读性很强的 HTML，同时提供了可读性很强的数据格式。

6.4 为分析汽车燃料效率做好准备

本节我们开始使用 Python 对汽车燃料效率数据进行分析。

6.4.1 准备工作

如果你成功完成了第 1 章的相关操作，那么应该已经为接下来的内容做好了准备。

6.4.2 操作流程

接下来的步骤将帮助你设置好工作目录和 IPython 来完成本章的分析。

1．创建一个名为 fuel_efficiency_python 的项目目录。

2．下载汽车燃料效率数据集 vehicles.csv.zip，并保存于上述目录。从 ZIP 文件中提取 vehicles.csv 文件至相同的目录。

3．打开终端窗口并改变当前目录（cd）至 fuel_efficiency_python 目录。

4．在终端窗口输入下面的命令：

```
jupyter notebook
```

5．当你的网络浏览器载入新页面后，单击 New Notebook。

6．单击当前笔记文件的名字 untitled0，然后键入这个分析的新名字（我的叫作 fuel_efficiency_python）。

7．让我们用最上面的单元格写 import 语句，输入以下命令：

```
In [5]: import pandas as pd
   ...: import numpy as np
   ...: from ggplot import *
   ...: %matplotlib inline
```

然后按下 Shift+Enter 键来执行单元格的代码。这段代码导入了 pandas 和 numpy 库，给它们分配了较为简短的本地名称。它同时导入了 ggplot 库。请注意，用 from ggplot import *命令并非 Python 中的最佳方式，它将 ggplot 包的全部内容一股脑地引入到我们的空间。然而，这么做是为了使 ggplot 语法与 R 中的 ggplot2 语法尽量相似，而完全不同于 Python。最后用 magic command 来告诉 Jupyter Notebook，我们希望在笔记中显示 matplotlib 生成的图。

8. 在接下来的单元格中，导入数据并查看前面几行记录。

```
In [6]: vehicles = pd.read_csv("vehicles.csv")
```

然而，屏幕上出现了如下红色警告信息：

```
C:\Users\prabhanjan.tattar\AppData\Local\Continuum\Anaconda3\lib\si
te-packages\IPython\core\interactiveshell.py:2717: DtypeWarning:
Columns (70,71,72,73,74,76,79) have mixed types. Specify dtype
option on import or set low_memory=False.
```

这告诉我们 70、71、72、73、74、76 和 79 列包含混合数据类型。让我们用下面的命令来查看对应的列名：

```
In [7]: column_names = vehicles.columns.values

...: column_names[[70,71,72,73,74,76,79]]

...:

Out[7]: array(['cylinders', 'displ', 'fuelType2', 'rangeA',
'evMotor', 'mfrCode'], dtype=object)
```

> 混合数据类型听起来会造成一些问题，因此请留意这些列名。
> 数据清洗和数据整理经常需要消耗 90% 的项目时间。

6.4.3　工作原理

在本节中，我们只是简单地设置工作目录并创建分析用的新 Jupyter Notebook 笔记。我们导入了 pandas 库，然后将 vehicles.csv 数据文件快速读入为数据框。根据经验来看，pandas 稳定的数据导入能力可以为你节约很多时间。

尽管这里是将逗号分隔的数据文件直接导入为数据框，但 pandas 能够用读取函数处理很多其他的数据格式，包括 Excel、HDF、SQL、JSON、Stata，甚至是剪贴板。同时我们也可以用数据框对象的 writer 函数将它们输出为同样多的数据格式。

用 pandas 中数据框（Data Frame）类的边界方法 head，我们可以查看数据框中的一个很有用的概述，它包括每列的非空值数量和各列不同数据类型的数量。

6.4.4　更多内容

数据框是一个极为强大的概念和数据结构。数据框思维对于很多数据分析非常重要，它与数组或者矩阵操作思维不同（如果你习惯以 MATLAB 或者 C 语言作为主要的开发语言）。

在数据框中，每一列代表一个不同的变量或者特征，它们可以是不同的数据类型，比如浮点数、整数或者字符串；每一行是由一组值构成的观测点或者实例。比如，如果每一行代表一个人，那么各列可以是年龄（整数）或性别（类别或者字符串）。我们经常需要选出满足某种特征（比如全部男性）的观测点（行），然后研究该子类别。数据框在概念上与关系型数据库的表是非常相似的。

6.5 用 Python 探索并描述汽车燃料效率数据

现在我们已经将汽车燃料效率数据集导入 Ipython 中并见识了 pandas，接下来是通过重复之前章节用 R 语言完成的数据分析步骤来了解 pandas 的一些基本功能。

6.5.1 准备工作

我们继续开发利用之前提到的 Jupyter Notebook。如果你已经完成上一小节的操作，就可以继续接下来的内容了。

6.5.2 操作流程

1. 用下面的命令来查看数据中有多少个观测点（行）：

```
In [8]: len(vehicles)
   ...:
Out[8]: 38120
```

如果你经常交替使用 R 和 Python，那么请记得在 R 语言中，这个函数是 length，而在 Python 中是 len。

2. 用如下命令看看数据中有多少个变量（列）：

```
In [9]: len(vehicles.columns)
   ...:
Out[9]: 83
Let's get a list of the names of the columns using the following
command:
In [10]: print(vehicles.columns)
   ...:
Index(['barrels08', 'barrelsA08', 'charge120', 'charge240',
'city08',
```

```
'city08U', 'cityA08', 'cityA08U', 'cityCD', 'cityE', 'cityUF',
'co2',
'co2A', 'co2TailpipeAGpm', 'co2TailpipeGpm', 'comb08', 'comb08U',
'combA08', 'combA08U', 'combE', 'combinedCD', 'combinedUF',
'cylinders',
'displ', 'drive', 'engId', 'eng_dscr', 'feScore', 'fuelCost08',
'fuelCostA08', 'fuelType', 'fuelType1', 'ghgScore', 'ghgScoreA',
'highway08', 'highway08U', 'highwayA08', 'highwayA08U',
'highwayCD',
'highwayE', 'highwayUF', 'hlv', 'hpv', 'id', 'lv2', 'lv4', 'make',
'model', 'mpgData', 'phevBlended', 'pv2', 'pv4', 'range',
'rangeCity',
'rangeCityA', 'rangeHwy', 'rangeHwyA', 'trany', 'UCity', 'UCityA',
'UHighway', 'UHighwayA', 'VClass', 'year', 'youSaveSpend',
'guzzler',
'trans_dscr', 'tCharger', 'sCharger', 'atvType', 'fuelType2',
'rangeA',
'evMotor', 'mfrCode', 'c240Dscr', 'charge240b', 'c240bDscr',
'createdOn', 'modifiedOn', 'startStop', 'phevCity', 'phevHwy',
'phevComb'],
dtype='object')
```

每个字符串前的字母 u 代表该字符串是用 Unicode 表示的。[①]

3．用如下命令查看数据集中包含了多少年的数据以及第一年和最后一年是哪一年：

```
In [11]: len(pd.unique(vehicles.year))
    ...:
Out[11]: 34

In [12]: min(vehicles.year)
    ...:
Out[12]: 1984

In [13]: max(vehicles["year"])
    ...:
Out[13]: 2017
```

注意，我们已经用了两种不同的语法来表示 vehicles 数据框中的一列。

4．看一下什么类型的燃料是汽车的主要燃料。在 R 语言中，我们用 table 函数，它返回每个变量不同值发生的总次数。在 pandas 中，我们用下面的函数：

---

① 译者注：在 Python 2.x 版本中，字符串会区分为文本字符串和 Unicode 字符串，在字符串前面加 u 表示这个字符串是 Unicode 字符串，而 Python 3.x 版本中，字符串统一成了 Unicode 字符串，所以一般不会在前面加 u（加也可以）。

```
In [14]: pd.value_counts(vehicles.fuelType1)
    ...:
Out[14]:
Regular Gasoline 26533
Premium Gasoline 10302
Diesel 1014
Electricity 134
Midgrade Gasoline 77
Natural Gas 60
Name: fuelType1, dtype: int64
```

5. 现在如果我们想看一看这些汽车的变速器种类，可以直接用如下命令：

```
In [15]: pd.value_counts(vehicles.trany)
```

然而，输出的结果很长：

```
Out[15]:
Automatic 4-spd 11042
Manual 5-spd 8323
Automatic 3-spd 3151
Automatic (S6) 2684
Manual 6-spd 2448
Automatic 5-spd 2191
Manual 4-spd 1483
Automatic 6-spd 1447
Automatic (S8) 981
Automatic (S5) 827
Automatic (variable gear ratios) 702
Automatic 7-spd 675
Automatic (S7) 270
Auto(AM-S7) 266
Automatic 8-spd 259
Automatic (S4) 233
Auto(AM7) 166
Auto(AV-S6) 153
Automatic (A1) 125
Auto(AM6) 120
Automatic 9-spd 105
Auto(AM-S6) 87
Auto(AV-S7) 80
Manual 3-spd 77
Manual 7-spd 73
Automatic (S9) 29
Auto(AV-S8) 28
Manual 4-spd Doubled 17
```

```
Auto(AM5) 12
Automatic (AV-S6) 11
Automatic (S10) 8
Auto(AM-S8) 6
Auto(AM8) 5
Automatic (AV) 4
Automatic (A6) 4
Manual(M7) 3
Auto(L3) 2
Auto(L4) 2
Automatic (AM5) 2
Auto (AV) 2
Auto (AV-S8) 1
Manual 5 spd 1
Auto (AV-S6) 1
Auto(AM-S9) 1
Automatic 6spd 1
Automatic (AM6) 1
Name: trany, dtype: int64
```

我们真正希望知道的是自动挡和手动挡的汽车数。我们注意到，对于 trany 这个变量，自动挡总是以 A 开头，手动挡总是以 M 开头。因此我们用 trany 变量的第一个字母创建一个新的字符串变量 trany2。

```
In [16]: vehicles["trany2"] = vehicles.trany.str[0]
    ...: pd.value_counts(vehicles.trany2)
    ...:
```

这个命令产生了我们期望的结果，自动挡的数量是手动挡的两倍。

```
Out[16]:
A 25684
M 12425
Name: trany2, dtype: int64
```

6.5.3　工作原理

在本节中，我们看了一些 Python 和 pandas 的基本功能。我们用了两种不同的语法（vehicles['trany']和 vehicles.trany）来得到数据框中的变量，用到一些 pandas 的核心函数来探索数据，比如特别有用的 unique 和 value_counts 函数。

6.5.4　更多内容

从数据科学流程的角度而言，我们在一个范例中接触到数据清洗和数据探索两个阶段。当处理较小的数据集时，完成特定操作的时间通常很短，并且可以在笔记本上进行。我们可以快速地进行多个环节，然后根据结果返回之前的环节。大体来讲，数据科学的流程是一个经常往返迭代的过程。我们越快完成特定的步骤，则在一定时间内完成的迭代次数越多，往往最终的分析结果也会越好。

6.6　用 Python 分析汽车燃料效率随时间变化的情况

在本节中，我们会探究一些燃料效率参数随时间和其他数据变化的情况。为了完成这一任务，需要在 Python 中重复 plyr 和 ggplot2 这两个非常流行的 R 包的功能。由 plyr 库提供的非常方便的分割—应用—合并（split-apply-combine）数据分析功能，在 Python 中可以由 pandas 以一种略微不同但同样好的方式实现。而在本节中也可以看到，ggplot2（一个 R 语言绘图语法包）的数据可视化能力实现起来没有那么方便。

6.6.1　准备工作

如果你完成了上一小节的相关工作，就基本上完成了所有的准备工作。然而，我们会用到 Python 克隆版的 ggplot2 库，便捷地命名为 ggplot。如果你没有根据之前的章节完成全部的设置，并且没有安装 ggplot 包，那么打开终端，输入如下命令：

```
pip install ggplot (or sudo pip install ggplot)
```

该命令在 Windows 系统上应该同样可以使用。等待安装完成后，你需要重启 IPython Notebook[①]服务器，这样才能导入新安装的 ggplot 库。

6.6.2　操作流程

我们通过如下步骤进入深入分析阶段。

1. 看是否有一个平均每加仑里程数随时间变化的总体趋势。我们先按照年份将数据分组：

```
In [17]: grouped = vehicles.groupby("year")
```

2. 计算分组后数据中 3 列的平均值：

```
In [18]: averaged = grouped['comb08',
'highway08','city08'].agg([np.mean])
```

---

① 译者注：本书第 1 版介绍的是 IPython Notebook，第 2 版前几节用的是 Jupyter Notebook，所以这里可能写错了。

这里会生成包含 comb08、highway08 和 city08 3 个变量均值的新数据框。注意，我们用的是 NumPy（np）提供的 mean 函数。

3．为了方便之后的分析，我们对列重命名，然后创建一个名为 year 的列，使它包含该数据框的索引。

```
In [19]: averaged.columns =
['comb08_mean','highway08_mean','city08_mean']
...: averaged['year'] = averaged.index
```

与 R 语言相比，Python 对列的重命名是多么容易！数据框列属性包含列名，只需修改它即可重命名。

4．用 Python 库新的 ggplot 包将结果绘制成散点图。

```
In [20]: ggplot(averaged, aes('year', 'comb08_mean')) + geom_point(
...: color='steelblue') + xlab("Year") + ylab("Average MPG"
...: ) + ggtitle("All cars")
```

参见下图：

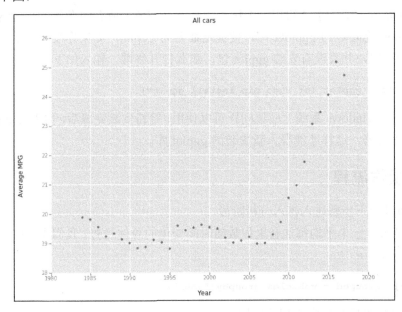

这幅图可能会让人误解，因为有着出色燃料效率表现的混合动力汽车最近变得很流行。让我们看看是否可以筛选出这些汽车的型号。细心的读者可能已经发现，这幅图并没有包括 R 语言中的 geom_smooth()方法。尽管当前的 ggplot 库（到 2014 年 2 月 11 日为止的 0.4.7 版）有对应的 stat_smooth()方法，但是这个版本仍有一些缺陷会导致画出错误的结果（这里没有显示）。

5. 为了去除混合动力汽车，我们创建 3 个布尔型数组。criteria1 数组选择数据框中的 fuelType1 为 Regular Gasoline、Premium Gasoline 或者 Midgrade Gasoline 的行。criteria2 数组保证 fuelType2 为 null，而 criteria3 保证 atvType 不是 Hybrid。我们可以对这 3 个布尔型数组进行 AND 逻辑操作，选取数据框中需要的行。

```
In [21]: criteria1 = vehicles.fuelType1.isin(["Regular Gasoline",
    ...: "Premium Gasoline", "Midgrade Gasoline"])
    ...: criteria2 = vehicles.fuelType2.isnull()
    ...: criteria3 = vehicles.atvType != "Hybrid"
    ...: vehicles_non_hybrid = vehicles[criteria1 & criteria2 &
    ...: criteria3]
    ...: len(vehicles_non_hybrid)
    ...:
Out[21]: 34990
```

6. 我们将得到的数据框按年份分组，然后计算每年的平均燃料效率，得到如下数据框：

```
In [22]: grouped = vehicles_non_hybrid.groupby(['year'])
    ...: averaged = grouped['comb08'].agg([np.mean])
    ...: print(averaged)
    ...:
```

上述命令产生下面的输出：

```
          mean
year
1984 19.121622
1985 19.394686
1986 19.320457
1987 19.164568
1988 19.367607
1989 19.141964
1990 19.031459
1991 18.838060
1992 18.861566
1993 19.137383
1994 19.092632
1995 18.872591
1996 19.530962
1997 19.368000
1998 19.329545
1999 19.239759
2000 19.169345
```

```
2001  19.075058
2002  18.950270
2003  18.761711
2004  18.967339
2005  19.005510
2006  18.786398
2007  18.987512
2008  19.191781
2009  19.738095
2010  20.466736
2011  20.838219
2012  21.407328
2013  22.228877
2014  22.279835
2015  22.424555
2016  22.749766
2017  22.804085
```

基于上述数据，我们看到即使除去混合动力车型，平均每加仑里程数仍有一个显著的上升。

7. 我们提出的下一个问题是：近年来大功率发动机的汽车是否越来越少？如果是这种情况，那么它可以解释平均每加仑里程数增加的趋势。首先，我们来验证更大功率发动机的汽车每千米里程数表现得更差。这我们需要看看 displ 变量，它代表按升计的发动机排量。注意，pandas 给出了关于这个变量包含多种数据类型的警告，因此我们先计算 displ 变量的不重复值。

```
In [23]: pd.unique(vehicles_non_hybrid.displ)
   ...:
Out[23]:
array([ 2. , 4.9, 2.2, 5.2, 1.8, 1.6, 2.3, 2.8, 4. , 5. , 3.3,
3.1, 3.8, 4.6, 3.4, 3. , 5.9, 2.5, 4.5, 6.8, 2.4, 2.9,
5.7, 4.3, 3.5, 5.8, 3.2, 4.2, 1.9, 2.6, 7.4, 3.9, 1.5,
1.3, 4.1, 8. , 6. , 3.6, 5.4, 5.6, 1. , 2.1, 1.2, 6.5,
2.7, 4.7, 5.5, 1.1, 5.3, 4.4, 3.7, 6.7, 4.8, 1.7, 6.2,
8.3, 1.4, 6.1, 7. , 8.4, 6.3, nan, 6.6, 6.4, 0.9])
```

8. 我们看到有些值不是数值型的，包括 nan 值。从 vehicles_non_hybrid 数据框中去掉那些 displ 和 comb08 为 nan 值的行。在这个过程中，我们用 astype 方法来保证各个值都是浮点型的。

```
In [24]: criteria = vehicles_non_hybrid.displ.notnull()
   ...: vehicles_non_hybrid = vehicles_non_hybrid[criteria]
   ...: vehicles_non_hybrid.displ =
```

```
vehicles_non_hybrid.displ.astype('float')
    ...:
```

```
In [25]: criteria = vehicles_non_hybrid.comb08.notnull()
    ...: vehicles_non_hybrid = vehicles_non_hybrid[criteria]
    ...: vehicles_non_hybrid.comb08 =
vehicles_non_hybrid.comb08.astype('float')
```

9．我们再次使用 ggplot 库来产生结果的散点图。

```
In [26]: ggplot(vehicles_non_hybrid, aes('displ', 'comb08')) +
geom_point(
    ...: color='steelblue') + xlab("Engine Displacement") +ylab(
    ...: "Average MPG") + ggtitle("Gasoline cars")
```

参见下图：

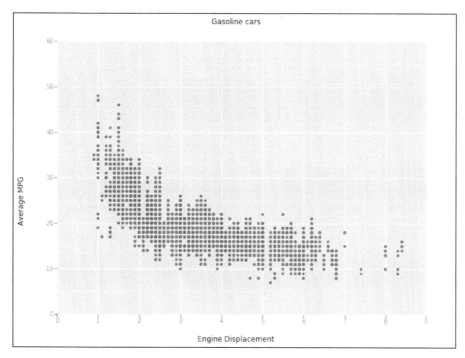

上图确定了燃料效率经济性和发动机排量之间的负相关性。下面需要解决的问题是：大功率发动机的汽车近年来是否制造得更少了？

10．让我们考察平均值来看近年来汽车是否越来越小：

```
In [27]: grouped_by_year = vehicles_non_hybrid.groupby(['year'])
    ...: avg_grouped_by_year = grouped_by_year['displ',
    ...: 'comb08'].agg([np.mean])
```

11. 下面，我们在同一幅图上画出各年平均 displ 值和平均 comb08 值来寻找趋势。我们需要将 avg_grouped_by_year 数据框从宽格式转化为长格式。

```
In [28]: avg_grouped_by_year['year'] = avg_grouped_by_year.index
    ...: melted_avg_grouped_by_year =
pd.melt(avg_grouped_by_year,id_vars='year')
```

接下来，我们创建分屏绘图。

```
In [29]: p = ggplot(aes(x='year', y='value', color = 'variable_0'),
    ...: data=melted_avg_grouped_by_year)
    ...: p + geom_point() + facet_wrap("variable_0")
```

参见下图：

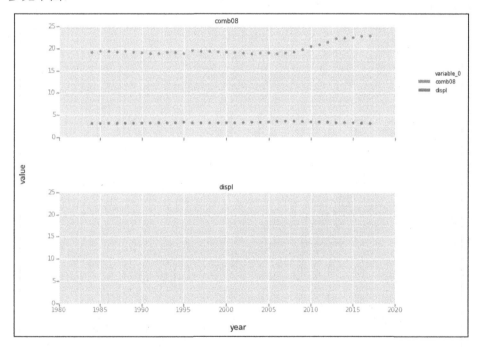

6.6.3　工作原理

忽略这些分析的结果，因为它们与 R 语言章节中的一样。真正有趣的部分是在本章中用到的很多重要的数据分析技巧。下面我们对各项技巧逐一分解。

首先最重要的，来看看我们用到的通用的数据分析模式：分割—应用—合并（split-apply-combine），这在前面部分中也提到过。当分析一个数据集时，经常需要根据一个或多个特征对数据进行分组，对分组的子数据集进行操作，然后将结果合并在一起。

在本章中，我们将数据按年份分组，计算各变量的均值，然后合并这些结果。在之前的章节中，我们用到了由 Hadley Wickham 开发的 plyr 包。通过 plyr，我们调用 ddply 函数传入需要分析的数据框，用来分组的某个特征或一组特征，以及用于各组数据的函数。ddply 函数返回最终结果数据框。仅需一行代码即可完成分割—应用—合并模式。

Python 中的 pandas 库采用一种略微不同的方法，它将 plyr 中单个函数调用的功能进行了拆分。首先我们根据某个特征对一个 pandas 对象（比如数据框）进行分组。正如 grouped_by_year =vehicles_non_hybrid.groupby(['year'])这行代码一样，我们根据 year 变量对 vehicles_non_hybrid 数据框进行分组。注意，并不限于根据某一个变量进行分组，也可以根据多个特征（比如年份和公司等）进行分组。

当我们有了 grouped_by_year 对象之后，就可以按需对各组进行遍历。

```
for (name, group) in grouped_by_year:
  print name
  print group
```

上述代码会打印各组的名字和对应的数据框。接下来，我们利用 NumPy 库的 mean 函数（np.mean）对 groupby 对象采用聚合（aggregate）方法。在下面的代码中，我们仅对一个变量聚合，即来自 grouped_by_year 数据框的 comb08。

```
averaged = grouped['comb08'].agg([np.mean])
```

在 pandas 中，这项非常稳定的分割—应用—合并功能内建到库中，我们这里只接触到它功能的很小一部分。

6.6.4　更多内容

我们用到了来自 yhat 的 ggplot 包，而不是历史更久的 matplotlib。*The Grammer of Graphics* 提供了一种非常简洁的描述图形的方式，尽管这种方式与 Python 风格迥异。在 *The Grammer of Graphics*（Leland Wilkinson, Springer）这本开创性的图书的封底上写道：

> "*The Grammar of Graphics* 为制作科学杂志、报纸、统计包和数据可视化系统中可以找到的几乎所有量化图形提供了独一无二的基础。这一工作已经切实地形成了数个可视化软件包，而且我们在本书中也集中描述了从数据中制作量化图形涉及的深层结构。那么制作饼状图、柱状图、散点图、函数图、地图、马赛克图和雷达图背后的原则是什么呢？"

ggplot2 包是 R 语言最大的资本。Python 现在也有了一个可以工作的 ggplot 克隆版。

不幸的是，正如本章中的一些经验显示的那样，Python 的 ggplot 库的功能现在还远不够完善。

因为 Python 的 ggplot 库仍在开发中（在平滑功能上遇到一些问题），你可能希望知道是否有一个 Python 库允许你在 Python 程序中直接使用 R。rpy2 包提供了从 Python 到 R 的底层和高层接口。底层接口与 R 的 C 语言应用编程接口有点相似，高层的接口将 R 对象作为 Python 类的实例。为了使用 rpy2，你需要保证系统中装有 R。你从 Python 中调用的任何包必须在 R 环境中正确安装！

6.7 用 Python 研究汽车的品牌和型号

为了继续对该数据集进行研究，我们将进一步深入探索不同品牌和型号的汽车，在重复之前章节步骤的同时将 R 语言转化为 Python。

6.7.1 准备工作

如果你成功完成了之前小节的工作，那么你应该已经一切准备完毕。

6.7.2 操作流程

接下来的步骤将带领我们完成数据探索。

1. 让我们来看看汽车的品牌和型号是如何影响燃料效率随时间变化趋势的。先考察 4 缸发动机汽车在美国市场各品牌和型号中出现的频率。为了选出 4 缸发动机汽车，我们先看看 cylinders 变量有哪些可能的值。

```
In [30]: pd.unique(vehicles_non_hybrid.cylinders)
    ...:
Out[30]: array([ 4., 12., 8., 6., 5., 10., 2., 3., 16., nan])
```

需要注意的是，4.0 和 4 列为不同的值。这提醒我们，在导入数据时，pandas 给出了一些变量包含混合数据类型的警告，其中一个变量就是 cylinders。

2. 将 cylinders 变量转化为浮点型，这样我们可以轻松地找到数据库子集。

```
In [31]: vehicles_non_hybrid.cylinders =
vehicles_non_hybrid.cylinders.astype('float')
    ...: pd.unique(vehicles_non_hybrid.cylinders)
    ...:
Out[31]: array([ 4., 12., 8., 6., 5., 10., 2., 3., 16., nan])
In [32]: vehicles_non_hybrid_4 =
```

```
vehicles_non_hybrid[(vehicles_non_hybrid.cylinders == 4.0)]
```

3. 现在，让我们看看各时间段有 4 缸发动机汽车的品牌数量。

```
In [35]: grouped_by_year_4_cylinder =
vehicles_non_hybrid_4.groupby(['year']).make.nunique()
    ...: fig = grouped_by_year_4_cylinder.plot()
    ...: fig.set_xlabel('Year')
    ...: fig.set_ylabel('Number of 4-Cylinder Makes')
    ...: print fig
```

注意，我们试着画了一个序列对象，所以从 ggplot 换到了 matplotlib。在 Python 中，代码中随处使用 import 语句被认为是一种不好的习惯。因此，我们会将 import 语句移到 IPython Notebook[①]的顶部。如果重启了 IPython Notebook，那么需记住执行顶部的 import 语句，这样剩下的代码才能正常运行。

参见下图：

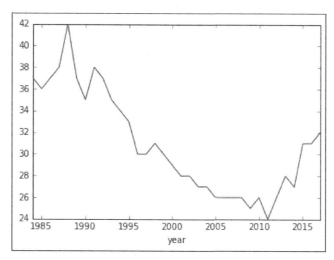

从上图可以看到，1980 年以来有 4 缸发动机的汽车品牌数量呈下降趋势。然而，需要注意的是，这幅图可能会造成误导，因为我们并不知道汽车品牌总数是否在同期也发生了变化。

4. 我们是否可以看一下本项目中每年都能得到的汽车品牌数呢？首先，我们希望得到各年都有 4 缸发动机汽车的品牌列表。为实现这一点，需要先找出每年的品牌列表。

```
In [36]: grouped_by_year_4_cylinder =
```

① 译者注：本书第 1 版介绍的是 IPython Notebook，第 2 版前几节用的是 Jupyter Notebook，所以这里可能写错了。

```
vehicles_non_hybrid_4.groupby(['year'])
    ...: from functools import reduce
    ...:
In [37]: unique_makes = []
    ...: for name, group in grouped_by_year_4_cylinder:
    ...: unique_makes.append(set(pd.unique(group['make'])))
    ...:
    ...: unique_makes = reduce(set.intersection, unique_makes)
    ...: print(unique_makes)
    ...:
{'Nissan', 'Chevrolet', 'Chrysler', 'Toyota', 'Honda', 'Dodge',
'Volkswagen', 'Jeep', 'Ford', 'Subaru', 'Mitsubishi', 'Mazda'}
```

我们发现，在此期间只有 12 家制造商每年都制造 4 缸发动机汽车。

5．现在，探索这些汽车制造商生产的发动机型号的燃料效率随时间的表现。这里，我们决定采用一种较复杂的方式。首先，创建一个空列表，最终用布尔值来填充。我们用 iterrows 生成器遍历中的各行来产生每行及其索引（在循环中不对索引进行任何操作）。然后判断每行中的品牌是否在此前计算的 unique_makes 集合中，再将此布尔值添加在 Boolean_mask 列表后面。当循环结束后，我们从数据框中选取在 unique_makes 集合中存在的品牌。

```
In [38]: boolean_mask = []
    ...: for index, row in vehicles_non_hybrid_4.iterrows():
    ...: make = row['make']
    ...: boolean_mask.append(make in unique_makes)
    ...:
    ...: df_common_makes = vehicles_non_hybrid_4[boolean_mask]
    ...:
```

6．将数据框按 year 和 make 分组，然后计算各组的均值：

```
In [39]: df_common_makes_grouped = df_common_makes.groupby(['year',
    ...: 'make']).agg(np.mean).reset_index()
```

7．用 ggplot 提供的分屏图来显示结果：

```
In [40]: ggplot(aes(x='year', y='comb08'), data =
    ...: df_common_makes_grouped) + geom_line() +
facet_wrap('make')
```

参见下图：

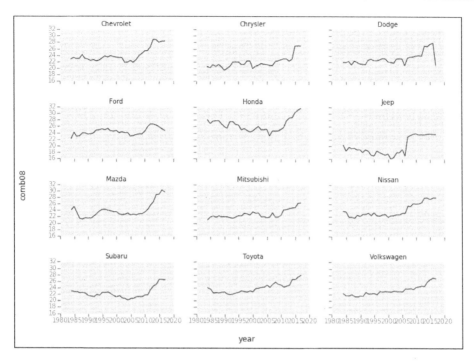

6.7.3　工作原理

很多步骤在进行过程中就已经详细解释了，此处不再赘述。但有几点值得指出：首先，你是否注意到在分割—应用—合并步骤的最后调用了.reset_index()？如下面的命令所示：

```
df_common_makes.groupby(['year','make']).agg(np.mean).reset_index()
```

当进行 groupby 操作时，pandas 会将分组关键词作为索引返回，而非单独的数据列。在有多个分组关键词的情况下，pandas 返回一个多层索引。不幸的是，这种结构不能用于 ggplot，我们需要通过.reset_index()方法告诉 pandas 将这些索引当作数据列来对待。

其次，我们用 for 循环遍历数据框的各行以确定品牌是否在 unique_makes 列表中。这段代码看起来有点冗长，事实上也确实如此。pandas 有很多的内置功能，我们可以用.isin()方法来实现行选择，如下所示：

```
test =

vehicles_non_hybrid_4[vehicles_non_hybrid_4['make'].isin(unique_makes
)]
```

如果你希望对数据框进行一个数据分析操作，那么多半已经有内建的方法可以实现它了。

　　从性能的角度讲，我们犯了一个明显的错误：用 for 循环对列表逐行添加会导致列表的大小随着每次循环逐渐增加。为了提升速度，我们应该事先分配其大小与数据框行数相同，填充有 false 布尔值的列表。提前分配数组是在很多语言中通用的加速代码执行的方法，这个技巧在 matplotlib 中特别实用。

　　为了完成找出数据中每年存在的品牌的交集操作，需要 Python 标准库 sets。我们再一次将 import 语句移到脚本的顶部来遵循 Python 代码的最佳方式。[1]

---

① 译者注：sets 是 Python 2.6 版本的标准库，但在之后的版本中变为内建类型，因此无需加载。

第 7 章
社交网络分析（基于 Python）

本章包含以下主要内容。

- 用 Python 进行社交网络分析的准备工作。
- 导入网络。
- 探索英雄网络的子图。
- 找出强关联。
- 找出关键人物。
- 探索全网特征。
- 社交网络中的聚类和社群发现。
- 可视化图。
- R 中的社交网络分析。

7.1 简介

归功于 Facebook 和 Twitter 这样的社交网站，社交网络已经成为现代生活必不可少的一部分。然而，社交网络并非一个新概念。关于社交网络的研究早在 20 世纪初期就开始了，特别是在社会学和人类学领域。它们在主流应用中的流行使得这类研究开始进入数据科学的范畴。

结果显示，社交网络作为人类行为的模型非常有趣。人类文明源自部族社会，邓巴数——假设任意时刻我们扩展的社交网络中人数上限为 150 人——已经被大多数活跃网络分析所证实。潜在的社交网络无处不在，不仅存在于流行的 Web 2.0 应用中。我们通过连接各种各样的网络管理我们的生活，因此这产生了大量有关联的、丰富的数据，它们可以预测自己和我们的社会关系。

网络，正如本章即将讨论的，采取一种以关系为中心的世界观。利用人与人之间关系（社交网络）的既有数据结构，我们可以用聚类技术对大型网络进行分析从而发现社群，洞察图中重要成员的作用，甚至通过关系推断来预测行为。这些分析在执法、选举预测、推荐和应用优化等领域中都有大量的实际应用。

这些分析的数学基础源自图论。因此，本章中的分析技术将集中在图的基数、遍历和聚类。为了介绍这些技术，我们会用到一个出色的 Python 库——NetworkX。我们会在网络的不同层面进行一些分析，比如个体层面的成对比较、组群层面的社群发现以及网络层面的凝聚力分析。最后，使用不同工具进行网络可视化，绘制图和子图。

理解图和网络

本章分析的基础源于图论——对于图的应用和性质的数学研究，最初受赌博概率的启发而研究。一般来讲，这涉及网络编码和图的测量属性。图论可以追溯到 1735 年欧拉对于七桥问题的研究工作。然而，近几十年以来社交网络的兴起，特别是计算机科学图形数据结构和数据库的发展，深刻地影响了这个学科。

让我们从传统的观点开始。网络与图的区别是什么呢？图作为术语可以用来表达变量和函数的视觉呈现、节点和边的数学概念，或者基于此概念的数据结构。类似地，网络作为术语也有多种定义，它可以是一个相互连接的系统，也可以是一种特殊形式的数学图。因此，不管是社交网络还是社交图，在这种情况下都是合适的名字，特别是我们在表达数学概念和数据结构时。

一个图是一个由一组节点（顶点）和它们间的连接（关系或边）构成的网络符号表示。更规范地说，图可以定义为 $G=(V,E)$，一个由有限多个节点［简写成 V(vertices)或者 $V(G)$］形成的集合和不分顺序的二元组数对 $\{u,v\}$ 形成的边［简写成 E（edges）或者 $E(G)$］所组成的实体，其中 $u,v \in V$。如下所示的图形应该已为读者所熟悉。

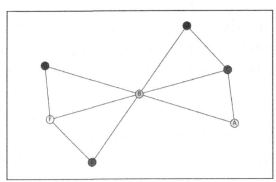

图既可以是有方向的，也可以是无方向的。有向图有着带顺序的关系，无方向的图可以看作是双向的有向图。社交网络中的有向图往往有着方向性的语义关系，比如"朋友"，尽管 Abe 可能是 Jane 的朋友，但 Jane 可能没有回应。无方向的社交网络有着更具一般性的语义关系，比如"认识"。任何有向图都可以转化为更为广义的无向图。在这种情况下，邻接矩阵变为对称的，所有的关系都是相互的。

邻接矩阵是二维图的表示方法，当 i 节点和 j 节点相连时，单元或者元素(i,j)的值记为 1，否则记为 0。这当然不是存储图信息最紧凑的方式；每对节点都需要用 1 字节来存储，即使大部分节点与其他多数节点并不相连。然而，这种表示在计算上非常有效率，也用在很多图算法中。在这种方式下，一个节点可以表示为它对应边的向量。下图所示的例子是一个由 4 个节点构成的无向图对应的很小的邻接矩阵。

```
     A    B    C    D
A    -    1    1    0
B    1    -    1    0
C    1    1    -    1
D    0    0    1    -
```

最后几个术语有助于我们后续的讨论。节点集的大小称为图的阶，边集的大小称为图的大小。在上述图中，阶数是 7，大小是 10。两个节点如果共享一条边则是相邻的，它们也叫相邻节点。一个节点的邻域是该节点连接的所有节点的集合。一个节点的度是其邻域的大小，即与该节点共享边的节点数量。

了解上述定义后，图论问题往往可以分为几种类别。存在类问题：需要确定某个节点、路径或者子图是否存在，尤其是当有限定条件时。构建类问题：在特定条件下基于给定的节点和路径的集合构建一个图。穷举类问题：确定在一组限定条件下的节点列表以及它们之间的关系。优化类问题：确定两个点之间的最短路径。

7.2　准备用 Python 进行社交网络的分析工作

Python 值得反复提及的核心优势之一，就是该语言有着大量优秀的预制包。幸运的是，网络分析也不例外。接下来的一节将帮助你装好本章中接下来需要用到的程序库。

7.2.1　准备工作

本章的任务需要用到的外部库包括：

- NetworkX
- Matplotlib
- Python-louvain

7.2.2 操作流程

我们还是用之前已经熟悉的步骤来为后面的几节做准备。

1．打开一个新的终端或者命令提示符，然后进入项目目录。

2．如果你使用的是虚拟环境，则激活它，然后输入下面的命令：

```
pip install networkx
```

如果你不是用虚拟环境，则你多半需要用到 sudo，输入如下命令：

```
sudo pip install networkx
```

3．安装 python-louvain 包。

```
pip install python-louvain
```

7.2.3 工作原理

NetworkX 是一个维护良好的，用来创建、操作、研究复杂网络结构的 Python 程序库。它支持图的快速创建，同时包括很多常用的图算法。特别地，NetworkX 补充了 Python 的科学计算工具集，如 SciPy/NumPy、matplotlib 和 Graphviz。它可以处理内存中 1000 万个节点、1 亿个连接的图。NetworkX 应该进入每个数据科学工作者的工具库。

NetworkX 和 Python 是进行网络分析的完美组合。NetworkX 用来处理大规模数据。库中的核心算法是通过极快的经典代码来实现的。其中图的存储结构非常灵活（节点可以是任意可散列类型的），而且有非常多的内建 I/O 格式。最后，利用 Python，你可以从互联网的数据库中获得并使用一系列的数据源。

Python-louvain 是一个目标单一的小型 Python 库，其作用是使用 Louvain 方法来发现社群。该方法在 *Fast unfolding of communities in large networks*(Journal of Statistical Mechanics: Theory and Experiment, 2008 (10))一文中有介绍，在 C++中同样可以实现。

7.2.4 更多内容

虽然我们在本章中仅用到了 NetworkX，但还有许多其他优秀的社交网络分析库也值得一提。首先，igraph 可以在 R 语言、Python 以及 C/C++中编程和调用，其底层工具出于性能考虑是用 C/C++构建的。第二个值得看的库是 graph-tool。它在支持 Python 调用之外，也可以在 C++中实现。一个额外的优势是，它可以在多核计算机上利用 OpenMP 实现并行化。

7.3　导入网络

我们在本章中将要探索的数据集非常有趣。它是由 Cesc Rosselló、Ricardo Alberich 和 Joe Miro 为了研究无序系统和神经网络而构建的漫威宇宙社交图（Marvel Universe Social Graph）数据集。通过汇集人物与他们出现的漫画创建了社交网络；结果显示，这个网络实际上模拟了真实世界的社交网络。从那以后，人们基于这个有名的数据集（以及其他扩展）进行了很多可视化工作。在本节中，我们将需要的数据导入 Python 环境中。

7.3.1　准备工作

当你安装了前述方法所需的库后，你需要用到本章提供的数据集。

7.3.2　操作流程

通过下述步骤导入数据。

1. 为了将图转化为 NetworkX 图表示，对数据库遍历并对每对英雄加边（在这个过程中自动创建节点）。

```
import networkx as nx
import unicodecsv as csv

def graph_from_csv(path):

    graph = nx.Graph(name="Heroic Social Network")

    with open(path, 'rU') as data:
        reader = csv.reader(data)
        for row in reader:
            graph.add_edge(*row)
    return graph
```

每一行是一个（hero,hero）元组。使用*row[1]表示法来展开元组，这样实际的函数定义是 graph.add_edge(hero,hero)。

2. 这个数据集较大，约为 21 MB，载入内存需要 1～2s 的时间，我们可以通过下面的命令计算图的大小和阶：

```
>>> graph.order() # graph.number_of_nodes()
```

---

① 译者注：Python 使用*操作符展开参数列表。

```
6426
```

```
>>> graph.size() # graph.number_of_edges()
```

```
167219
```

保存好这个函数，本章中接下来的大多数图需要用到它。

3．另一个用于生成社交网络的数据集会包括角色出现的漫画信息。这个格式需要一个略微不同的图形生成机制。

```
def graph_from_gdf(path):
    graph = nx.Graph(name="Characters in Comics")
    with open(path, 'rU') as data:
        reader = csv.reader(data)
        for row in reader:
            if 'nodedef' in row[0]:
                handler = lambda row,G: G.add_node(row[0],
                TYPE=row[1])
            elif 'edgedef' in row[0]:
                handler = lambda row,G: G.add_edge(*row)
            else:
                handler(row, graph)
    return graph
```

在 tab-separted value(TSV)文件中，在每行节点或者边定义前有一个标记 nodedef 或者 edgedef。当对每行循环时，我们根据是否看到标记来创建一个处理函数 lambda。然后，对处于标记下的每一行，我们就像在节点或者边的部分一样使用定义的处理函数。

4．用 NetworkX 自带的方法计算这个图的一些快速信息。

```
>>> nx.info(graph)
Name: Heroic SociaL Network
Type: Graph
Number of nodes: 6426
Number of edges: 167219
Average degree: 52.0445
```

注意，我们在实例化 nx.Graph 时加入了图的名称。这是一个可选功能，目的是为了更轻松地跟踪代码中的多个图。

7.3.3 工作原理

数据导入在任何数据科学项目中都可能是一个挑战，而且图的数据可能会有多种格式。本节中的数据很简单，它是一个英雄与英雄间相互"认识"关系的 TSV 文件。

此外，还有一个数据集通过加入他们关系的来源（即这些英雄一起出现的漫画书），扩展了这种"认识"关系。这种扩展通过漫画书与英雄网络之间的"出现"关系，在英雄与英雄的网络中增加了额外的跳转。扩展后的网络使得我们可以计算"认识"关系的强度。比如，英雄们共同出现的图画越多，他们的认识程度可能就越深。很有意思的是，这类数据库被证明对于社群发现和关系聚类很有效。

graph_from_gdf 函数决定我们是在读边还是节点，它通过新定义的 lambda 函数识别标记 nodedef 和 edgedef，判断各行中是节点还是边，从而正确处理 TSV 文件中的每一行。这个函数同样使得我们可以创建一个属性图。

属性图通过在节点和边上，甚至在图本身上包含关键字和键值对，延伸了我们当前对图的定义。属性图更具表现力，是许多图数据库的基础，因为它们可以为每个节点和关系保存更多的信息（从而可能成为传统关系数据库的替代品）。NetworkX 还允许对节点和边指定额外的属性。

> 注意 add_node 方法，额外的关键字参数保存为属性。在本例中，我们设置 TYPE 属性来表示该节点是漫画还是英雄。NetworkX 还支持使用 set_node_attributes(G,name,attributes) 和 get_node_attributes(G,name) 对节点进行批量设置和属性检索，它会返回一个字典将节点与请求的属性进行对应（或者将属性保存到节点的组）。

7.4 探索英雄网络的子图

前面导入的图对我们来说太大了，不方便获取个体层面的具体情况——尽管我们之后将进行整个族群和社群的有趣研究。为了快速看到一些有趣的东西，让我们先提取一个子图进行分析。在本例中，我们将在数据集中提取一个特定英雄的子图。当一个子图是以一个人或者活动者（actor）作为焦点产生时，它被称为一个自我网络（ego network）。事实上，一个自我网络的度可能是个体自身价值的一种度量！

7.4.1 准备工作

如果你已经完成了之前的小节工作，那么你应该已经为接下来的内容做好了准备。

7.4.2 操作流程

接下来的步骤将带领你从大的数据集中提取子图并进行自我网络的可视化。

1. 每个社交网络都有与节点数相同的中心点（ego）。与中心点相邻的节点叫作邻居节点（alters）。自我子图的定义以一个 *n* 步的领域作为边界，定义从中心点开始多少步内的节点包含在子图中。NetworkX 提供了一个非常简单的机制来提取自我图，如下面的命令所示：

```
>>> ego = nx.ego_graph(graph, actor, 1)
```

这个函数返回一个活动节点与所有相邻节点的子图，最大路径长度由第三个参数定义。

2. 为了画出自我网络的图，我们用到下面的函数：

```
def draw_ego_graph(graph, character, hops=1):
    """
    Expecting a graph_from_gdf
    """

    # 得到自我图和位置
    ego = nx.ego_graph(graph, character, hops)
    pos = nx.spring_layout(ego)
    plt.figure(figsize=(12,12))
    plt.axis('off')

    # 着色和布局
    ego.node[character]["TYPE"] = "center"
    valmap = { "comic": 0.25, "hero": 0.54, "center": 0.87 }
    types = nx.get_node_attributes(ego, "TYPE")
    values = [valmap.get(types[node], 0.25) for node in
    ego.nodes()]

    # 绘图
    nx.draw_networkx_edges(ego, pos, alpha=0.4)
    nx.draw_networkx_nodes(ego, pos,
                           node_size=80,
                           node_color=values,
                           cmap=plt.cm.hot, with_labels=False)

    plt.show()
```

3. 让我们从一步网络开始，看看 LONGBOW/AMELIA GREER 的自我网络。

```
>>> graph = graph_from_gdf('comic-hero-network.gdf'))
>>> draw_ego_graph(graph, "LONGBOW/AMELIA GREER")
```

上述命令会生成下图：

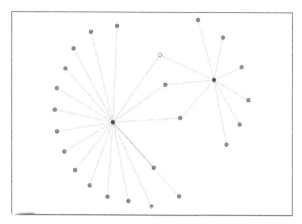

上图展示了一个一步自我网络，它是由扩展的漫画到英雄网络得来的。因为有两种不同类型的节点，所以我们在视觉上用颜色区分它们：橙色的节点代表角色，蓝色的节点代表漫画书。自我节点是白色的，代表 LONGBOW/AMELIA GREER 自己。

4. 让我们对相同的角色创建一个两步的自我网络：

```
>>> draw_ego_graph(graph, "LONGBOW/AMELIA GREER", 2)
```

上述命令会生成下图：

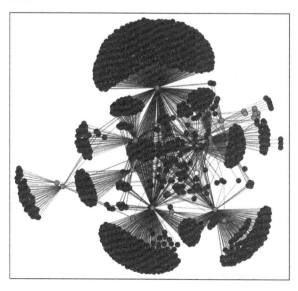

7.4.3　工作原理

Amelia Greer（也叫 Longbow）隶属于一个叫作 Harriers 的雇佣兵特种作战部队。他出现在两部漫威漫画中，特别是 1990 年 5 月发行的 The Uncanny X-Men Vol 1 #261。正如你在前面一步的网络图中看到的，他的自我网络非常紧密（包含 Harriers 组织的大多数成员）。

前面的两步网络明显扩展了网络容量。黑色的节点代表两步到达下一部漫画书的角色社群。即使是在这样一个小的自我网络中，集群也是很明显的。即使是一步网络，也可以很大程度上看出群组成员和一个角色的重要性。我们会在本章后续部分介绍如何构建这样的图。

7.4.4　更多内容

中心点本身可以作为网络的一部分，也可以不作为网络的一部分。事实上，对于中心点的成员测试并不重要，因为子图是基于中心点的邻域生成的。相反，去掉中心点反而可以显示网络的结构性构造。考虑下图中的社交网络：

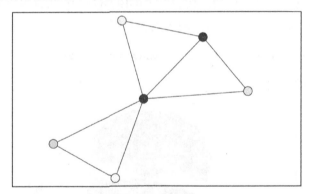

在上图中，中心点作为图的一部分，网络结构看起来是一个统一的整体。

正如你可以看到的，没有了中心点以后，孤立和明显的局外点变得很重要。聚合这些中心点附近的孤立点是发现群组成员和社群的方法。我们在接下来的章节会进行进一步研究。

7.5　找出强关联

目前，我们的英雄网络只度量了两个角色是否相互连接。这个计算很简单，只需判断他们是否出现在同一本漫画书中。我们假设在一本漫画书这样较小的时间、空间中，即使是客串也意味着角色彼此间有交流。然而，这并不能告诉我们对某个角色而言最重要的相关者是谁。

为了确定在自我网络中最重要的人物（或者决定两个角色间的相对亲密度），我们需要确定边的权重。因为边代表交流、从属或者社会关系，所以加入权重会决定两个角色相对于其他有相似联系角色的相对距离。在社交网络中，边权重的代表包括：

- 频率，比如两个角色交流的频次；
- 相互性，比如关系是否是相互的；
- 类型或者属性，比如结婚的角色间比大学室友的关系更强；
- 邻域的结构，比如共同朋友的数量。

在我们的英雄社交图中，我们会用一对角色同时出现的漫画书数量来代表二者关系强度。这看起来是合理的，如果一个反派角色和一个英雄角色多次在相同漫画中出现，那么他们的关系可能是宿敌，而不是简单的对抗关系！另一个例子是两个英雄经常一起出现，他们可能是一个英雄战队的成员（比如《复仇者联盟》）或者搭档关系（比如《冬兵》和《美国队长》）。

7.5.1 准备工作

如果你已经完成了之前几节的工作，那么应该为完成下面的任务已做好准备了。

7.5.2 操作流程

下面的步骤将带领我们找到网络中的强关联。

1. 为了计算关联，我们重新从漫画英雄网络数据集中创建英雄网络图。这意味着对整个图进行计算（比如，我们会对图中的每个节点进行遍历），因而我们需要用一种节省内存的遍历方法，并把中间结果保存到硬盘。下面是完整的代码，我们可以逐行地看下去。

```
def transform_to_weighted_heros(comics):
    # 创建一个新的空图
    heros = nx.Graph(name="Weighted Heroic Social Network")
    # 遍历所有的节点及其属性
    for node, data in graph.nodes(data=True):
        # 我们只关心英雄，不关心漫画书
        if data['TYPE'] == 'comic': continue
        # 添加所有的英雄和属性 (这也会更新数据)
        heros.add_node(node, **data)

        # 找到所有通过漫画书连接的英雄
        for comic in graph[node]:
```

```
                    for alter in graph[comic]:
                        # 跳过当前英雄
                        if alter == node: continue

                        # 创建默认边
                        if alter not in heros[node]:
                            heros.add_edge(node, alter, weight=0.0,
                            label="knows")

                        # 英雄的权重是漫画书的度的倒数除以 2
                        heros[node][alter]["weight"] += 1.0 /
                        (graph.degree(comic) *2)
            return heros
```

2. 让我们来看看 Longbow 的社交权重图。

```
def draw_weighted_ego_graph(graph, character, hops=1):
    # 图和位置
    ego = nx.ego_graph(graph, character, hops)
    pos = nx.spring_layout(ego)
    plt.figure(figsize=(12,12))
    plt.axis('off')

    # 着色和布局
    ego.node[character]["TYPE"] = "center"
    valmap = { "hero": 0.0, "center": 1.0 }
    types = nx.get_node_attributes(ego, "TYPE")
    values = [valmap.get(types[node], 0.25) for node in
    ego.nodes()]
    char_edges = ego.edges(data=True, nbunch=[character,])
    nonchar_edges = ego.edges(nbunch=[n for n in ego.nodes()
    if n != character])
    elarge=[(u,v) for (u,v,d) in char_edges if d['weight'] >=0.12]
    esmall=[(u,v) for (u,v,d) in char_edges if d['weight'] < 0.12]
    print set([d['weight'] for (u,v,d) in char_edges])

    # 绘图
    nx.draw_networkx_nodes(ego, pos,
                            node_size=200,
                            node_color=values,
                            cmap=plt.cm.Paired,
                            with_labels=False)

    nx.draw_networkx_edges(ego,pos,edgelist=elarge,
                            width=1.5, edge_color='b')
```

```
nx.draw_networkx_edges(ego,pos,edgelist=esmall,
                        width=1,alpha=0.5,
                        edge_color='b',style='dashed')
nx.draw_networkx_edges(ego,pos,edgelist=nonchar_edges,
                        width=0.5,alpha=0.2,style='dashed')
plt.show()
```

上述命令会产生下面的图：

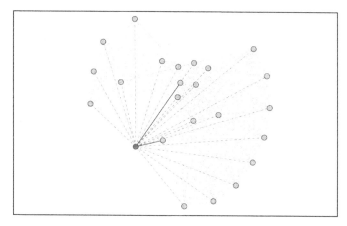

如上图所示，Longbow 有两个强关联（由粗的深蓝色线表示）。这很合理，因为她仅与两个角色共同出现在两本漫画书中。与她直接相连的其他角色用淡蓝色的虚线表示较弱的关联。

注意，所有在这个自我网络中出现的其他角色也与相关角色相连（由淡灰色的虚线表示）。我们已经可以开始看到聚类，随着不同漫画书中的角色已经移动到 Longbow 的红色节点的左右两侧。与两本漫画书中的角色都有联系的角色处于中间位置。

7.5.3 工作原理

transform_to_weighted_heros 函数是该范例的关键，我们逐行进行解释。首先，创建一个空图来添加我们的转化。注意，在 NetworkX 中，有诸如 create_empty_graph 和 Graph.subgraph 这样的函数；但前者不会将数据转化成我们需要的格式，而后者会转化太多的数据。我们遍历原图中的所有节点，跳过漫画书。注意，我们使用 heros.add_node 方法会添加两次英雄，因为每当我们增加一条不存在的边时，它都会创建节点。然而，为了保证获取所有的数据，我们可以对每个英雄调用 add_node，它会对已经在图中的节点仅进行更新属性的处理。

下面，我们将英雄根据他们在漫画书中的关系进行连接。我们会聚集所有连接到当前英雄所在漫画书中的英雄（跳过当前的英雄来防止自循环）。如果没有边，我们会在添加权重计算前创建一个默认。分配的权重与一本漫画书中的角色人数有关。它背后的逻辑是：如果一本漫画书中的角色越多，那么它们的连接越松散。因此，我们将漫画书的度的倒数除以 2，作为我们的权重。除以 2 对于无向图是必需的，否则我们的权重会加倍！

7.5.4　更多内容

给边加权重对基于图进行预测非常有必要，一部分是因为它们支持对关系进行排序，更主要是因为它们可以反映社交网络背后的语义关联。预测基于能够产生同质性的关系——这是一种相同兴趣的人会聚在一起的倾向性，它导致同质的组或者聚类的形成。同质化的关系可强可弱，比如同一所学校的人比同一座城市的人代表更强的关联。

传递性是一种让我们可以进行预测的边的性质。简单来说，它提供了一种三元闭包理论的基础。如果节点 A 和 B 是相互连接的，并且 A 和 C 也是相互连接的，那么很可能 B 和 C 也是相互连接的。传递性是强关联存在的证据，但是并非充分或者必要条件。它也可能同样应用于弱关联。

另外，桥梁是跨组连接节点的边。桥梁加速了集群的交流，而且经常是弱关联或者异质化关系的产物。知道并理解这些属性对于洞察关键点和预测图的未来变化是至关重要的，因为它们往往与你所研究的特定社交图有关。

7.6　找出关键人物

在之前的一节中，我们开始探索社交网络中的自我网络和个体间强关联。我们开始观察与其他角色有强关联的角色创造出的以自己为中心的集群。这引出一个明显的问题：谁是图中的"关键人物"，他有着怎样的吸引力？通过几个指标——度中心性、中介中心性、紧密中心性和特征向量中心性——决定一个节点的重要性或者描述节点的"中心性"。

7.6.1　准备工作

如果你已经完成了之前几节的工作，你应该为完成下面的内容做好了准备。

7.6.2　操作流程

接下来的步骤将识别出漫画书角色网络中的关键人物。

1. 为了找到英雄网络中的前 10 位节点，我们计算节点的度并对其进行排序。

```
import operator
```

```
>>> degrees = sorted(graph.degree().items(),
key=operator.itemgetter(1), reverse=True)

>>> for node in degrees: print node
```

2．此外，我们计算图中一个节点连接的其他节点占总节点数的百分比。NetworkX
提供了一个有用的函数 degree_centrality 来完成这项工作。同时，我们可以将其设为节点
的一个属性以便查询。

```
>>> centrality = nx.degree_centrality(graph)

>>> nx.set_node_attributes(graph, 'centrality', centrality)

>>> degrees = sorted(centrality.items(), key=itemgetter(1),
reverse=True)

>>> for item in degrees[0.10]: print "%s: %0.3f" % item
```

上述命令给出了数据库中前 10 位关键人物。很明显，他们都是漫威宇宙中最有影响
力的角色。

```
1.   CAPTAIN AMERICA:       0.297 (1908)
2.   SPIDER-MAN/PETER PAR: 0.270 (1737)
3.   IRON MAN/TONY STARK : 0.237 (1522)
4.   THING/BENJAMIN J. GR: 0.220 (1416)
5.   MR. FANTASTIC/REED R: 0.215 (1379)
6.   WOLVERINE/LOGAN :      0.213 (1371)
7.   HUMAN TORCH/JOHNNY S: 0.212 (1361)
8.   SCARLET WITCH/WANDA : 0.206 (1325)
9.   THOR/DR. DONALD BLAK: 0.201 (1289)
10.  BEAST/HENRY &HANK& P: 0.197 (1267)
```

这些角色通过很高的连接数有着巨大的影响力，因为平均的节点度仅为 52.045！同
时，我们也可以创建一个连接数的直方图。在展示直方图前，请注意：NetworkX 中的一
个函数 degree_histogram 可以返回一个节点度的频数列表。然而，在本例中，该列表的
索引是度的值，组距为 1，这意味着该列表长度可以非常长（Order(len(edges))）。用
graph.degree().values()更有效率，特别是对于我们将见到的社交网络图来说。

3．通过下面的小程序，你可以看到顶级角色在影响力上是多么出众。

```
>>> import matplotlib.pyplot as plt
>>> plt.hist(graph.degree().values(), bins=500)
>>> plt.title("Connectedness of Marvel Characters")
>>> plt.xlabel("Degree")
```

```
>>> plt.ylabel("Frequency")
>>> plt.show()
```

上述程序会输出下图：

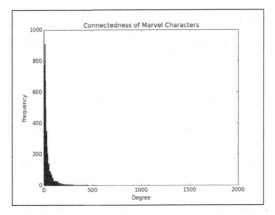

4．事实上，你可以过滤掉那些节点度大于 500 的角色，它大概占 1%。这样的过滤返回了 98.8% 的角色。

```
>>> filter(lambda v: v < 500, graph.degree().values())
```

如果这样做，曲线会变得更加明显：

```
>>> import matplotlib.pyplot as plt
>>> plt.hist(graph.degree().values(), bins=500)
>>> plt.title("Connectedness of Marvel Characters")
>>> plt.xlabel("Degree")
>>> plt.ylabel("Frequency")
```

上述命令会给出如下输出：

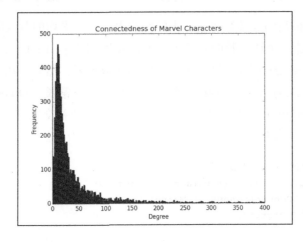

5. 为了计算其他的中心性指标，我们使用 NetworkX 的内建函数。用如下函数计算中介中心性：

```
>>> centrality = nx.betweenness_centrality(graph)
>>> normalized = nx.betweenness_centrality(graph, normalized=True)
>>> weighted   = nx.betweenness_centrality(graph, weight="weight")
```

上述函数使得你可以计算中介中心性（稍后会进一步讨论），它可以被归一化或者加权。

6. 为了计算紧密中心性，我们可以使用与中介中心性相似的函数：

```
>>> centrality = nx.closeness_centrality(graph)
>>> normalied  = nx.closeness_centrality(graph, normalized=True)
>>> weighted   = nx.closeness_centrality(graph, distance="weight")
```

7. 计算特征向量中心性，在 NetworkX 中有两种选择：

```
>>> centrality = nx.eigenvector_centality(graph)
>>> centrality = nx.eigenvector_centrality_numpy(graph)
```

8. 为了在图上轻松地探索这些中心性指标，让我们创建一个函数来输出基于中心性指标的前 10 个节点。

```
def nbest_centrality(graph, metric, n=10, attribute="centrality",
**kwargs):
    centrality = metric(graph, **kwargs)
    nx.set_node_attributes(graph, attribute, centrality)
    degrees = sorted(centrality.items(), key=itemgetter(1),
reverse=True)
    for idx, item in enumerate(degrees[0:n]):
        item = (idx+1,) + item
        print "%i. %s: %0.3f" % item
```

9. 现在，我们用这个函数根据它们的中心性找出 nbest（默认为前 10 位）节点。用法如下：

```
>>> nbest_centrality(graph, nx.degree_centrality)
>>> nbest_centrality(graph, nx.betweenness_centrality,
normalized=True)
>>> nbest_centrality(graph, nx.closeness_centrality)
>>> nbest_centrality(graph, nx.eigenvector_centrality_numpy)
```

7.6.3　工作原理

很明显，漫威宇宙中有更多的小角色，而主要角色大概只有 100 个。有趣的是，这与真实世界很相似！在真实世界的社交图中，大多数人只有很少的连接，相对少的顶层人物有着很多的关系。我们直观上就可以理解。这前 1% 的人，我们称之为社交明星。

事实上，名人是极端的异常情况，他们在社交图中有着很强的影响力，我们将他们称为"超级节点"。超级节点有着这样的性质：对于足够大的步距，所有图的遍历都会不可避免地通过超级节点找到最短路径。这对于计算来说是非常不好的。即使是之前的 Longbow 图，也有巨大的计算延时，因为 Longbow 连接到了两个超级节点：《金刚狼》和《琴·格雷》，这为画图带来了很大困难。除了是 Kevin Bacon 六度分离理论的证据以外，处理超级节点也是图计算的重要部分。

在天平的另一边，我们可以计算这个社交网络的邓巴数。邓巴（Dunbar）发现并测量了大脑新皮层容量与社交群组大小的相关性，这不仅适用于人类社群，而且也适用于其他灵长类。要计算这个数字，我们不能简单地对所有节点的度计算平均数，因为数据集严重左偏。我们计算均值、众数和中位数，作为对邓巴数的推论。稍后，会看到用加权的关系来进一步推出强关联。

```
>>> import numpy as np
>>> import scipy.stats as st
>>> data = np.array(graph.degree().values())
>>> np.mean(data)
52.0445066916
>>> st.mode(data)
(array([ 11.]), array([ 254.]))
>>> np.median(data)
20.0
```

尽管漫画书英雄的邓巴数看起来要远低于典型的社交图，但它与自然尺度图成比例（考虑到你高中的社交图多半要比成人社交图小得多）。看起来英雄的邓巴数在 11～20 之间。这是否是因为外星人或者变异人的大脑新皮层容量比人类要小呢？或者，是我们的英雄因为他们的能力而自然被隔离了呢？

7.6.4　更多内容

最常见可能也是最简单地找到一个图中关键人物的技术就是测量每个节点的度。节点的度是确定一个节点如何连接的信号，也可以是影响力或者受欢迎程度的象征。最多连接的节点最起码是传递信息最快的，或者对其社群最有影响力的。节点度的度量往往受到稀释，因此用统计技巧对数据集进行标准化会有帮助。

中介中心性

一条路径是在开始节点和终止节点间的节点序列，同一节点在路径上不能出现两次。路径是由包含的边数来测量的（也叫步数）。对两个给定节点最令人感兴趣的路径是最短路径，比如要达到另一个节点需要的最少边数，它也称为节点的距离。

注意，路径长度可以为 0，即一个节点到它自己的距离。考虑下图：

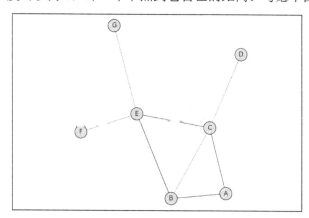

在 D 和 F 间的最短距离是{D,C,E,F}路径，距离为 3。另外，A 到 E 之间的最短路径有两条{A,C,E}和{A,B,E}，它们的距离都是 2（在图中由紫色和红色分别标出）。

寻找两个节点间的最短路径会产生上一节中的一个问题。如果关键节点经常在最短路径中出现，那有没有一个基于最短路径的中心性指标呢？答案是肯定的。中介中心性识别出那些比其他节点更容易出现在最短路径中的节点。这不仅对于发现社交图中的较强节点有用，而且对于发现那些当去掉中心节点时需要砍掉的弱节点也很有帮助。

中介中心性的计算是这样的：对于一个节点 v，中介中心性定义为两个节点间最短路径通过 v 的比例之和。中介中心性可以通过图中的节点数进行标准化，或者用边的权重进行加权。

```
>>> centrality = nx.betweeenness_centrality(graph)
>>> normalied   = nx.betweenness_centrality(graph, normalized=True)
>>> weighted    = nx.betweenness_centrality(graph, weight="weight")
```

上述命令会给出下面的输出：

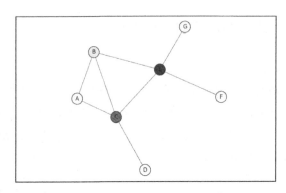

当对这个例子中的图计算中介中心性时，我们可以看到 B 和 C 有着很好的中心性分数（分别为 0.1 和 0.433）。这是因为它们位于网络的中间。而 E 有着 0.6 的中心性分数，因为 E 连接了网络的两个不同部分（没有到 G 和 F 的其他路径）。

与之前一样，我们可以检查英雄图的中介中心性，发现那些有着最高中介中心性的英雄。

这个计算极为耗时，在你的电脑上可能要花费很长的时间。

```
>>> nbest_centrality(graph, nx.betweenness_centrality, normalized=True)
```

输出如下：

```
1.   SPIDER-MAN/PETER PAR:   0.074
2.   CAPTAIN AMERICA:        0.057
3.   IRON MAN/TONY STARK:    0.037
4.   WOLVERINE/LOGAN:        0.036
5.   HAVOK/ALEX SUMMERS:     0.036
6.   DR. STRANGE/STEPHEN:    0.029
7.   THING/BENJAMIN J. GR:   0.025
8.   HAWK:                   0.025
9.   HULK/DR. ROBERT BRUC:   0.024
10.  MR. FANTASTIC/REED R:   0.024
```

与节点度中心性结果相比，这些数字很不同。《蜘蛛侠》和《美国队长》在第一、二名间调换了位置，但仍与《钢铁侠》一起占据前三名。《金刚狼》上升到第四名。《神奇先生》和《石头人》名次下降了。有趣的是，《鹰眼》《绿巨人》《奇怪博士》和《蹂躏者》出现在榜单中，取代了《野兽》《雷神》和《绯红女巫》。而《霹雳火》尽管很受欢迎，但却不能够将角色连接在一起！

紧密中心性

另一个中心性度量是紧密度，用一种统计的观点来看待特定节点 v 的向外路径。从 v 出发到达任何其他节点的平均步数是多少？这可以简单地通过计算到图中所有其他节点平均距离的倒数得到。如果图中的所有节点都是相连的，那么它可以用 $n-1/size(G)-1$ 来标准化，其中 n 是邻域内所有节点数。倒数保证了越近的节点（比如越少的步数）分数越好，就像在其他的中心性分数一样更接近 1。

```
>>> centrality = nx.closeness_centrality(graph)
>>> normalied  = nx.closeness_centrality(graph, normalized=True)
>>> weighted   = nx.closeness_centrality(graph, distance="weight")
```

当我们对英雄的社交网络计算这个参数时，你会再次发现这需要一段时间。然而，如果你用了标准化的方法，则这个过程可以大大加快。

```
>>> nbest_centrality(graph, nx.closeness_centrality)
1.   CAPTAIN AMERICA:       0.584
2.   SPIDER-MAN/PETER PAR:  0.574
3.   IRON MAN/TONY STARK :  0.561
4.   THING/BENJAMIN J. GR:  0.558
5.   MR. FANTASTIC/REED R:  0.556
6.   WOLVERINE/LOGAN :      0.555
7.   HUMAN TORCH/JOHNNY S:  0.555
8.   SCARLET WITCH/WANDA :  0.552
9.   THOR/DR. DONALD BLAK:  0.551
10.  BEAST/HENRY &HANK& P:  0.549
```

我们又一次回到了最初通过节点度中心性获得的榜单。Kevin Bacon 法则适用于这种情况。这些非常受欢迎的超级节点明星们有着最多的连接，也意味着他们有能力以最快的时间到达所有的其他节点。然而，在我们的较小网络中可能会不一样。

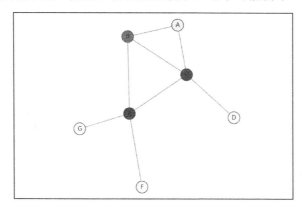

这里，我们看到按照紧密度来讲 C 和 E 是最中心的节点，它们到达所有节点的总距离相同。与 C 和 E 相比，B 没有那么近，但也比较好。因为有两个连接，所以 A 比 D、G 或 F 能更快到达网络中的其他节点。

特征向量中心性

一个节点 v 的特征向量中心性与其相邻节点中心性分数之和成比例。比如，你连接的人越重要，你也越重要。这种中心性的度量很有趣，因为一个有着少量很有影响力的人物会比那些有着很多普通联系人的人物排名更靠前。对于我们的社交网络来说，这会使我们获得英雄团队下的明星结构，并且发现到底是谁将社交图维系在一起的。

为了计算特征向量中心性，需要计算出使得图的成对邻接矩阵特征分解最大的参数。特征向量的第 i 个元素给出了第 i 个节点的中心性分数。如果你熟悉 Google 的 PageRank 算法，那么对这个算法也不算陌生。事实上，PageRank 是一个改进的特征变量中心性度量，Google 使用概率对随机矩阵计算特征分解，代替了对邻接矩阵的计算。

邻接矩阵是二维矩阵，每个节点的向量是一个表示该节点是否与其他节点共享边的标记。无向图总有对称的邻接矩阵，而有向图可能更复杂。以本节中这个简单的图为例，下面是对应的邻接矩阵：

	A	B	C	D	E	F	G
A	-	1	1	0	0	0	0
B	1	-	1	0	1	0	0
C	1	1	-	1	1	0	0
D	0	0	1	-	0	0	0
E	0	1	1	0	-	1	1
F	0	0	0	0	1	-	0
G	0	0	0	0	1	0	-

然而，我们不会用这个算法计算特征向量中心性。作为替代，我们依赖于 NetworkX 中内建的图算法。这里，我们有两个选择来计算特征向量中心性。

```
>>> centrality = nx.eigenvector_centality(graph)
>>> centrality = nx.eigenvector_centrality_numpy(graph)
```

第一个选择是用 power 法来找特征向量，这种方法只会跑到指定的最大迭代数，不保证收敛。第二种选择会用到 NumPy 的特征值求解。如果希望得到完整结果，你应当使用第二种算法。NumPy 版本会一直继续直到收敛，这意味着可能因为输入数据的状况而卡住。同时，NumPy 版本可能对解过度拟合。然而，使用 power 法的第一个原因是速度。一般情况下，power 法比 NumPy 方法求解特征值会更快，因为它预定迭代步数。解法的这些属性完全取决于图的大小（输入数据）。对于较大的图，你可能必须使用 power 法，因为任何别的方法都可能是无法解决的。

注意，有对应的 pagerank 和 pagerank_numpy 模块函数来计算这些得分。下面让我们看看英雄们的成绩：

```
>>> nbest_centrality(graph, nx.eigenvector_centrality_numpy)
1.   CAPTAIN AMERICA:       0.117
2.   IRON MAN/TONY STARK:   0.103
3.   SCARLET WITCH/WANDA:   0.101
4.   THING/BENJAMIN J. GR:  0.101
5.   SPIDER-MAN/PETER PAR:  0.100
6.   MR. FANTASTIC/REED R:  0.100
7.   VISION:                0.099
8.   HUMAN TORCH/JOHNNY S:  0.099
9.   WOLVERINE/LOGAN:       0.098
10.  BEAST/HENRY &HANK& P:  0.096
```

我们的前 10 名名单再一次有了很大的变化！《美国队长》再次夺得第一，但是《蜘蛛侠》下降了不只一位，掉到了列表一半的位置。《绯红女巫》和《钢铁侠》的排名上升了。出人意料的是，有一个新的角色——《幻视》进入了名单。我们较小的图更加强化了对节点的排名：

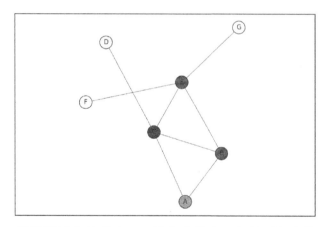

现在，B 和 C 是最强排名的节点。E 排名也很高，但是不如之前认为的那么重要。A 比之前的排名更重要。此外，F、D 和 G 的中心性分数都大于 0，这可能对确定阈值很重要。

决定中心性算法

那么，你应该用哪一种中心性的度量呢？这取决于你要找什么，因为每一种中心性计算方式都被用来处理社交网络的不同特征。接下来是中心性的一些指标。

- **度**：这是一个受欢迎程度的指标，它确定节点在局部区域（比如邻域）快速传递信息的能力上较为有用。考虑明星节点，他们可以直接到达很多人。
- **中介性**：这显示了哪些节点可能成为信息的通路，并能确定如果节点去掉时图分裂的地方。它也可以用来表示到达网络中其他族群和群组的直接路径。
- **紧密度**：这是一种到达的指标，表示信息从该节点能以多快的速度扩散到所有的其他节点。有着最中心紧密度的节点在广播通信过程中有着最短的时间。
- **特征向量**：这是一种相互影响的指标。谁是离图中最重要人物最近的人？该指标可用于展示背后的实力，或者展示受欢迎度之外的相对影响力。

对很多分析而言，一个社交网络中所有的紧密度指标都可以得到重要的结果。

7.7　探索全网特征

在下面几节中，我们将社交网络作为整体进行刻画，而非着眼于个体。这项任务往往要晚于了解最重要的节点，但这是一个鸡生蛋蛋生鸡的问题；对关键人物的分析可以帮助决定用什么技术分析并拆分整个图，反之亦然。

7.7.1　准备工作

如果你已经完成了之前几节的工作，那么你应该为完成下面的内容做好了准备。

7.7.2　操作流程

接下来的步骤会带领我们对整个图级别特征进行第一次探索。

1. 计算整个网络和自我图的密度。

```
>>> nx.density(graph)
0.00810031232554
>>> ego = nx.ego_graph(graph, "LONGBOW/AMELIA GREER")
>>> nx.density(ego)
0.721014492754
```

如你所见，我们的英雄社交网络不是很密集，作为整体不是很抱团。然而，Longbow 的社交网络则非常致密且成派系。一般来讲，密度用来对比整个网络的子图（比如自我图），而不是作为特定图自身行为的模型。

2. 图也可以用距离来进行分析（两点间的最短路径）。一个图的最长距离叫作社交图的直径，它代表图中最长的信息流。一般而言，不那么致密（稀疏）的社交网络比更致密的网络有着更大的直径。此外，平均距离是一个令人感兴趣的指标，它可以提供节点间距离的信息。

```
>>> for subgraph in nx.connected_component_subgraphs(graph):
...       print nx.diameter(subgraph)
...       print nx.average_shortest_path_length(subgraph)
diameter: 5
average distance: 2.638
```

注意，我们的英雄社交图不是全连通的，存在一些孤立的子图。因此，我们用生成器 generator nx.connected_component_subgraphs 来获取各子图。你可以用 nx.is_connected (G)来测试社交图是否连通，并用 nx.number_connected_components 来确定组成部分的数量。在英雄社交图中，有 4 个部分，但只有两个有足够多的节点。

3．计算网络的相互性，即相互关系的数量（比如是否存在双向连接）占社交网络总关系数的比例。现在，NetworkX 没有内建的方法来完成这个计算。然而，可以用 Graph 的子类 NetworkX.DiGraph 来完成这个方法。

```
>>> unigraph = digraph.to_undirected()
>>> return len(unigraph.edges()) / len(digraph.edges())
```

to_undirected 方法中的相互性标识保证了只有那些在两个方向都出现的边才会保留下来。

这个方法只对有向图有效。不幸的是，我们的英雄网络是完全相互的，因为我们用"认识"作为相互关系，它的相互性为 1.00。

7.7.3　工作原理

在本节中，我们考察了 3 种不同图的性质。网络密度是网络边数占网络全部可能边数的比例。对无向图而言，在一个有着 n 个节点的图中可能的边数为 $n(n-1)/2$（对于有向图去掉分母）。全连通网络（所有节点彼此都有边相连）的密度为 1，它通常被称为团。

我们最后讨论的社交网络度量是相互性。这是相互关系的数量（比如存在双向连接）占社交网络总关系数的比例。这只对有向图有意义。比如，Twitter 社交网络是一个有向图，你可以关注其他人，但是这不意味着他们也会关注你。由于我们的英雄社交网络是无向的，所以我们不能进行这项计算。

7.8　社交网络中的聚类和社群发现

图呈现出聚类的行为，而发现社群是社交网络的重要任务。一个节点的聚类系数是该节点领域的三元闭包数（封闭的 3 个节点）。这是一个可传递性的表达式。有着较高可传递性质的节点显示出更高的次密度。如果完全闭合，那么可以组成团从而识别为社群。在本节中，我们会看到社交网络中的聚类和社群发现。

7.8.1 准备工作

你仍需用到 NetworkX，并且在本章中会第一次用到 python-louvain 库。

7.8.2 操作流程

以下步骤会指导你进行社交网络中的社群发现。

1. 开始一些聚类。python-louvain 库利用 NetworkX 来实现 louvain 方法的社群发现。下面是一个简单的对一个小的内建社交网络进行聚类分割的例子：

```python
G = nx.karate_club_graph()

# 首先计算最优分区
partition = community.best_partition(G)

# 绘图
pos = nx.spring_layout(G)
plt.figure(figsize=(12,12))
plt.axis('off')

nx.draw_networkx_nodes(G, pos, node_size=200,
cmap=plt.cm.RdYlBu, node_color=partition.values())
nx.draw_networkx_edges(G,pos, alpha=0.5)
plt.savefig("figure/karate_communities.png")
```

下面是结果图，灰色和其他颜色表示不同的分割：

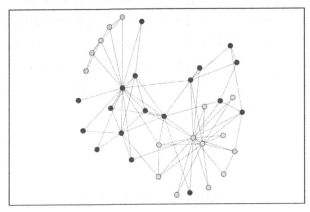

这很棒！我们可以看到有黄色、淡蓝色和深红色的团，但是深蓝色的节点比较同构。我们后面会谈到如何使用 matplotlib 进行图形可视化。

2．为了对漫画书中的角色进行划分，我们会对每个节点进行划分。随后检查每个划分的相对大小。

```
>>> graph = graph_from_csv(HERO_NETWORK)
>>> partition = community.best_partition(graph)
>>> print "%i partitions" % len(set(partition.values()))

25 partitions
>>> nx.set_node_attributes(graph, 'partition', partition)
```

如你所见，louvain 法在没有使用我们的社交图的情况下发现了 25 个族群。

3．为了检查每个社群的相对大小，直方图可能有所帮助。如下函数可用于创建直方图：

```
import matplotlib.pyplot as plt

def communities_histogram(graph):
graph, partition = detect_communities(graph)
numbins = len(partition.values())

plt.hist(partition.values(), bins=numbins), color="#0f6dbc")
plt.title("Size of Marvel Communities")
plt.xlabel("Community")
plt.ylabel("Nodes")

plt.show()
```

这会产生下图：

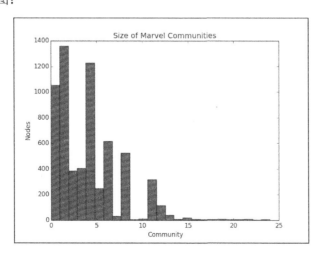

其中共有 3 个主要的族群，每个包含超过 1000 个节点。然而，我们也有 8 个大概 400 个角色的中等规模族群。其他的族群则要小得多，但看起来，漫威社交图确实是一个真实世界和小世界图，这与人类文明中观察到的自然社交网络很相似！

4. 另一个基于面积的可视化漫威漫画社群规模的方法是用气泡图。每个气泡的面积代表其对应社群的规模。下面这样的图经常用于将大图根据社群拆分为子图。为了完成上述功能，将下面的函数加入你的源代码中：

```python
def communities_bubblechart(graph):
graph, partition = detect_communities(graph)

parts = defaultdict(int)
for part in partition.values():
    parts[part] += 1

bubbles = nx.Graph()
for part in parts.items():
    bubbles.add_node(part[0], size=part[1])
pos = nx.random_layout(bubbles)
plt.figure(figsize=(12,12))
plt.axis('off')

nx.draw_networkx_nodes(bubbles, pos,
    alpha=0.6, node_size=map(lambda x: x*6, parts.
    values()),
    node_color=[random.random() for x in parts.values()],
    cmap=plt.cm.RdYlBu)

plt.show()
```

运行代码会为我们的英雄网络产生下图：

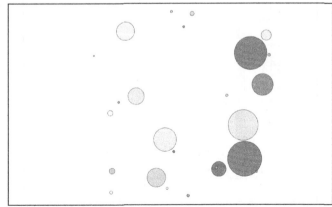

7.8.3 工作原理

NetworkX 有着几种机制可以计算聚类：

```
>>> nx.transitivity(graph)
0.194539747093
>>> nx.average_clustering(graph)
0.774654121711
```

nx.transitivity 函数使用了 nx.triangles 函数来计算三角形数占可能三角形数的比例。nx.clustering 函数计算每个节点的聚类系数，而 nx.average_clustering 函数计算图的平均系数。更高的可传递性和聚类系数意味着该图展示出小世界效应。

小世界是指一个网络看起来随机，但是它却有着很高的可传递性和很短的平均路径长度。这是社交网络很常见的结构，因为现代网络意味着很强的关联，所以也就意味着很强的可传递性。这在本质上意味着有一系列大的族群和很少的桥梁节点。英雄社交网络展现出小世界效应和偏好连接效应：大多数新的边与有着很高节点度的节点连接，因此创造出如我们之前所见的一个长尾的左偏分布。

7.8.4 更多内容

Louvian 方法是一种贪婪的优化方法，它分割网络并对每个部分的模块性进行优化。首先，该方法尝试通过优化局部模块性去发现小的族群，再将属于同一族群的节点进行聚合，然后重复这个操作。这样会返回一个族群的分层数据结构。该方法简单、高效，并能用于有着百万节点、数十亿连接的大型网络。

最初的方法是由 UCL（Louvain-la-Neuve，新鲁汶大学）的 Etienne Lefebvre 提出的，此后，Lefebvre 与 Vincent Blondel、Jean-Loup Guillaume 和 Renaud Lambiotte 一起合著并改进。它之所以叫作 Louvian 法，是因为所有团队成员其时都在新鲁汶大学工作。他们一起编写了一个基于 NetworkX 的 Python 方法来计算这些分层的社群。基本发现算法如下：

```
import community
import networkx as nx
def detect_communities(graph):
    partition = community.best_partition(graph)
    nx.set_node_attributes(graph, 'partition', partition)
    return graph, partition
```

该函数需要 nx.Graph，并用到 community 模块来计算最优根分割。该分割是分层的，因此要得到子社群，我们只需遍历分区的各部分，然后给图中的节点分配一个名为

partition 的属性来区分社群节点。这个函数同时返回修改后的图和可视化中用到的分区。

7.9　可视化图

在本章中，我们已经对社交网络进行了可视化，从而培养我们对图的理解和直觉。在本节中，我们进一步探究图形可视化。

7.9.1　准备工作

确保你已安装 NetworkX 和 matplotlib。

7.9.2　操作流程

完成下述步骤，可以对 Python 的图形可视化有更好的理解。

1. NetworkX 封装了 matplotlib 和 graphviz，用前面章节提到的相同绘图库来绘制简单的图。这对于较小的图很有效，但是对于较大的图，内存可能很快就会耗尽。对于较小的图，只需使用 networkx.draw 函数绘制，然后用 pyplot.show 来显示即可。

```
>>> import networkx as nx
>>> import matplotlib.pyplot as plt
>>> nx.draw(graph)
>>> plt.show()
```

2. 然而，它背后有一个丰富的绘图库，支持自定义图形的外观，并用许多不同的布局算法进行布局。让我们看一个例子，使用 NetworkX 库内置的社交图——戴维斯南部妇女俱乐部社交图：

```
import networkx as nx
import matplotlib.pyplot as plt

# 生成图
G=nx.davis_southern_women_graph()
# 创建一个弹簧布局
pos=nx.spring_layout(G)

# 发现中心节点
dmin=1
ncenter=0
for n in pos:
    x,y=pos[n]
    d=(x-0.5)**2+(y-0.5)**2
```

```
if d<dmin:
    ncenter=n
    dmin=d
```

3．为图加上颜色。首先，需要确定中心节点。我们将它们加上最深的颜色，然后对其他稍远的节点加较浅的颜色，直至白色。弹簧（spring）布局已经确定了每个节点的（x, y）坐标，使得计算每个节点到图中心（这个例子中是点（0.5，0.5））的欧氏距离，这样找到距离最短的点变得很容易。当确定这些以后，我们计算每个节点到中心节点的步数（比如路径长度）。nx.single_source_shortest_path_length 函数会返回一个节点的字典，它们到中心节点的距离作为参数。我们用这个距离来决定颜色。

```
p=nx.single_source_shortest_path_length(G,ncenter)
```

4．开始绘图。我们创建一个 matplotlib 图，并用 NetworkX 的 draw 函数绘制边，之后是节点。这个函数用 colormap（cmap 参数）根据步数来决定选用的颜色范围。

```
plt.figure(figsize=(8,8))
nx.draw_networkx_edges(G,pos,nodelist=[ncenter],alpha=0.4)
nx.draw_networkx_nodes(G,pos,nodelist=p.keys(),
                        node_size=90,
                        node_color=p.values(),
                        cmap=plt.cm.Reds_r)
plt.show()
```

调用这个函数可以获得下面的图：

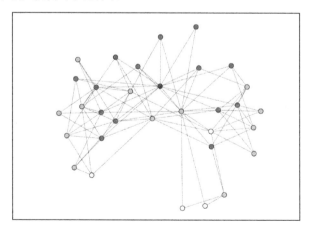

7.9.3　工作原理

在前面的代码中，我们通过一个由 NetworkX 提供的内建图生成函数 davis_southern_

women_ graph 创建了一个图 G，然后用一种布局找到 G 中每个节点的位置。布局是设计用来决定节点如何在图中放置以达到有效视觉呈现的算法。NetworkX 有 5 种默认的定位算法。环形布局将节点排列成环形结构，壳形布局将节点排列成同心圆，随机布局均匀地分布节点，谱形布局利用拉普拉斯图的特征向量。

弹簧布局可能是最常用的，它是一种力导向布局，这意味着每个节点都会对周围的节点排斥，而边会将它们保持在一起。所有的节点放入图中，然后递归计算排斥力和吸引力。每一次迭代，节点会排斥或吸引以形成一个稳定布局。对于有多种力导向的算法，NetworkX 使用的是 Fruchterman-Reingold 算法。

7.10　R 中的社交网络分析

本节的目的是帮助读者利用 R 统计软件完成本章前几小节的任务。Luke（2015）是一个用 R 处理社交网络的综合报告。我们将从一个非常简单而随意的社交网络开始，然后将详细分析某恐怖组织。

通过一个简单而随意的社交网络，我们将视线转到 R 的实现上。首先处理简单而有用的函数。下面详细介绍接下来使用的社交网络。

Bali Terrorist Network 是 Stuart Koschade 的博士毕业论文，它可以通过相关网站获取。这篇文章处理的是 2002 年某地的一个恐怖网络。这里的节点代表该恐怖组织中的联系人。数据集包括顺序变量 IC 作为边特征，它测量联系的频率和持续时间，1 代表弱关系，随着变量的增大逐渐代表更强的关系，其中 5 表示最强的关系。从技术上讲，R 网络对象 Bali.rda 可以在 Luke 的 GitHub 链接上找到，也就是他的 R 包 UserNetR。但是，我们只是向读者提供所需的 rda 文件。

R 中常用于分析社交网络的包是 sna、statnet、network 和 igraph。希望了解更多详情，请参阅 Luke(2015)。

7.10.1　准备工作

完成本节任务所需的 R 包是 sna、statnet、network 和 igraph。在 R 中安装这些包的简单方法是运行命令 install.packages(c("sna"，"statnet"，"network"，"igraph"))。读者还需要将 Bali.rda 文件放入当前工作目录。

7.10.2 操作流程

1. 加载所需的包：

```
library(statnet,quietly=TRUE)
library(network,quietly=TRUE)
```

指定选项 quietly=TRUE 的目的是取消将大量注释输出到控制台。我们是否使用这个选项在操作上没有区别。

2. 指定一个 4 行 4 列的矩阵。根据预期，这是一个用来建立网络的方阵：

```
netmat1 <- rbind(c(0,1,1,0),
                 c(1,0,1,0),
                 c(1,1,0,1),
                 c(0,0,1,0))
rownames(netmat1) <- c("A","B","C","D")
colnames(netmat1) <- c("A","B","C","D")
netmat1
```

3. 得到矩阵在 R 控制台的输出如下：

```
> netmat1
  A B C D
A 0 1 1 0
B 1 0 1 0
C 1 1 0 1
D 0 0 1 0
```

4. 通过下一步，这个矩阵将用来建立社交网络。

5. 利用名为 network 的函数，将矩阵 netmat1 转换成网络。然后将基本函数应用于网络对象，以获得网络的基本特征：

```
net1 <- network(netmat1,matrix.type="adjacency")
class(net1)
summary(net1)
network.size(net1)
network.density(net1)
components(net1)
gplot(net1, vertex.col = 2, displaylabels = TRUE)
```

R 控制台的输出如下：

```
> net1 <- network(netmat1,matrix.type="adjacency")
> class(net1)
```

```
[1] "network"
> summary(net1)
Network attributes:
vertices = 4
directed = TRUE
hyper = FALSE
loops = FALSE
multiple = FALSE
bipartite = FALSE
total edges = 8
missing edges = 0
non-missing edges = 8
density = 0.6666667
Vertex attributes:
vertex.names:
character valued attribute
4 valid vertex names
No edge attributes
Network adjacency matrix:
  A B C D
A 0 1 1 0
B 1 0 1 0
C 1 1 0 1
D 0 0 1 0
> network.size(net1)
[1] 4
> network.density(net1)
[1] 0.6666667
> components(net1)
Node 1, Reach 4, Total 4
Node 2, Reach 4, Total 8
Node 3, Reach 4, Total 12
Node 4, Reach 4, Total 16
[1] 1
> gplot(net1, vertex.col = 2, displaylabels = TRUE)
```

在控制台执行上述 R 代码块，我们可以设置和查看网络的各个方面。network 函数帮助我们将矩阵 netmat1 转换为（社交）网络 net1，由 class（net1）一行的输出确认对象的类别确实是一个网络。接下来，汇总函数告诉我们，网络 net1 中有 4 个顶点，它是一个有向网，共有 8 个边，也就是 netmat1 矩阵中 1 的个数。网络的大小和密度分别为 4 和 0.6666667。sna 包的 gplot 函数帮助实现网络可视化：

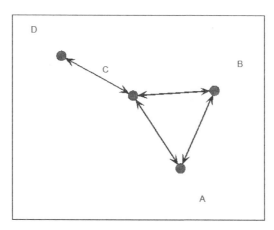

接下来我们将看一个更复杂、更实用的网络，并在 R 中进行分析。这个网络的解释已在之前给出。Bali.rda 文件取自 Luke 的软件包 UserNetR。首先，将网络导入 R 中，然后像 net1 网络一样执行汇总统计。

6. 载入 Bali 网络，然后按照以下步骤执行基本函数：

```
load("Bali.rda")
class(Bali)
Bali
# 基本属性
network.size(Bali)
network.density(Bali)
# 可视化
windows(height=30,width=30)
gplot(Bali,vertex.col=2, displaylabels = TRUE)
```

为了简洁起见，我们仅给出图形输出，其余解释与网络 net1 相同：

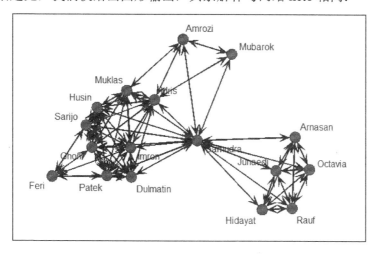

7. 通过以下命令，可以得到 Bali 网络的矩阵形式：

```
Bali_Matrix <- as.matrix(Bali,matrix.type="adjacency")
Bali_Matrix[1:6,1:6]
```

输出如下：

```
Muklas Amrozi Imron Samudra Dulmatin Idris
Muklas 0 1 1 1 1 1
Amrozi 1 0 0 1 0 1
Imron 1 0 0 1 1 1
Samudra 1 1 1 0 1 1
Dulmatin 1 0 1 1 0 1
Idris 1 1 1 1 1 0
```

操控！能进行基本的操控是非常重要的，我们通过一个删除单个顶点的简单任务来进行控制。

8. 先将 net1 图转换为 igraph 类型 netg，然后用 plot 函数可视化。去掉顶点 D，创建并可视化一个新的图形对象 netg_del_d。输出如下 R 程序：

```
netg <- asIgraph(net1)
par(mfrow=c(1,2))
plot(netg,vertex.label=LETTERS[1:5])
netg_del_d <- delete.vertices(netg,v=5)
plot(netg_del_d,vertex.label=LETTERS[c(1:3,5)])
```

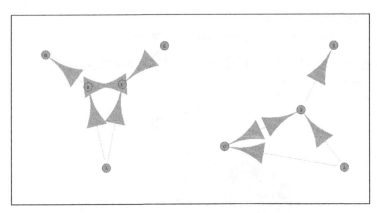

R 中强角色和关系的识别可以通过 degree、closeness 和 betweenness 函数来完成。

9. 在下面的程序段中，我们应用 degree、closeness 和 betweenness 函数了解一下 Bali 网络：

```
Bali %v% 'vertex.names'
```

```
sna::degree(Bali,gmode="graph")
closeness(Bali,gmode="graph")
betweenness(Bali,gmode="graph")
```

上述程序的输出如下：

```
> Bali %v% 'vertex.names'
[1] "Muklas" "Amrozi" "Imron" "Samudra" "Dulmatin" "Idris"
[7] "Mubarok" "Husin" "Ghoni" "Arnasan" "Rauf" "Octavia"
[13] "Hidayat" "Junaedi" "Patek" "Feri" "Sarijo"

> degree(Bali,gmode="graph")
[1] 9 4 9 15 9 10 3 9 9 5 5 5 5 9 6 9
> closeness(Bali,gmode="graph")
[1] 0.6957 0.5517 0.6957 0.9412 0.6957 0.7273 0.5333 0.6957 0.6957
[10] 0.5714 0.5714 0.5714 0.5714 0.5714 0.6957 0.4848 0.6957
> betweenness(Bali,gmode="graph")
[1] 2.3333 0.3333 1.6667 61.1667 1.6667 6.1667 0.0000 1.6667
[9] 1.6667 0.0000 0.0000 0.0000 0.0000 0.0000 1.6667 0.0000
[17] 1.6667
```

网络集群识别是社交网络分析的一个重要任务。在接下来的步骤中，我们使用合适的函数得到希望的答案。

10. 先将网络转换为 igraph，然后利用 clique.number、cliques 和 largest.cliques 函数识别和分离网络集群。

```
Balig <- asIgraph(Bali)

clique.number(Balig)
 cliques(Balig,min=8)
 largest.cliques(Balig)
```

期望的输出如下：

```
> Balig <- asIgraph(Bali)
> clique.number(Balig)
[1] 9
> cliques(Balig,min=8)
[[1]]
+ 8/17 vertices:
[1] 1 3 4 5 6 8 9 15
[[2]]
+ 8/17 vertices:
[1] 1 3 4 5 6 8 9 17
[[3]]
```

```
+ 8/17 vertices:
[1] 1 3 4 5 6 8 15 17
[[4]]
+ 8/17 vertices:
[1] 1 3 4 5 6 9 15 17
[[5]]
+ 8/17 vertices:
[1] 1 3 4 5 8 9 15 17
[[6]]
+ 8/17 vertices:
[1] 1 3 4 6 8 9 15 17
[[7]]
+ 8/17 vertices:
[1] 1 3 5 6 8 9 15 17
[[8]]
+ 8/17 vertices:
[1] 1 4 5 6 8 9 15 17
[[9]]
+ 8/17 vertices:
[1] 3 4 5 6 8 9 15 17
[[10]]
+ 9/17 vertices:
[1] 1 3 4 5 6 8 9 15 17
> largest.cliques(Balig)
[[1]]
+ 9/17 vertices:
[1] 4 6 1 3 5 8 9 15 17
```

7.10.3　工作原理

　　R 网络包简化了大部分任务，并且帮助避免了编写复杂代码。我们看到了 R 包中的 sna、igraph、intergraph、statnet 和 network 在建立和分析社交网络方面的作用。我们从可视化一个简单的网络开始，然后获取汇总数据。对子网进行子集化并对其进行可视化的任务提供了很好的早期见解，同时我们也能够理解网络中顶点/边和子网之间的相互关系。

第 8 章
大规模电影推荐（基于 Python）

本章包含以下主要内容。
- 对偏好建模。
- 理解数据。
- 提取电影评分数据。
- 寻找高评分电影。
- 改善电影评分系统。
- 计算用户在偏好空间中的距离。
- 计算用户之间的相关性。
- 为用户寻找最佳影评人。
- 预测用户电影评分。
- 基于物品的协同过滤。
- 建立非负矩阵分解模型。
- 将数据集载入内存。
- 导出 SVD 模型到硬盘。
- 训练 SVD 模型。
- 测试 SVD 模型。

8.1 简介

从图书到电影再到 Twitter 上的关注，推荐系统把我们从洪水般泛滥的信息中解放出来，为我们定制了个性化的信息流。电子商务、网络以及社交应用都从推荐系统中获益颇多。鉴于亚马逊推荐系统以及 Netfix Prize 所带来的成功，没有人会对在个性化以及基于数据的预测中需要一个推荐系统而感到吃惊。令人感到惊奇的是，推荐系统的实现是如此简单，然而在数据量稀疏时这却很容易产生怪异的结果和过拟合。

首先，让我们考虑一下不用算法该如何提供推荐。一种最简单的方法是看一下所信赖的人有哪些偏好，从中得到推荐。潜意识中我们会将自己的偏好与他人进行对比，如果彼此之间已有的共同偏好越多，那么彼此之间就越有可能发现更多新的共同偏好。然而，每个人都是独特的，我们的偏好也是各种各样的，并且可能分布在多个不同的领域。如果能够将所信赖人之外的其他大量人的偏好和我们的偏好进行比较，那么又会怎样呢？汇总的结果是，你可能会发现一些模式，在这些模式中不只是发现那些与你相似的人，还会发现那些与你偏好相反的人。你能从这些人中找到那些最好不要推荐的物品，还有可能从那些拥有共同偏好的人身上发现你们有着共同的特殊经历。

协同过滤是这类推荐系统技术的基础。简单来说，它基于这样一个假设：那些与你有共同偏好的人将来也会与你拥有共同的偏好。当然，这是从人的角度来看的，而从这个假设出发的另一个推论是基于物品的角度——那些被同一个人所喜爱的物品有可能同时出现在另一个人喜爱的物品中。这就是在文献中通常所说的基于人的协同过滤和基于物品的协同过滤。

协同过滤这个词最早出现在 David Goldberg 的论文 *Using collaborative fitering to weave an information tapestry* 中。文中提出了一个名为 Tapestry 的系统，该系统设计于 1992 年的施乐帕克研究中心（Xerox PARC），它允许搜索者对文档按照是否感兴趣进行标注，并将推荐结果返回给搜索者。

协同过滤算法在大量的偏好表达中进行搜索，以寻找与输入的一个或一组偏好中有相似的偏好。输出结果是算法进行排名后的推荐列表，返回了所有可能偏好组合的一个子集，因此称之为“过滤”。在得到最终推荐的过程中用到大量其他人的偏好，因此称作“协同”。可以将其看成在指定偏好空间中进行的搜索问题、聚类问题或者预测问题。还有很多算法尝试在稀疏或者大规模数据下对推荐进行优化，我们将会在本章中对其中一些算法进行介绍。

本章的目标如下。

● 理解如何从多个不同的数据源中对偏好进行建模。

● 理解如何利用距离指标来度量相似性。

● 利用矩阵因子分解对星级评分推荐系统进行建模。

我们将利用网上既有的数据集和 Python 来实现这两种不同的模型。为了介绍本章所用的技术，我们将使用 MovieLens 电影数据库，该数据库由明尼苏达大学（University of Minnesota）创建，里面包含一些常看电影的人对其偏好的电影进行星级评分的信息。

本章内容较为复杂，一些内容可能需要你花费比前几章更多的时间才能学会。

8.2 对偏好建模

我们之前已经列举了一些公司收集的偏好数据：亚马逊会记录购买和浏览行为来进行推荐，Goodreads 和 Yelp 则利用星级评分和评论文本信息进行推荐，而 Reddit 和 Stack Overflow 则使用简单的顶/踩投票方式来进行推荐。你可以看到偏好以不同的形式来表现，从布尔标签值到投票再到评分。然而，这些不同的偏好表达形式都是用来发现与自己有着共同偏好的人或物的一种方式，这也是协同过滤算法的核心。

更正式地说，以两个人 Bob 和 Alice 为例，他们对同一个物品有着共同的偏好。如果 Alice 对另外一件物品比如齿轮感兴趣，那么与任意选一个物品相比，Bob 更有可能也对齿轮感兴趣。我们相信，Bob 和 Alice 的共同偏好可以从他们大量已有的偏好中发现。通过协同过滤的分组特性，我们可以对这个世界上的物品进行过滤。

8.2.1 操作流程

我们将在下面几小节对偏好进行建模，它包括以下内容。
- 理解数据。
- 加载电影评分数据。
- 寻找高评分电影。
- 改善电影评分系统。

8.2.2 工作原理

一个偏好表达是一个可论证的相对选择模型的实例。也就是说，偏好表达是一个个数据点，代表一个人对一组物品的主观排名。更正式地说，偏好表达不仅是相对的，而且也是有时效性的。每个偏好表达不仅随着物品的变化而变化，而且还随着时间变化而有所不同。

一个偏好表达是一个可论证的相对选择模型的实例。

如果我们能够在一种全局环境下（例如，通过与其他电影对比来评价某部电影）主观而准确地表达出我们的偏好和品位，那就再好不过了。然而，事实上，我们的偏好是随着时间变化的，通常我们只能进行一个相对的排名。偏好模型必须将这些因素考虑在内，以减少其带来的数据倾斜问题。最常用的偏好表达模型是把排名问题简化成对偏好进行数值模糊的过程，比如：

- 布尔表达式（是或否）
- 顶和踩投票（比如反对、讨厌）
- 加权信息（点击数或动作数）
- 广泛的排名分类（星数、从讨厌到喜爱）

这些方法都是为了能够对个体偏好情况进行数值化，以便建立模型。通过特定的偏好模型，我们可以为每个个体建立特定的上下文环境，以方便后续的进一步计算。为了减轻基于时间的倾斜，进行本体推理以及其他分类问题，我们可以对模型进行进一步分析。

由于不同偏好表达的关系越来越复杂，你可以为每种类型的语义关联赋予一定的行为权重，以此来表达他们的相对偏好。然而，如何选择合适的权重是一件很困难的事情，这需要通过研究来确定相对权重，这就是更偏向使用模糊泛化方式的一个原因。例如，下表列举了一些著名的偏好排名系统信息：

Reddit 投票		在线购物		星级评分	
顶	1	买过	2	热爱	5
不投票	0	浏览过	1	喜欢	4
踩	−1	不买	0	中立	3
				不喜欢	2
				讨厌	1

在本章接下来的部分中，我们只会讨论一种简单常用的偏好表达式：从 1～5 的星级评分。

8.3　理解数据

理解数据是所有与数据相关工作中非常重要的一步。在本节中，我们先来获取数据，然后看一下用于创建推荐引擎的数据是怎样的。

8.3.1　准备工作

为了做好本小节和本章剩余部分的准备工作，我们需要从明尼苏达大学的 GroupLens 网站上下载 MoiveLens 数据。

在本章中，为了轻易地将整个模型加载到内存中，我们选择较小的 MoiveLen 100k 数据集（大小为 4.7 MB）。

8.3.2　操作流程

下面的步骤将帮助你更好地理解本章中需要用到的数据。

1．下载数据，100k（ml-100k.zip）是我们所需要的：

2．解压数据到你的工作路径。

3．我们主要关注包含用户电影评分的 u.data 和电影详细信息的 u.item 这两个文件。为了了解每个文件的内容，我们利用 Mac 和 Linux 的 head 命令或者 Windows 下的 more 命令来查看数据。

```
head -n 5 u.item
```

如果你是在 Microsoft Windows 系统上进行试验且使用的不是虚拟机（不推荐），那么你的系统中就没有 head 命令，可以用命令 more u.item 2 n 实现类似的效果。

4．上述命令的输出结果如下：

```
1|Toy Story (1995)|01-Jan-1995||http://us.imdb.com/M/titleexact?
```

```
Toy%20Story%20(1995)|0|0|0|1|1|1|0|0|0|0|0|0|0|0|0|0|0|0|0
2|GoldenEye (1995)|01-Jan-1995||http://us.imdb.com/M/titleexact?
GoldenEye%20(1995)|0|1|1|0|0|0|0|0|0|0|0|0|0|0|0|0|0|1|0|0
3|Four Rooms (1995)|01-Jan-1995||http://us.imdb.com/M/titleexact?
Four%20Rooms%20(1995)|0|0|0|0|0|0|0|0|0|0|0|0|0|0|0|0|1|0|0
4|Get Shorty (1995)|01-Jan-1995||http://us.imdb.com/M/titleexact?
Get%20Shorty%20(1995)|0|1|0|0|0|1|0|0|1|0|0|0|0|0|0|0|0|0|0
5|Copycat (1995)|01-Jan-1995||http://us.imdb.com/M/titleexact?
Copycat%20(1995)|0|0|0|0|0|0|1|0|1|0|0|0|0|0|0|0|1|0|0
```

再用下面的命令来查看另一个文件：

```
head -n 5 u.data
```

Windows 系统下需要使用下面的命令：

```
more u.item 2 n
196 242 3 881250949
186 302 3 891717742
22 377 1 878887116
244 51 2 880606923
166 346 1 886397596
```

8.3.3　工作原理

我们要用到的两个主要文件如下。
- u.data：包含用户对电影的评分数据；
- u.item：包含电影信息和其他细节。

二者都是以字符分隔的文件；u.data 以制表符分隔，u.item 以管道符分隔。

对于 u.data 文件数据，第一列为用户 ID，第二列为电影 ID，第三列为星级评分，最后一列为时间戳。u.item 文件中包含更多的信息，它包括电影 ID、标题、发布日期和 IMDB 链接。此外，有趣的是，文件中还包含一个标识每部影片类型的布尔数组，它包括（按顺序）动作、探险、动画、儿童、喜剧、犯罪、纪录、戏剧、虚幻、黑色、恐怖、音乐、推理、浪漫、科幻、惊悚、战争和西部。

8.3.4　更多内容

适合构建推荐引擎的免费且全网规模的数据集很少见。因此，MoiveLens 数据集成为研究工作中一个常用的数据集。除此之外，还有其他可用的数据集。Netflix 公开了著名的 Netflix Prize 数据集，从 Internet Archive 还可以下载到 Stack Exhcange 网络（包括 Stack Overflow）上用户生成的内容。

8.4 提取电影评分数据

推荐引擎通常需要在大数据量训练下才会有较好的效果，因此推荐系统通常也归为大数据类型的项目。然而，要建立一个推荐系统，首先必须将数据以一种内存安全且高效的方式加载进内存。幸运的是，Python 提供了大量的相关工具来帮助我们实现这个。本节将介绍如何实现以上目的。

8.4.1 准备工作

你需要下载前一小节提到的电影数据集。如果你跳过了第 1 章，那么现在你需要回头确认是否已经正确安装了 Numpy。

8.4.2 操作流程

下面的步骤将带领你创建一个实现将数据集加载进内存中的函数。

1. 打开你喜欢的 Python 编辑器或 IDE。由于这一部分有大量的代码，所以在 REPL（Read-Eval-Print Loop）中输入代码会比较麻烦，最好直接将代码写入文档文件中。

2. 创建一个函数用于导入电影评分数据：

```
In [1]: import csv
   ...: import datetime
In [2]: def load_reviews(path, **kwargs):
   ...: """
   ...: Loads MovieLens reviews
   ...: """
   ...: options = {
   ...: 'fieldnames': ('userid', 'movieid', 'rating', 'timestamp'),
   ...: 'delimiter': '\t',
   ...: }
   ...: options.update(kwargs)
   ...:
   ...: parse_date = lambda r,k: datetime.fromtimestamp(float(r[k]))
   ...: parse_int = lambda r,k: int(r[k])
   ...:
   ...: with open(path, 'rb') as reviews:
   ...: reader = csv.DictReader(reviews, **options)
   ...: for row in reader:
   ...: row['movieid'] = parse_int(row, 'movieid')
   ...: row['userid'] = parse_int(row, 'userid')
```

```
...: row['rating'] = parse_int(row, 'rating')
...: row['timestamp'] = parse_date(row, 'timestamp')
...: yield row
```

3. 创建一个辅助函数来辅助导入数据：

```
In [3]: import os
...: def relative_path(path):
...: """
...: Returns a path relative from this code file
...: """
...: dirname = os.path.dirname(os.path.realpath('__file__'))
...: path = os.path.join(dirname, path)
...: return os.path.normpath(path)
```

4. 创建另一个函数来导入电影信息：

```
In [4]: def load_movies(path, **kwargs):
...:
...: options = {
...: 'fieldnames': ('movieid', 'title', 'release', 'video', 'url'),
...: 'delimiter': '|',...: 'restkey': 'genre',
...: }
...: options.update(kwargs)
...:
...: parse_int = lambda r,k: int(r[k])
...: parse_date = lambda r,k: datetime.strptime(r[k], '%d-%b-%Y')
if r[k] else None
...:
...: with open(path, 'rb') as movies:
...: reader = csv.DictReader(movies, **options)
...: for row in reader:
...: row['movieid'] = parse_int(row, 'movieid')
...: row['release'] = parse_date(row, 'release')
...: row['video'] = parse_date(row, 'video')
...: yield row
```

5. 创建一个类 MovieLens，在之后的小节中将会对其进行扩充：

```
In [5]: from collections import defaultdict
In [6]: class MovieLens(object):
...: """
...: Data structure to build our recommender model on.
...: """
...:
...: def __init__(self, udata, uitem):
```

```
...: """
...: Instantiate with a path to u.data and u.item
...: """
...: self.udata = udata
...: self.uitem = uitem
...: self.movies = {}
...: self.reviews = defaultdict(dict)
...: self.load_dataset()
...:
...: def load_dataset(self):
...: """
...: Loads the two datasets into memory, indexed on the ID.
...: """
...: for movie in load_movies(self.uitem):
...: self.movies[movie['movieid']] = movie
...:
...: for review in load_reviews(self.udata):...:
self.reviews[review['userid']][review['movieid']] = review
```

6. 确保已经将上述函数导入 REPL 或者 Jupyter 工作空间中，然后输入以下代码，以确认系统中的数据文件路径是否正确且合适：

```
In [7]: data = relative_path('../data/ml-100k/u.data')
...: item = relative_path('../data/ml-100k/u.item')
...: model = MovieLens(data, item)
```

8.4.3　工作原理

尽管我们实现的两个数据加载函数（load_reviews 和 load_movies）的原理很简单，但是它们已经考虑到了从磁盘解析数据的各个细节。创建的函数接受一个数据集的路径以及其他可选项作为参数。由于我们采用的特殊方式需要与 CSV 模块进行交互，所以创建了默认选项，并向其传入行的字段名和分隔符\t。options.update（kwargs）这一行代码意味着函数接受用户传递的任何参数。

接下来，我们用 Python 中的 lambda 表达式创建了内部的解析函数。这些简单的解析器接受一行数据和一个关键字作为输入，然后返回转换后的值。这是一个 lambda 作为 Python 内部复用代码块的例子，且这种技术在 Python 中很常用。最后，我们打开数据文件并以指定选项创建一个 csv.DictReader 函数。通过迭代读取器中的每一行数据，我们将对应数据解析并转换成需要的 int 或 datetime 类型，然后返回结果。

> 由于我们不确定输入文件的实际大小，所以代码中利用了 Python 生成器这种内存安全方式。利用 yield 而不是 return 可以确保 Python 在底层创建一个生成器，从而不会将整个数据集同时全部加载到内存。

在我们对数据集进行计算时，需要反复利用这两个方法来加载数据。当代码量很大时，记住这些文件路径是一件痛苦的事情。在"更多内容"部分中，我们将介绍如何利用 Python 的一个小技巧来减轻这种担忧。

最后，创建了类 MoiveLens 这个数据结构来保存评分数据。该结构需要 udata 和 uitem 两个路径参数来加载电影名称和评分信息，然后分别将电影名称和评分数据存入以 movieid 和 userid 为索引的两个字典中。为了初始化这个对象，需要执行类似下面的操作：

```
data = relative_path('../data/ml-100k/u.data')
item = relative_path('../data/ml-100k/u.item')
model = MovieLens(data, item)
```

上面的代码假设数据保存在 data 文件夹中，现在可以将整个数据集加载进内存，并可以通过数据集中不同的 ID 来索引内容。

你注意到 relative_path 函数了吗？当处理创建模型的文件路径时，我们通常要在代码中处理路径这一类常量。当我们在 Python 中指定一个路径（例如 data/ml-100k/u.data）时，脚本运行时会从当前工作路径中去寻找这个文件。为了减轻路径问题带来的麻烦，我们可以指定相对于代码文件本身的路径：

```
import os
 def relative_path(path):
     """
     Returns a path relative from this code file
     """
     dirname = os.path.dirname(os.path.realpath('__file__'))
     path = os.path.join(dirname, path)
     return os.path.normpath(path)
```

注意，我们将整个数据结构都保存在了内存中。上面例子中的 100k 数据集需要 54.1MB 的内存，这对于现代计算机来说不是什么问题。然而，我们必须考虑到之后将使用远多于这个评分的数据集，这就是我们配置数据结构的方式与数据库十分类似的原因。随着系统规模的增大，reviews 和 movies 属性可以替换成数据库接口函数或属性，并保持我们的方法所需的数据类型。

8.5 寻找高评分电影

如果你在寻找一部好看的电影,那么你可能会去看那些最流行或者评分最高的电影。最开始,我们会用一种朴素的方法来计算电影合计评分,即取每部电影所有用户评分的平均值。我们还会通过这个方法来介绍如何访问类 MovieLens 中的数据。

8.5.1 准备工作

本小节的内容需要你完成之前小节的工作才能开始。

8.5.2 操作流程

通过下面的步骤,我们将计算数据集中所有电影的数值评分,并获得一个得分前 10 位的电影列表。

1. 给类 MovieLens 添加一个新的方法来获取某部电影的所有评分:

```
In [8]: class MovieLens(object):
   ...:
   ...:
   ...: def reviews_for_movie(self, movieid):
   ...: """
   ...: Yields the reviews for a given movie
   ...: """
   ...: for review in self.reviews.values():
   ...: if movieid in review:
   ...: yield review[movieid]
   ...:
```

2. 添加一个新的方法来计算用户评分前 10 位的电影:

```
In [9]: import heapq
   ...: from operator import itemgetter
   ...: class MovieLens(object):
   ...:
   ...: def average_reviews(self):
   ...: """
   ...: Averages the star rating for all movies. Yields a tuple of movieid,
   ...: the average rating, and the number of reviews.
   ...: """
   ...: for movieid in self.movies:
```

```
...: reviews = list(r['rating'] for r in
self.reviews_for_movie(movieid))
...: average = sum(reviews) / float(len(reviews))
...: yield (movieid, average, len(reviews))
...:
...: def top_rated(self, n=10):
...: """
...: Yields the n top rated movies
...: """
...: return heapq.nlargest(n, self.bayesian_average(),
key=itemgetter(1))
...:
```

 class MoiveLens(object)：下面的省略号意味着我们将 average_ reviews 方法添加到已有的 MovieLens 类中。

3．打印排名结果：

```
In [10]: for mid, avg, num in model.top_rated(10):
...: title = model.movies[mid]['title']
...: print "[%0.3f average rating (%i reviews)] %s" % (avg,
num,title)
```

4．在 REPL 中执行上面的命令，会生成以下结果：

```
Out [10]: [5.000 average rating (1 reviews)] Entertaining Angels:
The Dorothy Day Story (1996)
[5.000 average rating (2 reviews)] Santa with Muscles (1996)
[5.000 average rating (1 reviews)] Great Day in Harlem, A (1994)
[5.000 average rating (1 reviews)] They Made Me a Criminal (1939)
[5.000 average rating (1 reviews)] Aiqing wansui (1994)
[5.000 average rating (1 reviews)] Someone Else's America (1995)
[5.000 average rating (2 reviews)] Saint of Fort Washington, The
(1993)
[5.000 average rating (3 reviews)] Prefontaine (1997)
[5.000 average rating (3 reviews)] Star Kid (1997)
[5.000 average rating (1 reviews)] Marlene Dietrich: Shadow and
Light (1996)
```

8.5.3　工作原理

新加入 MovieLens 类中的 reviews_for_movie()函数遍历所有评分字典中的值（通过 userid 进行索引），并检查用户是否对当前 movieid 对应的电影进行过评分，如果是，则将评分数据返回。在接下来的方法中，我们需要这样的功能。

通过 average_review() 方法，我们创建了另一个生成器函数，它遍历了所有的电影及其评分数据，并返回电影 ID、平均得分以及评分数量。top_rated 函数利用 heapq 模块对基于平均值的评分进行快速排序。

heapq 数据结构，又名优先队列算法，是一种抽象数据结构的 Python 实现，其中增加了一些有趣而有用的属性。堆是二叉树的一种，其中每个父节点的值都小于或等于它的任何一个子节点。因此，堆有一个十分有用的特性，即树的根是值最小的元素，所以可以通过常数时间获得它。通过 heapq，Python 开发者可以方便地将新值插入已有的有序数据结构中，并返回有序的结果值。

8.5.4 更多内容

在这里，我们碰到了第一个问题，即一些得分靠前的电影只有一个评分（同样，在得分靠后的电影中也有类似情况）。该如何比较平均分为 4.457 分（243 个评分）的《卡萨布兰卡》和平均分为 5 分（2 个评分）的《超级圣诞老人》呢？我们相信那两个人确实很喜欢《超级圣诞老人》，但是《卡萨布兰卡》的高评分或许更有意义一些，因为它被更多的人所喜欢。大多数星级评分推荐系统只是简单地将平均评分和评分数量返回给用户，留给用户来判断这个得分的质量。然而，作为数据科学工作者，我们将在下一节介绍更好的方法。

8.6 改善电影评分系统

由于不希望我们的推荐系统直接认为 DVD 发行的《超级圣诞老人》比《卡萨布兰卡》要好，所以本节我们将专注于改进前面所给的朴素评分方法。

8.6.1 准备工作

确保你已经完成了本小节之前的内容。

8.6.2 操作流程

下面的步骤实现并测试了一种新的电影评分算法。

1. 在 MovieLens 类中新增一个基于贝叶斯的电影评分算法，如下面的函数所示：

```
In [11]: def bayesian_average(self, c=59, m=3):
...:  """
```

```
...: Reports the Bayesian average with parameters c and m.
...: """
...: for movieid in self.movies:
...: reviews = list(r['rating'] for r in
self.reviews_for_movie(movieid))
...: average = ((c * m) + sum(reviews)) / float(c + len(reviews))
...: yield (movieid, average, len(reviews))
```

2．将 MovieLens 类中的 top_rated 方法用下面的代码重新实现，这一版本用到了上一步中的 bayesian_average 方法：

```
In [12]: def top_rated(self, n=10):
...: """
...: Yields the n top rated movies
...: """
...: return heapq.nlargest(n, self.bayesian_average(),
key=itemgetter(1))
```

3．打印重新计算后的排名前 10 位的电影，这一步与之前类似。可以看到《卡萨布兰卡》如我们所愿上升到了第 4 位。

```
[4.234 average rating (583 reviews)] Star Wars (1977)
[4.224 average rating (298 reviews)] Schindler's List (1993)
[4.196 average rating (283 reviews)] Shawshank Redemption, The
(1994)
[4.172 average rating (243 reviews)] Casablanca (1942)
[4.135 average rating (267 reviews)] Usual Suspects, The (1995)
[4.123 average rating (413 reviews)] Godfather, The (1972)
[4.120 average rating (390 reviews)] Silence of the Lambs, The
(1991)
[4.098 average rating (420 reviews)] Raiders of the Lost Ark (1981)
[4.082 average rating (209 reviews)] Rear Window (1954)
[4.066 average rating (350 reviews)] Titanic (1997)
```

8.6.3　工作原理

由于一些电影没有足够数量的评分，所以上一小节所用到的朴素平均值算法无法在这些电影和那些有较多评分数的电影之间产生有意义的比较。我们需要的是给每部电影一个统一标准的分数。考虑到这一点很难实现，所以我们只能预测这部电影是在无数人进行评分的情况下得出的分数。由于很难从单独的一个数据点得出有意义的推测，所以我们只能假设每部电影都被同样多的人以平均分数进行评分（例如，过滤掉基于评论数的结果）。

这个估计值可以利用在 bayesian_average() 函数中实现的贝叶斯均值来计算。我们通过下面的公式来进行评分估计：

$$rating = \frac{C \times m \times \Sigma stars}{C + n}$$

这里，m 是星级评分平均值的预设值，C 是一个置信参数，与我们后续观测值的数量相等。

预设值的选定是一门复杂而具有魔力的艺术。我们没有采用复杂的 Dirichlet 分布拟合的方式，而是简单地选择 3 作为五星评分系统的预设值。这是出于假设用户的评分会趋于中值。C 值意味着至少有多少个评分，我们的最后评分值才会有意义。我们计算平均每部电影有多少个评分数来得到这个值：

```
print float(sum(num for mid, avg, num in model.average_reviews()))
/
len(model.movies)
```

我们得到的平均值为 59.4，并用它作为函数定义中的默认值。

8.6.4 更多内容

让我们尝试着改变 C 的值。当 C =50 时，前 10 位的榜单发生了细微的变化，《辛德勒名单》和《星球大战》互换了位置，《夺宝奇兵》和《后窗》互换了位置。可以看到，互换的电影都比前者拥有更多的评分，这说明更高的 C 值会平衡掉那些评分数较少的电影。

8.7 计算用户在偏好空间中的距离

基于用户的协同过滤以及基于物品的协同过滤，是推荐系统中最常用的两种协同过滤方式。如果将偏好空间想象成一组用户或者物品组成的 n 维特征空间，那么我们就可以说在此偏好空间中，相似的用户或物品会趋于聚集在一起。因此，这一类的协同过滤系统又称为最近邻推荐系统。

构建这个系统最重要的一步就是，需要找到一种相似性或者距离的度量标准，我们可以通过这个标准对比评论者或其偏好的物品。接下来，可以利用这个标准来比较某个用户和其他所有用户，或者某个物品和其他所有物品。然后，我们使用这个标准化的比较来得出相应的推荐结果。尽管比较空间可能会十分庞大，但是距离计算本身并不是很复杂。在本节中，将对距离计算进行探索，并实现我们的第一个推荐系统。

本节主要讨论用户间距离的计算，下一小节将讨论另一个类似的距离度量指标。

8.7.1　准备工作

本小节的工作要在 8.2 节中的 MovieLens 类的基础上继续进行扩展。如果你还没有学习前面的章节，那么你需要准备好 MovieLens 类的代码。重要的是，我们需要用到类中的 MovieLens.movies 和 MovieLens.reviews 数据结构，这二者中的数据是从磁盘上的 CSV 文件中加载而来的。

8.7.2　操作流程

下面的步骤将带领你计算出用户之间的欧氏距离。

1．在 MovieLens 类中加入一个新的方法 shared_preferences，找出被 A 和 B 两个评论者共同评分过的电影：

```
In [13]: class MovieLens(object):
   ...:
   ...: def shared_preferences(self, criticA, criticB):
   ...: """
   ...: Returns the intersection of ratings for two critics, A and B.
   ...: """
   ...: if criticA not in self.reviews:
   ...: raise KeyError("Couldn't find critic '%s' in data" % criticA)
   ...: if criticB not in self.reviews:
   ...: raise KeyError("Couldn't find critic '%s' in data" % criticB)
   ...:
   ...: moviesA = set(self.reviews[criticA].keys())
   ...: moviesB = set(self.reviews[criticB].keys())
   ...: shared = moviesA & moviesB # 交集运算符
   ...:
   ...: # 创建一个保存评分的字典用于返回
   ...: reviews = {}
   ...: for movieid in shared:
   ...: reviews[movieid] = (
   ...: self.reviews[criticA][movieid]['rating'],
   ...: self.reviews[criticB][movieid]['rating'],
   ...: )
   ...: return reviews
   ...:
```

2．在 MovieLens 类中实现一个新的函数，使用两个评论者共同的电影偏好作为一个向量，以此来计算二者之间的欧氏距离：

```
In [14]: from math import sqrt
    ...:
    ...: def euclidean_distance(self, criticA, criticB, prefs='users'):
    ...:     """
    ...:     Reports the Euclidean distance of two critics, A and B by
    ...:     performing a J-dimensional Euclidean calculation of each of
their
    ...:     preference vectors for the intersection of books the critics
have
    ...:     rated.
    ...:     """
    ...:
    ...:     # 获取数据中评分标题的交集
    ...:
    ...:     if prefs == 'users':
    ...:         preferences = self.shared_preferences(criticA, criticB)
    ...:     elif prefs == 'movies':
    ...:         preferences = self.shared_critics(criticA, criticB)
    ...:     else:
    ...:         raise Exception("No preferences of type '%s'." % prefs)
    ...:
    ...:     # 如果它们没有共同的排名，则返回 0。
    ...:     if len(preferences) == 0: return 0
    ...:
    ...:     # 求二者差值的平方和
    ...:     sum_of_squares = sum([pow(a-b, 2) for a, b in
preferences.values()])
    ...:
    ...:     # 返回距离的倒数，以确保对于更相似的人能得到更高的分数（比如，更短的距离），
    ...:     # 加上 1 以防止零除错误，最后将排名标准化到 [0,1]
    ...:     return 1 / (1 + sqrt(sum_of_squares))
```

3. 在 REPL 中测试上面的代码：

```
>>> data = relative_path('data/ml-100k/u.data')
>>> item = relative_path('data/ml-100k/u.item')
>>> model = MovieLens(data, item)
>>> print model.euclidean_distance(232, 532)
0.1023021629920016
```

8.7.3 工作原理

MovieLens 类中新加入的 shared_preferences()方法可以得出两个用户的共同偏好空间。严格来讲，我们只能通过两个用户共同评分过的物品来对二者进行比较（输入参数

中的 criticA 和 criticB）。该函数利用 Python 的 set（集合）来确定 A 和 B 都评分过的电影列表（A 评分的电影与 B 评分的电影取交集）。该函数接下来遍历这个集合，返回一个以电影 ID 为关键字、以二者评分组成的元组（ratingA，ratingB）为值的字典。接下来，我们可以利用第二个函数来计算二者的相似度分数。

euclidean_distance()函数接受 A 和 B 两个用户作为参数，计算二者在偏好空间中的距离。在这里，我们用欧氏距离（这个二维变量对于那些记得勾股定理的人来说并不陌生）作为衡量距离的指标。当然，我们也可以选用其他的度量指标。该函数会返回一个在 0~1 之间的实数，越接近 0 表示二者越不同，越接近 1 表示二者越相似。

8.7.4　更多内容

曼哈顿距离（Manhattan distance）是另一种常见且易于理解的度量距离的指标。计算它只需要简单地将每个向量中对应元素之间差值的绝对值进行累加。或者，在代码中以下面的方式来执行：

```
manhattan = sum([abs(a-b) for a, b in preferences.values()])
```

曼哈顿距离由于一开始是用来形容在城市中两点之间需要通过多少个东西向或南北向的街区才能连在一起，所以也称为街区距离。在本小节实现曼哈顿距离之前，你也可以通过一些方法来对值进行转化，将距离值标准化到 [0,1] 区间。

8.8　计算用户之间的相关性

在前一节中，我们使用众多距离测度中的一种来计算不同电影评论者之间的距离。然而，这种两个特定用户之间的距离并不会因数据集中是 5 个用户还是 500 万个用户而有所不同。

本节中，我们将计算两个用户在偏好空间中的相关程度。与距离指标类似，同样存在着多种相关性的指标。最常用的有皮尔逊或斯皮尔曼相关度（Pearson or Spearman correlations）和余弦距离（cosine distance）。与距离指标不同，相关度会随着用户和电影数量的变化而发生改变。

8.8.1　准备工作

由于我们会用到之前小节中所讲述的工作，所以，你要确保已经理解了前几小节中的内容。

8.8.2　操作流程

下面的代码是在 MovieLens 类中新增一个 pearson_correlation 函数来计算 criticA 和 criticB 的皮尔逊相关度：

```
In [15]: def pearson_correlation(self, criticA, criticB, prefs='users'):
    ...: """
    ...: Returns the Pearson Correlation of two critics, A and B by
    ...: performing the PPMC calculation on the scatter plot of (a, b)
    ...: ratings on the shared set of critiqued titles.
    ...: """
    ...:
    ...: # 获取共同评分项的集合
    ...: if prefs == 'users':
    ...: preferences = self.shared_preferences(criticA, criticB)
    ...: elif prefs == 'movies':
    ...: preferences = self.shared_critics(criticA, criticB)
    ...: else:
    ...: raise Exception("No preferences of type '%s'." % prefs)
    ...:
    ...: # 存储长度以保存长度计算的遍历
    ...: # 如果它们没有共同的排名，则返回 0
    ...: length = len(preferences)
    ...: if length == 0: return 0
    ...:
    ...: # 循环遍历每个评论者的偏好，并计算最终所需的各种累加和
    ...: sumA = sumB = sumSquareA = sumSquareB = sumProducts = 0
    ...: for a, b in preferences.values():
    ...: sumA += a
    ...: sumB += b
    ...: sumSquareA += pow(a, 2)
    ...: sumSquareB += pow(b, 2)
    ...: sumProducts += a*b
    ...:
    ...: # 计算皮尔逊分数
    ...: numerator = (sumProducts*length) - (sumA*sumB)
    ...: denominator = sqrt(((sumSquareA*length) - pow(sumA, 2))
    ...: * ((sumSquareB*length) - pow(sumB, 2)))
    ...:
    ...: # 防止 0 除错误
    ...: if denominator == 0: return 0
    ...:
    ...: return abs(numerator / denominator)
    ...:
```

8.8.3　工作原理

皮尔逊相关性计算的是两个用户之间的“积距”，即用均值调整的随机变量乘积的平均值，定义为两个变量（本例中为 a 和 b）的协方差除以二者标准差的乘积，计算公式如下所示：

$$Pearson\ Correlation = \frac{cov(A, B)}{\sigma_A \sigma_B}$$

对于本小节中的有限样本数，上述公式可以进一步展开成下面的形式：

$$Pearson\ Correlation = \frac{\sum_{i=1}^{n}(A_i - mean(A)) \times \sum_{i=1}^{n}(B_i - mean(B))}{\sqrt{\sum_{i=1}^{n}(A_i - mean(A))^2} \times \sqrt{\sum_{i=1}^{n}(B_i - mean(B))^2}}$$

另一种理解皮尔逊相关性的方式是，将其当作两个变量之间线性相关性的一种度量标准。它返回-1～1 之间的一个值，值接近-1 意味着二者强负相关，它接近 1 意味着二者强正相关，接近 0 意味着二者不相关。

为了方便进行比较，我们希望将相似性度量指标值标准化成一个处于［0，1］区间内的值，其中 0 意味着不相似，1 意味着十分相似。我们用下面的方法返回相关性的绝对值：

```
>>> print model.pearson_correlation(232, 532)
0.06025793538385047
```

8.8.4　更多内容

我们已经讨论了欧氏距离和皮尔逊相关性两种距离度量指标。还有其他多种衡量指标，举几个例子来说，如斯皮尔曼相关性（Spearman correlation）、Tanimoto 系数（Tanimoto scores）、Jaccard 距离（Jaccard distance）、余弦相似度（Cosine similarity）、曼哈顿距离（Manhattan distance）等。根据数据集中偏好的表达方式选择合适的度量指标是成功构建这类推荐系统的重要一部分。读者需要根据自己的兴趣和具体的数据集来寻找更合适的方法。

8.9　为用户寻找最佳影评人

既然我们已经有两种不同的衡量指标来计算用户之间的相似程度，那么下面就可以为一个特定的用户寻找最适合他的影评人，并看一下二者在偏好空间上的相似程度。

8.9.1 准备工作

在学习本小节之前，请确保你已经完成了前面小节的内容。

8.9.2 操作流程

在 MovieLens 中新增 similar_critics()函数，实现为特定用户寻找最匹配影评人的功能：

```
In [16]: import heapq
    ...:
    ...: def similar_critics(self, user, metric='euclidean', n=None):
    ...: """
    ...: Finds and ranks similar critics for the user according to the
    ...: specified distance metric. Returns the top n similar critics.
    ...: """
    ...:
    ...: # 测度跳转表
    ...: metrics = {
    ...: 'euclidean': self.euclidean_distance,
    ...: 'pearson': self.pearson_correlation,
    ...: }
    ...:
    ...: distance = metrics.get(metric, None)
    ...:
    ...: # 处理可能出现的问题
    ...: if user not in self.reviews:
    ...: raise KeyError("Unknown user, '%s'." % user)
    ...: if not distance or not callable(distance):
    ...: raise KeyError("Unknown or unprogrammed distance metric '%s'." %
metric)
    ...:
    ...: # 计算用户与所有评论者的相似性
    ...: critics = {}
    ...: for critic in self.reviews:
    ...: # 避免用户与自己比较
    ...: if critic == user:
    ...: continue
    ...:
    ...: critics[critic] = distance(user, critic)
    ...:
    ...: if n:
    ...: return heapq.nlargest(n, critics.items(), key=itemgetter(1))
```

```
...: return critics
```

8.9.3　工作原理

MovieLens 中新增的 similar_critics() 函数是本小节的核心内容。它接受一个用户参数和两个可选参数：使用的度量指标，默认是 euclidean（欧式距离）；返回的结果数，默认是 None。如你所见，函数中使用一个跳转表来灵活决定采用哪种度量指标（可以传入 euclidean 或 pearson 来选择相应的距离度量指标）。在该函数中，将所有其他用户分别与当前用户进行比较（除了自我比较），然后使用灵活的 heapq 模块存储结果，最后返回排名前 *n* 位的结果。

为了测试我们的实现是否正确，分别打印出在两种相似性距离度量指标下的结果：

```
>>> for item in model.similar_critics(232, 'euclidean', n=10):
  print "%4i: %0.3f" % item
  688: 1.000
  914: 1.000
  47: 0.500
  78: 0.500
  170: 0.500
  335: 0.500
  341: 0.500
  101: 0.414
  155: 0.414
  309: 0.414
>>> for item in model.similar_critics(232, 'pearson', n=10):
  print "%4i: %0.3f" % item
  33: 1.000
  36: 1.000
  155: 1.000
  260: 1.000
  289: 1.000
  302: 1.000
  309: 1.000
  317: 1.000
  511: 1.000
  769: 1.000
```

可以看到，二者的得分有很大区别，皮尔逊相关性会比欧氏距离找到更多的相似用户。欧氏距离更倾向于那些评分较少但完全一致的用户，而皮尔逊相关性则更倾向于具有线性相关性的用户，因此它能修正分数膨胀问题，即两个用户评分可能相似，但是一个用户总是比另一个用户评分高一星。

如果将每位评论者拥有的共享评分数量展示出来，那么你就会发现这些数据十分稀疏。下面是上述数据附带评分数量的结果：

```
Euclidean scores:
  688: 1.000 (1 shared rankings)
  914: 1.000 (2 shared rankings)
   47: 0.500 (5 shared rankings)
   78: 0.500 (3 shared rankings)
  170: 0.500 (1 shared rankings)
Pearson scores:
   33: 1.000 (2 shared rankings)
   36: 1.000 (3 shared rankings)
  155: 1.000 (2 shared rankings)
  260: 1.000 (3 shared rankings)
  289: 1.000 (3 shared rankings)
```

因此，仅使用那些相似用户的评分无法预测一个用户对一部电影的评分，我们只有通过所有用户的评分情况才能预测用户对新电影的评分结果。

8.10　预测用户电影评分

为了预测某个用户对一部电影的评分，我们需要计算那些评论过该部电影的用户的评分相对当前用户的加权平均值。权重为那些评过分的用户和当前用户的相似程度，即如果一个用户没有对当前电影进行过评分，那么他与当前用户的相似性将不会影响当前用户对电影的评分。

8.10.1　准备工作

确保你已经完成了本小节之前的内容。

8.10.2　操作流程

下面的步骤将带领你预测出用户对电影的评分。

1. 在 MovieLens 类中新增 predict_ranking 函数。该函数基于其他相似用户的评分预测当前用户对电影可能的评分：

```
In [17]: def predict_ranking(self, user, movie, metric='euclidean',
critics=None):
   ...: """
   ...: Predicts the ranking a user might give a movie according to
```

```
the
...: weighted average of the critics that are similar to the that
user.
...: """
...:
...: critics = critics or self.similar_critics(user, metric=metric)
...: total = 0.0
...: simsum = 0.0
...:
...: for critic, similarity in critics.items():
...: if movie in self.reviews[critic]:
...: total += similarity * self.reviews[critic][movie]['rating']
...: simsum += similarity
...:
...: if simsum == 0.0: return 0.0
...: return total / simsum
```

2. 在 MovieLens 类中新增 predict_all_rankings 函数。

```
In [18]: def predict_all_rankings(self, user, metric='euclidean',
n=None):
...: """
...: Predicts all rankings for all movies, if n is specified
returns
...: the top n movies and their predicted ranking.
...: """
...: critics = self.similar_critics(user, metric=metric)
...: movies = {
...: movie: self.predict_ranking(user, movie, metric, critics)
...: for movie in self.movies
...: }
...:
...: if n:
...: return heapq.nlargest(n, movies.items(), key=itemgetter(1))
...: return movies
```

8.10.3　工作原理

predict_ranking 函数接受一个用户 ID、一个电影 ID 以及一个指定的距离指标作为参数，并返回该用户对此电影的预测评分。第 4 个参数 critics 用来优化 predict_all_rankings，我们之后会对其进行讨论。预测过程收集了所有与当前用户相似的用户，然后计算这些用户对该电影的加权总评分，并过滤掉那些没有对该电影评分过的用户。其中，权重为其他用户与当前用户的相似程度，它通过计算距离指标得到。最终结果再标准化，返回一个在 1～5 星范围内的浮点数：

```
>>> print model.predict_ranking(422, 50, 'euclidean')
 4.35413151722
>>> print model.predict_ranking(422, 50, 'pearson')
 4.3566797826
```

在这里，我们可以得到 ID 为 422 的用户对电影《星球大战》（MovieLens 数据集中的 ID 为 50）的预测评分。欧氏距离与皮尔逊相关性计算的结果十分接近（这并不是一个常见情况），并且与用户的真实评分（4）也很接近。

predict_all_rankings 函数根据传入的度量指标预测一个特定用户对所有电影的排名，并接受一个可选参数 n 来返回排名前 n 位的电影。该函数通过仅执行一次来优化相似评论者的查找过程，然后将这些找到的评论者传入 predict_ranking 函数，以此提升计算性能。然而，我们必须对数据集中的每部电影都运行一次 predict_ranking 函数：

```
>>> for mid, rating in model.predict_all_rankings(578, 'pearson', 10):
...         print "%0.3f: %s" % (rating, model.movies[mid]['title'])
 5.000: Prefontaine (1997)
 5.000: Santa with Muscles (1996)
 5.000: Marlene Dietrich: Shadow and Light (1996)
 5.000: Star Kid (1997)
 5.000: Aiqing wansui (1994)
 5.000: Someone Else's America (1995)
 5.000: Great Day in Harlem, A (1994)
 5.000: Saint of Fort Washington, The (1993)
 4.954: Anna (1996)
 4.817: Innocents, The (1961)
```

如你所见，现在我们得到了推荐系统预测用户最喜欢的排名前 10 位的电影，以及用户会对某部电影的评分。此外，排名前 10 位的电影列表具有很明显的规则。除了使用相似性加权之外，我们还可以使用贝叶斯平均来进一步优化该推荐系统，不过这些留给读者来实现。

8.11　基于物品的协同过滤

到目前为止，我们都是基于用户之间的相似度来进行预测的。然而，相似度空间可以从两个角度去探索。以用户为中心的协同过滤的偏好空间中以用户为数据点，比较用户之间的相似程度，并利用这种相似程度来预测用户对物品的排名。而以物品为中心的协同过滤则刚好相反，它在偏好空间中以物品为数据点，推荐系统根据一组物品与另一组物品的相似程度进行推荐。

　　由于物品之间的相似性变化较为缓慢，因此基于物品的协同过滤是一种常用的推荐系统优化方案。在数据充足的情况下，用户新增的评分不会改变《玩具总动员》比《终结者》更像《宝贝小猪罗》这个事实，也不会改变喜欢《玩具总动员》的用户可能更喜欢《宝贝小猪罗》的事实。因此，可以离线地计算好物品之间的相似程度并生成推荐系统的静态映射表，并且每隔一段时间对结果进行更新。

　　本节将介绍基于物品的协同过滤。

8.11.1　准备工作

　　本小节的内容需要以本章前面的内容作为基础。

8.11.2　操作流程

　　创建下面的函数以进行基于物品的协同过滤：

```
In [19]: def shared_critics(self, movieA, movieB):
...: """
...: Returns the intersection of critics for two items, A and B
...: """
...:
...: if movieA not in self.movies:
...: raise KeyError("Couldn't find movie '%s' in data" % movieA)
...: if movieB not in self.movies:
...: raise KeyError("Couldn't find movie '%s' in data" % movieB)
...:
...: criticsA = set(critic for critic in self.reviews if movieA in
self.reviews[critic])
...: criticsB = set(critic for critic in self.reviews if movieB in
self.reviews[critic])
...: shared = criticsA & criticsB # Intersection operator
...:
...: # 创建一个保存评分的字典用于返回
...: reviews = {}
...: for critic in shared:
...: reviews[critic] = (
...: self.reviews[critic][movieA]['rating'],
...: self.reviews[critic][movieB]['rating'],
...: )
...: return reviews
In [20]: def similar_items(self, movie, metric='euclidean',
n=None):
```

```
...: # 测度跳转表
...: metrics = {
...: 'euclidean': self.euclidean_distance,
...: 'pearson': self.pearson_correlation,
...: }
...:
...: distance = metrics.get(metric, None)
...:
...: # 处理可能出现的问题
...: if movie not in self.reviews:
...: raise KeyError("Unknown movie, '%s'." % movie)
...: if not distance or not callable(distance):
...: raise KeyError("Unknown or unprogrammed distance metric '%s'."
% metric)
...:
...: items = {}
...: for item in self.movies:
...: if item == movie.
...: continue
...:
...: items[item] = distance(item, movie, prefs='movies')
...:
...: if n:
...: return heapq.nlargest(n, items.items(), key=itemgetter(1))
...: return items
...:
```

8.11.3 工作原理

为了实现基于物品的协同过滤，我们可以使用同样的距离指标，但是这些指标必须使用 shared_critics 而不是 shared_preferences 偏好类型（例如，物品相似性对比用户相似性）。我们需要更新函数，使其接受一个 prefs 参数来确定选用哪种偏好类型，不过这里将该任务留给读者来完成，仅是两行代码的事（注意，可以在第 7 章的 sim.py 源文件中找到答案）。

如果打印出某部电影的相似性项目列表，那么你就会发现一些有意思的结果。举例来说，让我们看一下 ID 为 631 的《哭泣游戏》的相似性结果：

```
for movie, similarity in model.similar_items(631, 'pearson').items():
    print "%0.3f: %s" % (similarity, model.movies[movie]['title'])
    0.127: Toy Story (1995)
    0.209: GoldenEye (1995)
    0.069: Four Rooms (1995)
    0.039: Get Shorty (1995)
```

```
0.340: Copycat (1995)
0.225: Shanghai Triad (Yao a yao yao dao waipo qiao) (1995)
0.232: Twelve Monkeys (1995)
...
```

这部犯罪惊悚片看上去与《玩具总动员》这部儿童电影相似度很低，但是与另一部犯罪惊悚片《叠影谋杀案》相似度却很高。当然，那些评论了很多电影的用户会使得结果有一定的倾斜。在得出更有吸引力的结论之前，我们需要更多的电影评论数据。

假设物品的相似性会定期进行计算而不需要实时计算。基于一组已经计算好的物品相似性，我们可以按照下面的方法进行推荐：

```
In [21]: def predict_ranking(self, user, movie, metric='euclidean',
critics=None):
...: """
...: Predicts the ranking a user might give a movie according to the
...: weighted average of the critics that are similar to the that user.
...: """
...:
...: critics = critics or self.similar_critics(user, metric=metric)
...: total = 0.0
...: simsum = 0.0
...:
...: for critic, similarity in critics.items():
...: if movie in self.reviews[critic]:
...: total += similarity * self.reviews[critic][movie]['rating']
...: simsum += similarity
...:
...: if simsum == 0.0: return 0.0
...: return total / simsum
```

该方法仅使用了倒置的物品之间的相似性分数，而非用户相似性分数。由于相似物品可以离线进行计算，所以通过 self.similar_items 方法查找电影应该是从数据库中查找，而无需实时计算：

```
>>> print model.predict_ranking(232, 52, 'pearson')
 3.980443976
```

接下来，你可以像基于用户的推荐一样计算出一个完整的推荐排名列表。

8.12　建立非负矩阵分解模型

矩阵分解又名奇异值分解（Singular Value Decomposition，SVD），是一种常用的对协同过滤基本的最近邻相似性评分的优化方法。矩阵分解试图寻找那些不易发现的潜在特征来对评分进行解释。例如，这种技术可以发现一些可能的特征，如动作的数量、是否适合全家观看、细粒度等电影类型。

有意思的是，这些特征是连续的数值而并非离散值，并且可以连续地反映个体的偏好。从这个角度来说，这种模型可以反映出一些隐性的关联。例如，一个用户喜欢一部场景在欧洲并有着一名强势女主角的动作电影，虽然 James Bond 的系列电影仅是欧洲动作电影，但是与该用户喜欢的电影类型有着一定相似之处，所以用户对此系列电影的喜欢程度，很可能受 James Bond 的对手女演员的强势程度所影响。

矩阵分解模型另一个十分有用的特点在于它可以很好地工作于稀疏数据上，即可以利用更少的"推荐—电影对"数据。由于不是所有人都会对同一部电影评分，并且数据库中又包含大量的电影，因此电影评分的数据十分稀疏。此外，SVD 的计算过程可以并行进行，因此十分适用于处理大数据量数据。

8.12.1　操作流程

在本章的剩余部分中，我们将建立一个非负矩阵分解模型来优化我们的推荐系统：
- 将数据集载入内存；
- 导出 SVD 模型到硬盘；
- 训练 SVD 模型；
- 测试 SVD 模型。

8.12.2　工作原理

矩阵分解的目的是将原有矩阵拆解为两个矩阵，使得它们的点积（也称为内积或标量积）和原有矩阵近似相等。在这里，我们的训练矩阵为用户到电影评分的一个稀疏的 $N \times M$ 矩阵，对应位置上的值为用户对相应电影的星级评分值，没有评分则值为空或 0。我们希望通过矩阵分解的模型实现以矩阵点积来填补那些空值，并作为用户对电影评分的预测值。

这种方法的原理是假设存在的隐含特征可以决定用户对一个物品的评分，并且这些隐含特征可以从用户之前对其他物品的评分中获得。如果我们发现了这个隐含特征，那么就可以对新的物品进行评分预测。此外，这也意味着特征的数量应该小于用户和电影对数（否则，每部电影和用户都是一个独特的特征）。这就是为什么我们在计算点积之前，用一些特征长度来组成分解矩阵。

从数学上讲，我们的工作可以分为下面几步。假设有 U 个用户和 M 部电影，那么

设定 $\boldsymbol{R}$ 代表大小为 $|U|\times|M|$ 的包含用户评分的矩阵。假设存在 K 个隐含特征，那么可以寻找值为 $|U|\times K$ 的矩阵 $\boldsymbol{P}$ 和值为 $|M|\times K$ 的矩阵 $\boldsymbol{Q}$，使得 $\boldsymbol{P}$ 和 $\boldsymbol{Q}$ 的点积接近于 $\boldsymbol{R}$。因此，$\boldsymbol{P}$ 表示用户和隐含特征之间的关联，$\boldsymbol{Q}$ 表示电影和隐含特征之间的关联：

$$\boldsymbol{R} \approx \boldsymbol{P} \times \boldsymbol{Q}^{\mathrm{T}} = \hat{\boldsymbol{R}}$$

有多种方法可以进行矩阵分解，在这里我们选择梯度下降法。梯度下降法随机初始化两个矩阵 $\boldsymbol{P}$ 和 $\boldsymbol{Q}$，计算它们的点积，并沿着使误差函数值减小的方向来缩小点积与原始矩阵的误差。通过这种方式，我们希望能找到一个局部最优值，使得误差在可接受的范围内。

我们使用的误差函数计算的是预测值和实际值之差的平方：

$$e_{ij} = (r_{ij} - \hat{r}_{ij})^2$$

为了最小化误差，通过梯度下降来修改 p_{ik} 和 q_{kj} 的值。对 p 求偏微分，可以得出下面的等式：

$$\frac{\partial}{\partial p_{ik}} e_{ij} = -2(r_{ij} - \hat{r}_{ij})(q_{kj}) = -2e_{ij}q_{kj}$$

接下来，对 q 求偏微分，得到下式：

$$\frac{\partial}{\partial q_{kj}} e_{ij} = -2(r_{ij} - \hat{r}_{ij})(p_{ik}) = -2e_{ij}p_{ik}$$

这样我们就可以推导出学习规则，并以一定的速率 α 来更新 $\boldsymbol{P}$ 和 $\boldsymbol{Q}$ 的值。α 的大小必须慎重选择，太大可能会使误差落入另一侧的曲线（错过最优值），而太小又会导致很长时间才会收敛：

$$p'_{ik} = p_{ik} + \alpha \frac{\partial}{\partial p_{ik}} e_{ij} = p_{ik} + 2\alpha e_{ij}q_{kj}$$

$$q'_{kj} = q_{kj} + \alpha \frac{\partial}{\partial q_{kj}} e_{ij} = q_{kj} + 2\alpha e_{ij}p_{ik}$$

接下来，我们不断迭代更新 $\boldsymbol{P}$ 和 $\boldsymbol{Q}$ 来减小误差，直至平方误差的总和低于代码中设定的阈值 0.001 或者达到最大的迭代次数。

矩阵分解已经成为推荐系统中一项十分重要的技术，尤其是利用类似李克特量表（Likert-scale-like）偏好表达式（比如星级评分）的推荐系统。在 Netfix Prize 比赛中，矩阵分解表现出对评分预测任务具有很高的准确性。此外，矩阵分解是一种模型参数空间简洁、内存高效的表现方式，它支持并行训练和多特征向量，并且可以通过不同的置信级别进行改善。通常，我们使用它来处理稀疏数据的冷启动问题，并用来结合多种其他基于内容的复杂推荐方法。

8.13 将数据集载入内存

建立非负矩阵分解模型的第一步是将数据集载入内存。为了完成这项任务，我们需要大量使用 NumPy。

8.13.1 准备工作

为了完成本小节的工作，你需要下载明尼苏达大学的 MovieLens 数据集，并将其解压到代码将要存放的工作路径。由于我们在代码中还会大量用到 NumPy，所以请确保你已经下载并安装了这个数据分析工具包。此外，还需要用到之前小节实现的 load_reviews 函数。如果你跳过了之前的内容，那么这里你需要准备好对应的代码。

8.13.2 操作流程

为了构建矩阵分解模型，我们需要为预测器创建一个包装器，该预测器会将整个数据集载入内存。下面介绍具体的步骤。

1. 新建 Recommender 类。注意，该类需要依赖之前创建的 load_reviews 函数：

```
In [22]: import numpy as np
...: import csv
...:
...: class Recommender(object):
...:
...: def __init__(self, udata):
...: self.udata = udata
...: self.users = None
...: self.movies = None
...: self.reviews = None
...: self.load_dataset()
...:
...: def load_dataset(self):
...: """
...: Loads an index of users and movies as a heap and a reviews
table
...: as a N x M array where N is the number of users and M is the
number
...: of movies. Note that order matters so that we can look up
values
```

```
...: outside of the matrix!
...: """
...: self.users = set([])
...: self.movies = set([])
...: for review in load_reviews(self.udata):
...: self.users.add(review['userid'])
...: self.movies.add(review['movieid'])
...:
...: self.users = sorted(self.users)
...: self.movies = sorted(self.movies)
...:
...: self.reviews = np.zeros(shape=(len(self.users),
len(self.movies)))
...: for review in load_reviews(self.udata):
...: uid = self.users.index(review['userid'])
...: mid = self.movies.index(review['movieid'])
...: self.reviews[uid, mid] = review['rating']
```

2．输入下面的命令来初始化模型：

```
data_path = '../data/ml-100k/u.data' model = Recommender(data_path)
```

8.13.3　工作原理

接下来，我们逐行解释上面的代码。初始化推荐模型需要一个指向 u.data 文件路径的参数，创建用户、电影和评分的列表，然后加载数据集。此处我们需要将所有数据载入内存，具体原因会在后文中介绍。

进行矩阵分解的最基本的数据结构是 $N \times M$ 的矩阵，其中 N 为用户个数，M 为电影个数。为了建立这个数据结构，首先需要将所有的电影和用户载入一个有序列表中，这样我们可以通过用户或电影 ID 查找到它们的索引。在 MovieLens 数据集中，所有的 ID 都是从 1 开始的连续值。然而，并非所有时候都是这样的，所以建立一个索引查询表是一种更好的处理方式。否则，你可能无法获取所需的数据。

有了索引查询表后，接着创建一个 NumPy 的 array 结构，并将其初始化为一个全零的 $N \times M$ 矩阵，其中，N 代表用户列表长度，M 代表电影列表长度。需要注意的是，行代表用户，列代表电影。接下来，我们再次遍历评分数据，并把对应的评分加入矩阵中坐标为（uid，mid）的位置处。注意，如果某个用户未曾对某部电影进行过评分，那么对应位置的值为 0，这一点非常重要。如果通过 model.reviews 命令将数组结果打印出来，那么你将得到与下面类似的结果：

```
[[ 5. 3. 4. ..., 0. 0. 0.]
 [ 4. 0. 0. ..., 0. 0. 0.]
 [ 0. 0. 0. ..., 0. 0. 0.]
 ...,
 [ 5. 0. 0. ..., 0. 0. 0.]
 [ 0. 0. 0. ..., 0. 0. 0.]
 [ 0. 5. 0. ..., 0. 0. 0.]]
```

8.13.4　更多内容

通过在 Recommender 类中添加下面两个函数，来感受一下我们的数据集的稀疏或密集程度：

```
In [23]: def sparsity(self):
    ...: """
    ...: Report the percent of elements that are zero in the array
    ...: """
    ...: return 1 - self.density()
    ...:
In [24]: def density(self):
    ...: """
    ...: Return the percent of elements that are nonzero in the array
    ...: """
    ...: nonzero = float(np.count_nonzero(self.reviews))
    ...: return nonzero / self.reviews.size
```

在 Recommender 类中加入这些方法，可以更好地评估我们的推荐系统，并且有助于我们以后识别不同的推荐模型。

将结果打印出来：

```
print "%0.3f%% sparse" % model.sparsity()
print "%0.3f%% dense" % model.density()
```

可以看到，MovieLens 100k 数据集中 0.937 的比例为稀疏，0.063 的比例为紧密。

需要注意的是，关注数据集的大小非常重要。对于大部分推荐系统来说，数据稀疏意味着我们可以使用稀疏矩阵算法和优化算法。此外，我们将把模型保存到磁盘中，而在我们从磁盘上的序列化文件中加载模型时，稀疏性有助于识别不同的模型。

8.14　导出 SVD 模型到硬盘

在构建最终模型之前，需要花费很长时间来训练模型，因此应该先创建一种从硬盘导入导出模型的机制。如果我们有一种保存分解矩阵参数的方法，那么就可以无需在每次都训练它的情况下复用模型。由于模型训练通常需要数小时，因此这种方式的复用对于我们来说十分重要。好在 Python 中有一个 pickle 模块，它可以方便地将 Python 对象进行序列化和反序列化。

8.14.1 操作流程

更新 Recommender 类如下所示：

```
In [26]: import pickle
...: class Recommender(object):
...: @classmethod
...: def load(klass, pickle_path):
...: """
...: Instantiates the class by deserializing the pickle.
...: Note that the object returned may not be an exact match
...: to the code in this class (if it was saved
...: before updates).
...: """
...: with open(pickle_path, 'rb') as pkl:
...: return pickle.load(pkl)
...:
...: def __init__(self, udata, description=None):
...: self.udata = udata
...: self.users = None
...: self.movies = None
...: self.reviews = None
...:
...: # 描述性的属性
...: self.build_start = None
...: self.build_finish = None
...: self.description = None
...:
...: # 模型属性
...: self.model = None
...: self.features = 2
...: self.steps = 5000
...: self.alpha = 0.0002
...: self.beta = 0.02
...: self.load_dataset()
...:
...: def dump(self, pickle_path):
...: """
```

```
...: Dump the object into a serialized file using the pickle module.
...: This will allow us to quickly reload our model in the future.
...: """
...: with open(pickle_path, 'wb') as pkl:
...: pickle.dump(self, pkl)
```

8.14.2 工作原理

上述代码中的@classmethod 是 Python 中的一种装饰器，用来声明一个类方法，而非实例方法。第一个输入参数是一个类型，而非一个实例（通常使用 self 表示）。类方法 load 接受一个指向磁盘某个文件路径的参数，该文件中包含一个序列化的 pickle 对象，然后使用 pickle 模块加载该对象。需要注意的是，由于 pickle 模块在序列化时会保存导出时对象的所有属性和方法，因此反序列化出来的对象有可能已经与当前最新代码中的类 Recommender 不同。

说起导出，dump 方法提供和载入完全相反的功能，它可以序列化方法、属性和数据到硬盘，以便在未来重新载入内存。为了能更好地识别导入导出的对象，我们在__init__函数中加入了一些描述性属性，包括一个描述属性、一些构造参数以及一些时间戳。

8.15 训练 SVD 模型

现在我们可以开始编写用以分解训练集和构建推荐模型的函数。本节你将看到所需要的函数。

8.15.1 操作流程

创建下面的函数来训练模型。需要注意的是，这些函数并不是 Recommender 类的一部分：

```
In [27]: def initialize(R, K):
...: """
...: Returns initial matrices for an N X M matrix, R and K features.
...:
...: :param R: the matrix to be factorized
...: :param K: the number of latent features
...:
...: :returns: P, Q initial matrices of N x K and M x K sizes
...: """
...: N, M = R.shape
...: P = np.random.rand(N,K)
```

```
...: Q = np.random.rand(M,K)
...:
...: return P, Q
In [28]: def factor(R, P=None, Q=None, K=2, steps=5000, alpha=0.0002,
beta=0.02):
...: """
...: Performs matrix factorization on R with given parameters.
...:
...: :param R: A matrix to be factorized, dimension N x M
...: :param P: an initial matrix of dimension N x K
...: :param Q: an initial matrix of dimension M x K
...: :param K: the number of latent features
...: :param steps: the maximum number of iterations to optimize in
...: :param alpha: the learning rate for gradient descent
...: :param beta: the regularization parameter
...:
...: :returns: final matrices P and Q
...: """
...:
...: if not P or not Q:
...: P, Q = initialize(R, K)
...: Q = Q.T
...:
...: rows, cols = R.shape
...: for step in xrange(steps):
...: for i in xrange(rows):
...: for j in xrange(cols):
...: if R[i,j] > 0:
...: eij = R[i,j] - np.dot(P[i,:], Q[:,j])
...: for k in xrange(K):
...: P[i,k] = P[i,k] + alpha * (2 * eij * Q[k,j] - beta * P[i,k])
...: Q[k,j] = Q[k,j] + alpha * (2 * eij * P[i,k] - beta * Q[k,j])
...:
...: e = 0
...: for i in xrange(rows):
...: for j in xrange(cols):
...: if R[i,j] > 0:
...: e = e + pow(R[i,j] - np.dot(P[i,:], Q[:,j]), 2)
...: for k in xrange(K):
...: e = e + (beta/2) * (pow(P[i,k], 2) + pow(Q[k,j], 2))
...: if e < 0.001:
...: break
...:
...: return P, Q.T
```

8.15.2 工作原理

相关的理论和数学原理已经在 8.12 节中进行了讨论，下面我们来分析代码。initialize 函数创建了 P 和 Q 两个矩阵，其大小与评分矩阵和特征个数对应，即 $N \times K$ 和 $M \times K$，其中 N 为用户数，M 为电影数。另外，矩阵元素的值初始化为 0.0～1.0 之间的随机数。factor 函数利用梯度下降法来计算 P 和 Q，当它们的点积偏差小于 0.001 或者达到 5000 次迭代时，计算终止。需要注意的是，我们期望的结果是要大于 0 的，计算得到的结果值就是我们所期望的预测值，我们不希望计算出来的结果与原矩阵完全一致（否则，训练结果也会包含大量值为 0 的元素）。这也是此处不能使用 NumPy 内建的 SVD 函数 np.linalg.svd 和 np.linalg.solve 的原因。

8.15.3 更多内容

现在可以利用这些分解函数来构建模型，并将计算好的模型保存至硬盘。接下来就可以利用 dump 和 load 函数来对模型执行导入导出功能。将下面的函数加入 Recommender 类中：

```
In [29]: def build(self, output=None, alternate=False):
...: """
...: Trains the model by employing matrix factorization on our training
...: data set, the sparse reviews matrix. The model is the dot product
...: of the P and Q decomposed matrices from the factorization.
...: """
...: options = {
...: 'K': self.features,
...: 'steps': self.steps,
...: 'alpha': self.alpha,
...: 'beta': self.beta,
...: }
...:
...: self.build_start = time.time()
...: nnmf = factor2 if alternate else factor
...: self.P, self.Q = nnmf(self.reviews, **options)
...: self.model = np.dot(self.P, self.Q.T)
...: self.build_finish = time.time()
...:
...: if output:
...: self.dump(output)
```

该辅助函数有助于我们快速地构建模型。值得注意的是，我们也会保存 P 和 Q，即潜在的特征参数。由于预测模型的结果是这两个矩阵的点积，因此它们并不是必须保存的。至于是否需要在模型中保存这些信息，你需要在磁盘空间和训练时间之间进行权衡，因为保存这些矩阵时序列化文件会占据大量的磁盘空间，但是在重新训练模型时却能够大大减少训练时间（可能会造成过拟合）。运行下面的代码，可以构建此模型并将数据导出到磁盘：

```
model = Recommender(relative_path('../data/ml-100k/u.data'))
model.build('reccod.pickle')
```

警告：构建模型的时间会很长，在一台 2013 年生产的 MacBook Pro（拥有 2.8GHz 的处理器）上，该过程需要消耗大约 23.1 MB 内存，运行了 9 小时 15 分，这与你之前写过的 Python 脚本有着很大的不同。因此，在构建你的模型之前，建议先继续阅读本章剩余的内容。另外，建议你先在一个包含 100 个样本的小数据集上测试你的代码，然后再应用到整个数据集上。

8.16　测试 SVD 模型

本节将结束本章的推荐系统。现在我们利用新的非负矩阵分解模型来看一下预测的评分。

8.16.1　操作流程

你需要做的最后一步就是访问利用该模型对某部电影预测的评分结果：

```
In [30]: def predict_ranking(self, user, movie):
...: uidx = self.users.index(user)
...: midx = self.movies.index(movie)
...: if self.reviews[uidx, midx] > 0:
...: return None
...: return self.model[uidx, midx]
```

8.16.2　工作原理

计算排名是一件相对容易的工作，我们只需查找用户索引和电影索引，并查找我们的模型给出的预测评分结果。这就是为什么在我们的 pickle 模块中保存用户和电影的有序列表如此重要的原因。但是，模型反映的是历史数据，并且对新的变化不敏感，如果数据集有变化（我们增加用户或电影），那么程序可能会抛出异常。因此，需要定期根据新的数据来更新预测模型。此外，上面的函数在有用户评分的情况下会返回 None（例如，不是一个预测值时）。我们将在接下来的步骤中处理这种情况。

8.16.3 更多内容

为了获得最高评分的电影，我们利用前面的函数来为预测评分的电影排序：

```
In [31]: import heapq
...: from operator import itemgetter
...:
...: def top_rated(self, user, n=12):
...: movies = [(mid, self.predict_ranking(user, mid)) for mid in
self.movies]
...: return heapq.nlargest(n, movies, key=itemgetter(1))
```

现在可以打印出预测排名靠前的电影，这些电影用户之前并未对其进行过评分：

```
>>> rec = Recommender.load('reco.pickle')
>>> for item in rec.top_rated(234):
...     print "%i: %0.3f" % item
 814: 4.437
1642: 4.362
1491: 4.361
1599: 4.343
1536: 4.324
1500: 4.323
1449: 4.281
1650: 4.147
1645: 4.135
1467: 4.133
1636: 4.133
1651: 4.132
```

剩下的就很简单了，即使用电影 ID 在我们的电影数据库中查找对应的电影。

第 9 章
获取和定位 Twitter 数据（基于 Python）

本章包含以下主要内容。
- 创建 Twitter 的应用。
- 了解 Twitter API v1.1。
- 获取粉丝和好友信息。
- 获取 Twitter 用户信息。
- 避免 Twitter 速度限制。
- 存储 JSON 数据至硬盘。
- 搭建 MongoDB 存储 Twitter 数据。
- 利用 PyMongo 存储用户信息到 MongoDB。
- 探索用户地理信息。
- 利用 Python 绘制地理分布图。

9.1 简介

在本章中，我们将利用 RESTful 风格的网络服务 API 进行社交媒体数据分析。Twitter 作为一种微博式的社交网络，拥有大量可用于数据挖掘尤其是文本挖掘的无价数据流。另外，Twitter 还提供了极为优秀的 API 服务，后文我们将学习如何利用 Python 与其进行交互。我们将利用 Twitter 的 API 来获取社交网络关系并收集 JSON 数据，然后分别利用传统的文件存储方式和目前流行的 NoSQL 数据库 MongoDB 方式存储这些数据。我们将分析并确定这些社交关系中的地理位置，并将位置数据可视化。

通过本章的学习，你将注意到这类 API 在设计和使用上的一些模式。与 API 进行交互是数据科学中一个非常重要的主题。更好地理解它们可以帮你开启一个全新的数据世界，向你提供海量的数据分析机会。

API 是应用编程接口（Application Programming Interface）的缩写。在传统计算机科学中，它表示那些可以让不同软件程序间彼此交互的方法。目前，越来越多的 API 是一种互联网 API——通过互联网在不同的软件和网络应用（如 Twitter）之间共享数据。获取并管理数据是数据科学过程中重要的一环，了解如何使用这些 API 是从互联网上获取数据不可或缺的一步。

RESTful API 是一种众多互联网应用所广泛使用的特殊 API。尽管我们可以忽略很多技术术语，但是 REST 是必须要介绍的一个概念。REST 意为表述性状态传递（Representational State Transfer），互联网中的文档和对象状态的表现和修改都需要通过该 API 来传递。RESTful API 是超文本传输协议（Hypertext Transfer Protocol，HTTP）的一个直接扩展。由于万维网（World Wide Web）构建在 HTTP 协议之上，这也就成为 RESTful API 作为 Web API 如此流行的一个最主要原因。HTTP 协议允许客户端通过 GET、POST、DELETE 和 PUT 这 4 种请求方式来连接服务器。一般来说，服务器会返回一个 HTML 的文档。类似地，RESTful API 根据客户端不同的请求方式返回对应的 JSON 文档。前者主要是为了方便人们阅读，而后者则是供程序使用。

在本章中，我们仅仅使用 HTTP GET 请求和少量 POST 请求。正如字面意思那样，一个 GET 请求向服务器请求一个指定的资源。与之相反，一个 POST 请求试图向服务器发送数据（如提交一个表单或者上传一个文件）。而 API 提供者（如 Twitter）则允许我们向特定的资源 URL 发送 HTTP GET 请求，这个 URL 一般称为端点。如果我们向该端点发送的 HTTP GET 请求验证通过，那么 Twitter 将把当前用户的时间轴数据以 JSON 格式返回。

9.2 创建 Twitter 应用

2014 年，Twitter 上有 2.53 亿的活跃用户。幸运的是，相对其他同等量级的社交媒体网站来说，Twitter 的数据服务更加开放、更加便捷地提供给第三方。此外，Twitter 提供了大量友好易用的 RESTful API，我们将在后续章节中大量使用它们。本节中，我们将介绍如何创建一个新的 Twitter 应用，这是利用程序获取 Twitter 数据的第一步。

9.2.1 准备工作

确保你的机器上已经安装了浏览器，然后打开一个新的浏览器选项卡或窗口。

9.2.2 操作流程

下面的步骤将带你一步步创建一个新的 Twitter 应用。

Twitter 的用户界面（UI）有可能会频繁地发生变化，因此下面的步骤以及填写的表单也可能会随之发生变化。

1．确保你已经创建了一个 Twitter 账号。如果还没有，那么可以访问其官网进行注册。否则，只需要在浏览器中登录 Twitter 账号即可。

2．访问 https://dev.twitter.com/apps，创建一个新的 App。

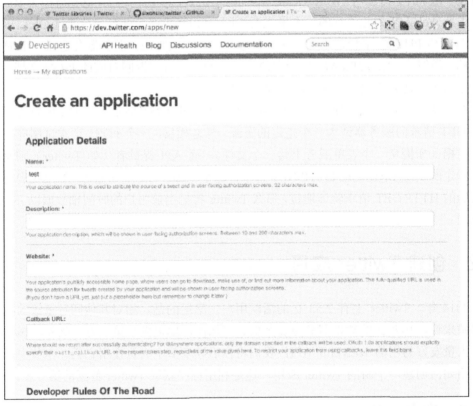

3．在这里，页面会提示你填入应用的细节信息，其中 3 处为必填，一处为选填。此时需要为你的应用选择一个不超过 32 个字符的名字。

4．用 10～200 个字符简短描述你的应用。

5．你必须为你的应用填写一个网址。尽管这并不适用于本章的应用，但这是表格中的一个必选项。另外，为了能使表格成功提交，对网址的格式也有特定要求，在这里我们输入 http://127.0.0.1。

6．最后，你可以忽略表格最后的 Callback URL 区域。

7．现在可以花一些时间阅读 Developer Rules of the Road 部分。这篇文档用简单明了的语言介绍了你的应用能做哪些事情、不能做哪些事情。

8．单击"Create your Twitter Application"。稍后即可在新应用的主设置页面顶部看到选项菜单，当前的选项应该为 Details。

9．单击"Keys and Access Tokens"选项，你可以看到下面的截屏画面：

10．单击屏幕底部"Token actions"部分的灰色按钮"Create my access token"，对应用进行账户验证（你可能需要多次单击这个按钮）。结果应该如下面的截屏所示：

11．将 API key、API secret、Access token 和 Access token secret 记录在一个文本文

件中。这些内容很重要，你必须像保护邮箱密码或 ATM pin 码一样保护它们。可以将它们截图进行保存，存成文本形式更方便之后的复制、粘贴。

> 既然现在你的电脑上已经安装了 MinGW 和 MSYS，那么它们可在操作系统中实现 Linux 开发环境中最重要的部分，因此不必再安装 Linux。

9.2.3　工作原理

你可能会问为什么我们只是想从 Twitter 上获取一些简单的数据，却还要在上面创建一个应用。Twitter 早期的 API（1.0 及更早版本）允许应用发送匿名 API 请求，使得应用可以在 Twitter 无需知道请求者信息的情况下检索数据。然而，自从 1.0 版本的 API 在 2013 年 6 月 11 日作废后，现在所有对 Twitter 的请求都必须通过验证。这样 Twitter 就可以跟踪谁请求了哪些信息以及请求了多少信息。

现在，一些信号表明，可以自由使用社交媒体数据的好日子要一去不复返了。Facebook 的最新 API 集，尤其是 Facebook 登录 2.0 版本 API 极大地限制了可以从社交图谱中获取的信息内容。另外，Twitter 在 2014 年 4 月收购了一家出售大量 Twitter 数据的公司 Gnip。这一动向暗示着 Twitter 2.0 版本的 API 可能会进一步限制对其数据的访问。

9.3　了解 Twitter API v1.1

API 有好的一面，也有不好的一面。API 使得我们能便利地从 Twitter、Facebook 和 LinkedIn 等地方获取数据，但是只能得到这些公司允许我们获得的数据。不幸的是，为了控制用户获取数据的频率（以及数量），这些公司通常会对 API 的访问速度和频率进行限制。此外，他们还会改变 API 的规范，导致很多代码需要重写。Twitter API 从 1.0 到 1.1 版本的巨大变化很好地印证了这些观点。

Twitter 提供了 3 类主要 API：搜索 API、REST API 以及流 API。搜索 API 提供发送搜索请求并获得历史上相关推文的程序化方法。REST API 提供了访问 Twitter 核心功能（如时间轴、状态变化以及用户信息）的方法。流 API 设计成可以以低延迟获取推文数据全局流的实时 API。

使用流 API 时，必须与 Twitter 建立一个持久的 HTTP 链接。对于我们的数据挖掘以及分析来说，流 API 的威力超出了我们的需要，我们只需要周期性地向 Twitter 请求数据即可。因此，我们不会涉及流 API，主要精力将集中在前两种 API 上。

9.3.1 准备工作

如果你已经根据之前的内容创建了自己的应用并复制了相关的密钥，那么你可以开始下面的内容。

9.3.2 操作流程

通过下面的步骤，你可以利用 Python 程序访问 Twitter 的 API。

1. 安装 twython 库。打开一个新的命令行终端，输入下面的命令：

```
(sudo) pip install twython
```

如果你所使用的当前用户权限不够，则需要 sudo 命令。

2. 打开一个新的终端并开启默认的 Python REPL 或者 IPython。如果你希望更进一步，那么可以使用 IPython Notebook。

3. 输入并执行下面的 Python 代码，填入你的 application key：

```
In [1]: '''
   ...: Understanding the Twitter API v1.1
   ...: '''
   ...: from twython import Twython
In [2]: API_KEY = 'INSERT HERE'
   ...: API_SECRET = 'INSERT HERE'
   ...:
   ...: ACCESS_TOKEN = 'INSERT HERE'
   ...: ACCESS_TOKEN_SECRET = 'INSERT HERE'
In [3]: twitter = Twython(API_KEY, API_SECRET, ACCESS_TOKEN,
ACCESS_TOKEN_SECRET)
```

> Twitter 经常更新其开发者接口，API_KEY 之前也称为 CONSUMER_KEY。另外，代码片段里的 key 需要替换成前面小节中获取的 key。

4. 如果你使用的是 IPython，那么可以在 REPL 中输入下面的内容并按下 Tab 键：

```
In [4]:twitter
```

IPython 会展示所有你可以调用的 API 列表。

5．作为测试，在 Python 提示符下输入下面的命令：

```
In [4]: temp = twitter.get_user_timeline()
```

这条命令将从时间线上获取最近的 20 个状态更新，并将其保存为一个包含 20 个 Python 字典元素的列表。

6．此外，twython 提供了访问 Twitter 响应头信息的方法：

```
In [5]: twitter.get_lastfunction_header('x-rate-limit-remaining')
   ...:

Out[5]: '899'
```

9.3.3 工作原理

通过上面的代码，我们可以通过传入自己的 API key 和 access token 来初始化一个 twython 实例。该对象作为与 Twitter API 进行交互的主要接口，并且默认通过 OAuth v1 协议进行验证。由于这一步十分常用，所以可以利用下面的函数将它封装。在使用下面的函数代码前，确保传入了所需的 application key：

```
In [6]: def twitter_oauth_login():
   ...: API_KEY = 'INSERT HERE'
   ...: API_SECRET = 'INSERT HERE'
   ...: ACCESS_TOKEN = 'INSERT HERE'
   ...: ACCESS_TOKEN_SECRET = 'INSERT HERE'
   ...:
```

```
    ...: twitter = Twython(API_KEY, API_SECRET, ACCESS_TOKEN,
ACCESS_TOKEN_SECRET)
    ...: return(twitter)

return(twitter)
```

> 如果你将代码上传到 GitHub 或者其他代码托管的云平台（如 Bitbucket），那么需要检查你的仓库是公共的还是私有的。GitHub 上所有的免费仓库都是公共的。如果你的仓库是公共的，那么所有人都能看到你的私有 Twitter API 的 key。我们强烈建议你在这种情况下使用私有仓库，有些网站可以提供免费的私有仓库。

OAuth 是开放验证协议（Open Authentication protocol）的缩写，它允许用户授权第三方应用来访问用户账户（在本章中是 Twitter 账户）的一部分功能，而无需提供用户的登录名和密码。对 OAuth 工作原理的细节分析超出了本章的范围。然而，我们这里需要讨论 Twitter 应用两种不同的资源验证方式。最常见的一种是"应用-用户"验证，这里将不会用到。在这种模式下，用户给予应用一部分权限，应用以用户的身份来发送请求。我们的项目使用应用验证，即应用并非以用户身份发送请求，而是以自己的身份来发送请求。需要注意的是，一些 API 并不支持应用验证请求，并且对这些请求的速度限制也不一样。

9.3.4 更多内容

twython 并不是访问 Twitter API 唯一的 Python 库。下面是 3 个流行的替代选择，其中包括著名的 Python Twitter Tools。你可以尝试使用它们，并选择最适合你的。

● Python Twitter Tools：这是一个最简化的 Python Twitter API 库，它提供了一个命令行工具来获取好友的推文并发送自己的推文。

● twython 3.1.2：这是一个纯 Python 库，支持搜索和流 API，并且目前仍在维护。在本章中我们将使用这个库。

● python-twitter：这是一个针对当前的 Twitter v1.1 API 的纯 Python 库。

Twitter 在其官网里维护了一个各种编程语言的可用库列表。请注意，本章中的代码仅仅使用了 twython 库，但是它可以帮助读者很快地利用其他 Python 库对这些例子进行重写。

9.4　获取粉丝和好友信息

在 Twitter 社交网络中，与一个特定用户相关的用户可分成粉丝和好友两种不同类型。好友是那些你关注的用户，而粉丝则是那些关注你的用户。在本节中，我们将获取你的粉丝和好友信息，并分析他们之间的重叠程度。

9.4.1　准备工作

本小节中的内容将用到前面两小节的结果以及 twitter_oauth_login()函数。此外，我们将在 IPython 或者默认的 Python REPL 下工作。你也可以使用其他你喜欢的编辑器来应对不断增长的复杂的代码。

9.4.2　操作流程

下面的步骤将一步步从 Twitter 中获取好友和粉丝信息。

1．在 IPython 或其他你喜欢的 REPL 中输入下面的代码：

```
In [8]: twitter = twitter_oauth_login()
   ...: friends_ids = twitter.get_friends_ids(count=5000)
   ...: friends_ids = friends_ids['ids']

In [9]: followers_ids = twitter.get_followers_ids(count=5000)
   ...: followers_ids = followers_ids['ids']
```

2．上面的代码获取了你所有的粉丝和好友 ID。下面来看一下你一共有多少粉丝和好友：

```
In [10]: len(friends_ids), len(followers_ids)
   ...:
Out[10]: (22, 40)
```

3．下面将用到 Python 中的集合操作，这里的集合与数学概念上的集合很相似。可以用下面的代码来获取你的好友和粉丝的一些属性：

```
In [11]: friends_set = set(friends_ids)
   ...: followers_set = set(followers_ids)
   ...:
In [12]: print('Number of Twitter users who either are our friend
or follow you (union):')
   ...: print(len(friends_set.union(followers_set)))
   ...:
```

```
Number of Twitter users who either are our friend or follow you
(union):
56
In [13]: len(friends_set | followers_set)
   ...: len(set(friends_ids+followers_ids))
   ...:
Out[13]: 56

In [14]: print('Number of Twitter users who follow you and are your
friend (intersection):')
   ...: print(len(friends_set & followers_set))
   ...:
Number of Twitter users who follow you and are your friend
(intersection):
6

In [15]: print("Number of Twitter users you follow that don't
follow you (set difference):")
   ...: print(len(friends_set - followers_set))
   ...:

In [16]: Number of Twitter users you follow that don't follow you
(set difference):
16
print("Number of Twitter users who follow you that you don't follow
(set difference):")
   ...: print(len(followers_set - friends_set))
   ...:
Number of Twitter users who follow you that you don't follow (set
difference):
34
```

上面的代码将产生下面的结果：

```
Number of Twitter users who either are our friend or follow you (union):
980
Number of Twitter users who follow you and are your friend (intersection):
205
Number of Twitter users you follow that don't follow you (set difference):
354
Number of Twitter users who follow you that you don't follow (set difference):
421
```

根据你拥有的好友和粉丝数量，上图的结果很可能会与你的结果不同。

9.4.3 工作原理

上面的代码展示了 twython 库的易用性。通过 twitter_oauth_login 函数登录后，我们可以用 Twitter 对象的两个基本函数分别获取好友的 ID 和粉丝的 ID。注意，将 count 参数设置为 5000，这是 Twitter API 所允许的最大值。Twitter 对象返回一个字典，从中我们可以获取真实的 ID。

twython 的一个优点是它与原始的 Twitter API 十分相似。当你对其中某一个函数有疑问时，只需查看 Twitter 的相关文档即可。

得到好友和粉丝的 ID 信息后，我们就可以利用 Python 的集合类型进行一些快速的简单分析。set 类型在 Python 2.4 版本后成为内建类型，它是一种包含唯一对象元素的无序集合。我们最需要的特性就是唯一性。如果利用一个有重复元素的列表来创建集合，那么我们将得到一个包含唯一性元素的集合，即 set([1,2,2,3,3,3]) 将返回 {1,2,3}。

通过将好友 ID 的集合与粉丝 ID 的集合合并，我们就可以得到包含所有好友和粉丝 ID 的无重复 ID 集合。在上面的代码中，我们使用了 set 类型的 union 方法，但还有其他的方法可以实现同样的功能：

```
(friends_set | followers_set)
(set(friends_ids + followers_ids))
```

9.4.4 更多内容

尽管 twython 的完美抽象隐藏了直接使用 API 的复杂细节，但是如果我们不了解底层的实现，那么这种简化可能会导致一些问题。当调用 twitter.get_friends_ids(count=5000) 方法时，我们向特定的 URL 发送了一个 HTTP GET 请求。函数调用中输入参数 count=5000，会在 URL 中以 "字段-值" 对的形式展现。

目前，真实的 API 端点需要一些默认的参数值，这些参数值将由 twython 替我们填入，最终的 URL 是下面展示的形式：

```
https://api.twitter.com/1.1/friends/ids.json?cursor=-
 1&screen_name=sayhitosean&count=5000
```

Twitter v1.1 API 要求所有的请求都必须通过 OAuth 验证。这些信息实际上都嵌入在 GET 请求的头部。构造合适的请求头有很多种方法，这里不再介绍。twython 不仅帮我们构造了合适的请求 URL，而且还帮我们处理了令人头疼的 OAuth 验证问题。如果感兴趣，读者可以深入学习，并探索如何利用这个优秀的请求库或其他工具来构造合适的 GET 请求。

> 不同的 Twitter API 端点有不同的速度限制。在 Twitter 于 2014 年 5 月提供的 1.1 版本 API 中，GET friends/ID 的速度限制为每 15min 允许 15 次请求。但其他端点的限制没有如此严格。

9.5 获取 Twitter 用户信息

在本节中，我们将用 Twitter API 来获取 JSON 格式的 Twitter 用户数据。每一个 Twitter 用户，要么用一个账户名（比如 SayHiToSean），要么用唯一的整数来进行标示，它们都拥有一个包含大量用户信息的档案。

9.5.1 准备工作

你将需要一个包含粉丝和好友 ID 的列表。具体如何获取请参考 9.4 节。

9.5.2 操作流程

如下步骤会引导你对 Twitter 用户的档案进行检索。

1. 创建一个获取 Twitter 档案的函数：

```
In [18]: def pull_users_profiles(ids):
    ...: users = []
    ...: for i in range(0, len(ids), 100):
    ...: batch = ids[i:i + 100]
    ...: users += twitter.lookup_user(user_id=batch)
    ...: print(twitter.get_lastfunction_header('x-rate-limit-remaining'))
    ...: return (users)
```

2. 调用这个函数，获取好友和粉丝的档案信息：

```
In [19]: friends_profiles = pull_users_profiles(friends_ids)
    ...: followers_profiles = pull_users_profiles(followers_ids)
899
898
```

3．为了检查一切是否正常运行，我们使用列表推导式从档案中提取所有好友的账户名：

```
In [20]: friends_screen_names = [p['screen_name'] for p in
friends_profiles]
```

4．使用如下命令，屏幕上将充满你的好友的账户名：

```
In [21]: friends_screen_names
    ...:
Out[21]:
['nammamechanik',
'Ruchir78',
'nspothnis',

'jdelaney666',
'zakaas4u',
'arunkumar_n_t']
```

9.5.3　工作原理

本方法中的第一步是创建一个函数来管理 twitter.lookup_user 方法的调用。Twitter 的用户查询端点可以一次查询 100 个用户 ID。因此，我们需要在好友或粉丝 ID 列表中进行循环，将每 100 个用户 ID 分为一组，然后批量进行查询请求。Twitter 返回的是一个 JSON 对象，twython 将其转换为易用的 Python 字典结构的列表，方便后续处理。

还有另外一种检索用户档案的方法。与通过拉取好友和粉丝的 ID，然后利用这些 ID 请求用户档案相比，我们可以直接通过当前用户的账户名（本例中，我的是 @SayHiToSean）或者用户 ID 查询好友列表的端口。每次请求 Twitter 都会返回多达 200 个用户档案。如果你的查询超出了 API 限制，那么这两种方式都可以在 15min 的默认时间窗口中拉取到相同数量的用户档案。

9.5.4　更多内容

创建的 pull_users_profiles 函数在循环的最后一行有一个额外的特性：

```
print(twitter.get_lastfunction_header('x-rate-limit-remaining'))
```

我们从最近一次的 API 调用中检索响应头，然后检查 x-rate-limit-remaining 的值。该值能准确地告诉我们在 15min 的时间窗口里，还剩下多少次 API 调用。尽管每次循环都将这个值打印出来，但事实上我们完全无法改变 Twitter 的速率限制。

另外，在第三步中使用的列表推导式在有些时候可能会失败。例如，如果因为某个原因，在某个我们收到的 Twitter 用户档案中没有 screen_name 键时它将会失败。那么，在推导式中增加一个条件判断会更好：

```
In [22]: friends_screen_names = [p['screen_name'] for p in friends_profiles
if 'screen_name' in p]
```

或者，作为一个更具有 Python 风格的方式，我们还可以使用字典的 GET 方法：

```
In [23]: friends_screen_names = [p.get('screen_name',{}) for p in
friends_profiles]
```

在该例子中，不包含 screen_name 键的档案并未直接跳过，而是用 None 来代替。

9.6 避免 Twitter 速度限制

在本节中，我们将对 9.5 节中创建的函数进行修改，以避免超出 Twitter API 的速度限制。

9.6.1 准备工作

这里依然需要 9.5 节中的粉丝和好友的 ID 列表，以及一个通过验证的 twython 对象。

9.6.2 操作流程

下面的函数展示如何以一种能够感知速度限制的方式来请求 Twitter 用户档案：

```
In [25]: import time
    ...: import math

In [26]: rate_limit_window = 15 * 60 #900 seconds

In [27]: def pull_users_profiles_limit_aware(ids):
    ...: users = []
    ...: start_time = time.time()
    ...: # 必须查找用户
    ...: for i in range(0, len(ids), 10):
    ...: batch = ids[i:i + 10]
    ...: users += twitter.lookup_user(user_id=batch)
    ...: calls_left = float(twitter.get_lastfunction_header('x-rate-limit-
remaining'))
    ...: time_remaining_in_window = rate_limit_window - (time.time()-
```

```
start_time)
    ...: sleep_duration = math.ceil(time_remaining_in_window/calls_left)
    ...: print('Sleeping for: ' + str(sleep_duration) + ' seconds; ' +
str(calls_left) + ' API calls remaining')
    ...: time.sleep(sleep_duration)
    ...: return (users)
```

9.6.3　工作原理

本小节对之前的函数进行了一些调整，使得请求不会超出 Twitter 的速度限制。在循环的每次迭代里，我们都会根据时间窗口中剩余的 API 请求次数动态插入一段暂停时间。在循环开始之前，我们获取当前系统时间，并保存到变量 start_time 中。在每次 Twitter 发送 API 请求后，我们都会获取响应头并检查在 15min 的时间窗口内剩余的 API 调用次数。接下来，计算从 start_time 起始消耗的时间，并用 900s 减去这个值，就可以计算出在 15min 时间窗口内的剩余时间。最后，计算剩余每次 API 调用所需要的秒数，然后让程序休眠所需要的时间。我们利用 math.ceil 函数向上取整，以保证总是会有额外的时间剩余而不至于超出速度限制。

你可能会问为什么要关心是否会超出 Twitter API 速度限制这个问题。为什么不能在即使达到 API 限制的情况下仍然一直发送请求呢？简单来说，Twitter 可能会封掉那些频繁超出速度限制的应用账号。所以对你来说，最好按照规定请求。此外，一旦超出速度限制，就不能获取任何更多信息了，所以以为什么要自寻烦恼呢？

9.7　存储 JSON 数据至硬盘

由于带宽以及服务提供商对其 API 的速度限制，所以调用 API 是一件代价昂贵的事情。相比于其他提供服务的网站，Twitter 已经算是极为慷慨了。然而，我们最好还是将获取的 JSON 数据保存到磁盘上，以备将来使用。

9.7.1　准备工作

在本小节中将使用之前小节中获取的数据。

9.7.2　操作流程

下面的步骤将带领我们将 JSON 数据存入磁盘，并从磁盘上加载回 Python 解释器的内存中。

1. 引入 json 包，并创建两个辅助函数：

```
In [31]: import json
    ...: def save_json(filename, data):
    ...: with open(filename, 'wb') as outfile:
    ...: json.dump(data, outfile)

In [32]: def load_json(filename):
    ...: with open(filename) as infile:
    ...: data = json.load(infile)
    ...: return data
```

2．在 Python 提示符下，输入下面的代码，将好友的 JSON 格式的 Twitter 数据存入硬盘，以测试函数功能是否正常：

```
In [33]: fname = 'test_friends_profiles.json'
    ...: save_json(fname, friends_profiles)
```

3．检查并确保文件已经创建。如果你用的是 IPython，只需要输入 ls，或者打开一个新的终端，进入当前目录并输入 ls。此时，你应该可以在当前目录中看到 test_friends_profiles.json 文件。

4．将此文件加载回 Python 工作空间中：

```
In [34]: test_reload = load_json(fname)
    ...: print(test_reload[0])
```

9.7.3　工作原理

json 库作为 Python 的一个标准库，提供了一种简单而高效的 JSON 编码和解码器。当使用 save_json 函数写入一个文件时，我们调用 json.dump 方法将数据对象（本例中为 Python 的字典对象）序列化到一个 UTF-8 编码的 JSON 数据流中，并将这个数据流存入输出文件。相反地，load_json 函数利用 json.load 将输入文件反序列化成 Python 对象。

9.8　搭建 MongoDB 存储 Twitter 数据

由于 JSON 是 REST API 的默认返回格式，因此为了避免额外的数据解析工作，将返回数据存储为 JSON 格式最容易。目前，有很多能够存储并处理 JSON 数据的数据库，我们需要一款能够快速安装、原生支持 JSON、免费使用且比较流行的数据库。所以，我们选择 MongoDB。

9.8.1 准备工作

由于在本小节中，你需要下载 MongoDB 到本地机器，所以请确保你的机器接入互联网且有足够的带宽。

9.8.2 操作流程

下面的步骤将介绍如何安装 MongoDB，以及如何在命令行中进行操作。

1. 安装 MongoDB。最简单的方法是从官方网站上下载最新的二进制发行版（目前是 3.4）。另外，64 位的二进制发行版支持 Windows、Linux、Mac OS X 和 Solaris 等操作系统。

2. 下载完成后，根据官方网站上相关的安装指南进行安装。

3. 在命令行中输入 mongod 启动 MongoDB。

4. 在 MongoDB 运行时，我们需要通过内置的 mongo shell 连接到 MongoDB。为此，打开一个新的终端窗口或命令行，然后输入下面指令：

```
mongo
```

5. mongo 指令默认 MongoDB 在本机的 27017 端口运行。如果不是，则需要通过下面的指令来启动 mongo shell，即指定正确的主机地址和端口：

```
mongo address_of_host:port_number
```

6. 现在 mongo shell 已经运行起来，可以继续下面的工作。首先通过下面的命令创建一个名为 test 的数据库：

```
use test
```

7. 创建 test 数据库后，我们需要利用下面的命令创建推文集合来存储所有获取的推文：

```
db.createCollection('user_profiles')
```

8. 为了检查集合是否正确创建，需要用下面的命令切换到当前数据库：

```
use test
```

9. 利用下面的命令来显示当前数据库中所有的集合，可得到本数据库中集合的一个简单列表：

```
show collections
```

9.8.3 工作原理

本小节中，我们为使用流行的 MongoDB 数据库打下了基础。我们已经安装、运行了 MongoDB，并使用 mongo shell 连接了 MongoDB。此外，还创建了一个新数据库 test 以及一个名为 user_profiles 的文档集合。MongoDB 中的集合是一组文档的统称，概念上与关系型数据库（如 Postgres 中的表）类似。这些文档通常有着类似的结构和目的，但是与关系型数据库不同，它们的格式并不完全一致，而且可能会随着时间发生改变。对于我们来说，Twitter 的用户信息组已构成了一个巨大的集合。

个人来讲，我们并不希望 mongod 进程一直在后台运行或者在开机时就启动，所以通过命令行来控制它的启动。这样，当我们不使用它时，它就不会在后台消耗 CPU 和电池资源。

9.8.4 更多内容

MongoDB 并不是唯一适合存储 JSON 数据的 NoSQL 文档型数据库，还有很多其他的备选方案，如 CouchDB。大部分的键值存储系统（如 Amazon 的 Dynamo 和 Basho 的 Riak）都十分适合存储 JSON 数据，并且只需要少量的安装和配置工作。利用 Amazon 的 Dynamo，你还可以额外享受到它基于云、按需付费的特性，使得工程可以方便地进行扩展。最后，包括 Postgres 在内的一些关系型数据库也原生支持 JSON 数据类型，并可以对数据进行错误检查，以保证存入有效的 JSON 数据。然而，安装和配置 Postgres 要比 MongoDB 复杂且更有挑战性。

MongoDB 的另一个优点是存在免费的 PASS 服务。换句话说，你可以很便利地在网页上登录和创建数据库，然后就可以在云端运行一个完全配置好的 MongoDB 数据库。更幸运的是，MongoLab 和 MongoHQ 都提供这种免费的服务，这意味着你不需要任何花费就能在云端搭建并使用自己的 MongoDB 数据库。

 在写作这一部分内容时，作者还没有机会尝试 RethinkDB。这是一个相当新的开源分布式数据库项目，它可以方便地操作 JSON 数据类型，并且可以像关系型数据库一样对文档进行 join 操作。如果可以重写这一部分内容，我希望可以使用 RethinkDB。

9.9　利用 PyMongo 存储用户信息到 MongoDB

现在已经提取了用户的信息，MongoDB 也已经安装完毕，下一步就要把用户信息的 JSON 数据存入合适的集合中。我们希望这一步也是通过 Python 脚本来完成的，而不是通过 MongoDB shell。为了实现这个目的，需要用到 MongoDB 推荐的 Python 库 PyMongo。在 2014 年 1 月，PyMongo 的最新版本为 2.6.3。

9.9.1　准备工作

你需要确保 MongoDB 已经安装完成，并拥有一些用户信息数据样本。

9.9.2　操作流程

下面的步骤将带领你将 Python 中的字典保存为 MongoDB 中的 JSON 文档。

1. 为了开始本小节的工作，我们必须在系统中安装 PyMongo 库，在命令行提示符下输入下面的命令：

```
pip install pymongo
```

2. 根据当前用户的权限，有可能你需要使用 sudo 指令进行安装：

```
sudo pip install pymongo
```

3. 如果上述安装过程中发生错误，那么可以查看官网上更详细的安装指导。根据系统环境的不同，一些潜在依赖的 C 语言库可能需要分别进行编译。

4. PyMongo 安装完成后，打开一个 Python、IPython 或者 IPython Notebook 会话，并输入下面的代码：

```
In [36]: import pymongo

In [37]: host_string = "mongodb://localhost"
    ...: port = 27017
    ...: mongo_client = pymongo.MongoClient(host_string, port)

In [38]: mongo_db = mongo_client['test']

In [39]: user_profiles_collection = mongo_db['user_profiles']

In [40]: user_profiles_collection.insert(friends_profiles)
    ...: user_profiles_collection.insert(followers_profiles)
```

9.9.3 工作原理

安装好 PyMongo 后，我们不需要太多的步骤即可连接本地 MongoDB 数据库，并将 JSON 文档存入其中。

首先创建一个 MongoClient 对象，该对象连接主机和由端口号指定的 mongod 进程。之后利用 Python 字典风格的访问方法来访问需要的 MongoDB 数据库（本例中是 test）以及指定的集合（本例中是 user_profiles）。接下来调用集合的 insert 方法，将 JSON 数据存入该集合中。调用该方法后，会返回一个或者一组新插入对象的 ObjectID。

有一些事项需要说明：这里之所以选择字典风格的访问方式（mongo_client ['test']），是因为当数据库名字中包含如"-"这样的特殊字符时，属性访问的方式（client.test）会失败。此外，需要注意的是，在我们把文档数据真正存入集合之前，MongoDB 并没有做任何工作。

我们也可以将上面的命令封装成一个函数以方便之后的使用。下面的 save_json_data_to_mongo 函数，接受一个或一组可迭代的 JSON 文档和指定参数来访问特定的 MongoDB 数据库和集合。host_string 参数默认为 localhost，默认端口为 27017。

```
In [41]: def save_json_data_to_mongo(data, mongo_db,
    ...: mongo_db_collection,
    ...: host_string = "localhost",
    ...: port = 27017):
    ...: mongo_client = pymongo.MongoClient(host_string, port)
    ...: mongo_db = mongo_client[mongo_db]
    ...: collection = mongo_db[mongo_db_collection]
    ...: inserted_object_ids = collection.insert(data)
    ...: return(inserted_object_ids)
```

我们可以加入额外的检查，即判断需要插入的 JSON 文档数和返回的 ObjectID 个数是否相同，以此来完善此函数。不过，这些将留给读者来完成。

9.10 探索用户地理信息

Twitter 的用户信息中有两类可能包含地理位置信息的源头：用户档案中的地理信息以及最新推文中的地理信息。我们将利用这两个信息并探索它们的用途，以构建好友的可视化地理信息。

9.10.1　准备工作

这里需要用到之前获取的 Twitter 好友和粉丝信息。

9.10.2　操作流程

下面的步骤将提取地理位置数据，为可视化关系网的大致地理位置做准备。

1．打开 IPython 或者其他你喜欢的 Python REPL，并从文件中载入好友信息数据：

```
In[1]: fname = 'test_friends_profiles.json'
In[2]: load_json(fname)
```

2．创建一个列表来保存所有好友归档数据结构中的 geo_enabled 字段值。然后，利用 count 方法来寻找那些 geo_enabled 标志位设置为 true 的用户归档个数：

```
In[3]: geo_enabled = [p['geo_enabled'] for p in friends_profiles]
In[4]: geo_enabled.count(1)
Out[4]: 127
```

3．利用与第二步类似的方法来统计有多少个好友的用户归档中 location 字段值为空：

```
In[5]: location = [p['location'] for p in friends_profiles]
In [6]: location.count('')
Out[6]: 79
```

4．为了能够更快地观察到用户归档中 location 字段的内容，我们将位置信息去重后的列表打印出来。可以看到，由于 location 是一个没有任何限制的文本区域，所以数据内容十分混乱，这对我们来说是个令人失望的消息。

```
In[7]: print(set(location))

Out[7]:
...
u'Washington D.C.',
u'Washington DC',
u'iPhone: 50.122643,8.670158',
u'london',
u'new world of work',
u'san francisco',
u'seattle, wa',
u'usually in Connecticut',
u'washington, dc',
...
```

5. 现在，我们来关注一下 time_zone 字段。

```
In[8]: time_zone = [p['time_zone'] for p in friends_profiles]
In[9]: time_zone.count(None)
Out[9]: 62
In[10]: print(set(time_zone))
Out[10]: {None, u'Alaska', u'Amsterdam', u'Arizona', u'Atlantic
Time (Canada)', u'Berlin',
...
```

6. 由于用户归档信息中包含用户最近的状态或推文更新信息，所以我们将检查多少推文中包含了用户标识的位置信息。注意，在列表推导式中的逻辑和条件判断部分，我们只保留那些在数据结构中存在 p['status']['geo'] 键的值。

```
In[11]: status_geo = [p['status']['geo'] for p in friends_profiles
if ('status' in p and p['status']['geo'] is not None)]
In [12]: if status_geo: print status_geo[0]
Out[12]: {u'coordinates': [38.91431189, -77.0211878], u'type':
u'Point'}
In[13]: len(status_geo)
Out[13]: 13
```

9.10.3 工作原理

在本小节中，我们利用列表推导式从好友的用户归档文件中提取潜在有用的地理位置信息。对于每个数据元素，我们提出如下两个问题。

● 因为覆盖率很重要，所以需要确定拥有此类信息的用户百分比。

● 所得到的地理信息是什么形式的，它们的重要性程度。

我们发现，80%的用户信息中拥有位置信息（很鼓舞人的消息），拥有时区信息（更粗粒度的地理位置信息）的比例就更高了。尽管约 1/3 的用户(127/352)开启了 geo_enable，但在最近更新的用户状态中，不包含地理信息的超过 90%，这意味着用户很可能在推文中忽略了地理信息。因此，如果能够获得好友所有的历史推文，那么我们能从推文中获得地理位置信息的比例上限将是 1/3。

估算完覆盖率后，让我们来关注实际可用的数据，这里面有更多复杂的问题。大部分用户的归档信息中包含地理位置信息，但是内容却十分混乱。一些位置是经纬度（十分有用），一些是可识别的地址字符串，一些是城市和州，另一些则并非是传统的地址格式，甚至不能算是一个位置。然而，时区数据的问题则要少一些，但是我们仍然要确保 Twitter 中的时区是明确的，而且能与真实的时区一一对应。

9.10.4　更多内容

如果我们要画出 Twitter 上好友的地理位置图，那么有如下几种方式可以实现。

● 如果使用推文中的地理坐标，那么我们可以很快地利用坐标去画图，此处仅需要考虑的是数据可能会很稀疏。为了解决这个问题，我们需要获取每个好友的所有推文来寻找地理坐标信息。通过这种方法，我们的地理位置图中最多可以包含 1/3 的好友。

● 尽管地理位置信息的内容十分混乱，但我们可以尝试将这些内容通过 Google 地图或者 Bing 的定位服务进行处理，看看会得到什么结果。由于一些用户的信息十分奇怪，所以这可能不是最好的办法。此外，我们可以尝试利用正则表达式来匹配地理信息中州的缩写或者邮政编码，但是这同样很繁琐，需要消耗大量的时间。

● 画出每个时区的好友数量将是一件很有意思的事情，并且这些数据也相对容易提取。然而，此时会出现一个关联问题，即画出时区图将会有多难？

9.11　利用 Python 绘制地理分布图

使用 Python 最大的一个好处就是它有无数的第三方扩展库，这使得很多复杂的任务变得简单，因为其他人已经编写了大部分的代码。然而，这种情况造成的结果是，我们经常陷入有太多选择而不知道该选哪个最好的困境中。本节中，我们将使用一个出色的 Python 画图库 folium 来画经纬度坐标图。folium 封装了 JavaScript 库 leaflet.js。在本小节中，你将对 folium 有更深入的了解。

9.11.1　准备工作

你需要上一节提取的地理位置信息（经纬度坐标集）。此外，还需要安装 folium 库。我们会在下面介绍如何安装，因此需要保证电脑连接到了互联网。

9.11.2　操作流程

下面的步骤将帮助你转换需要在地图上画出的经纬度数据。

1. 打开一个命令行终端来安装 Python 库 folium：

```
(sudo) pip install folium
```

2. 切换到源码目录，启动 IPython 或者其他你喜欢的 Python REPL。首先，我们创建两个包含地理位置数据和关联账户名的列表，为之后标注做准备。下面的代码与 9.10 节中的列表推导式十分类似，只是以一种循环的方式进行：

```
status_geo = []
status_geo_screen_names = []
for fp in friends_profiles:
    if ('status' in fp and fp['status']['geo'] is not None and
      'screen_name' in fp):
        status_geo.append(fp['status']['geo'])
        status_geo_screen_names.append(fp['screen_name'])
```

3．导入需要的两个库：

```
In [44]: import folium
   ...: from itertools import izip
```

4．实例化 Map 对象，设置合适的图片初始位置以及缩放比例，在循环中加入标记和标注，最后将地图渲染到 HTML 中：

```
In [44]: map = folium.Map(location=[48, -102], zoom_start=3)
   ...: for sg, sn in izip(status_geo, status_geo_screen_names):
   ...: map.simple_marker(sg['coordinates'], popup=str(sn))
   ...: map.create_map(path='us_states.html')
```

5．现在，你的工作路径下会出现一个 HTML 文件，双击它就可以看到地图画面。

9.11.3　工作原理

通过简单的几行代码，我们就实现了一个可交互的地图，其中的地理标注表示 Twitter 中我们的粉丝用户的位置，这是一件令人印象深刻的事情。这一功能的实现全都依靠 Python 库 folium 的强大威力，而 folium 是 JavaScript 库 leaflet.js 的 Python 形式封装。folium 允许我们将 Python 中的数据绑定到一幅地图上，并进行可视化或者在地图的某个位置进行标记，正如我们在上述第 4 步中做的那样。

folium 利用 Jinja2 模本库来创建一个 HTML 文件，其中包含一个简单的 HTML 页面，为了使用 leaflet.js 库，页面中应包含一幅地图和自定义的 JavaScript 代码。leaflet.js 库最终完成生成地图的工作：

```
<!DOCTYPE html>
<head>
    <link rel="stylesheet" href="http://cdn.leafletjs.com/leaflet-
      0.5/leaflet.css" />
    <script src="http://cdn.leafletjs.com/leaflet-
```

```
       0.5/leaflet.js"></script>

<style>
#map {
  position:absolute;
  top:0;
  bottom:0;
  right:0;
  left:0;
}
</style>
</head>
<body>
    <div id="map" style="width: 960px; height: 500px"></div>
<script>
var map = L.map('map').setView([48, -102], 4);

L.tileLayer('http://{s}.tile.openstreetmap.org/{z}/{x}/{y}.png', {
    maxZoom: 18,
    attribution: 'Map data (c) <a
     href="http://openstreetmap.org">OpenStreetMap</a>
     contributors'
}).addTo(map);

var marker_1 = L.marker([38.56127809, -76.04610616]);
marker_1.bindPopup("Pop Text");
map.addLayer(marker_1)

</script>
</body>
```

我们强烈推荐你查看 folium（以及 leaflet.js）的其他特性，并阅读其实现的源代码。

9.11.4　更多内容

可视化地理信息是一项复杂的工作，不仅需要渲染复杂的坐标系统，而且除了你自己的数据之外，还需要定义了国家（地区）、道路、河流及其他需要展示内容的原始地图数据。幸运的是，Python 提供了很多处理这类问题的库。

这些库可以分为两大类。第一类地理信息可视化库是从科学研究的需求角度发展而来的，已经存在几十年。这一类软件，渲染器和地图数据都保存在用户的本地机器上。因此，为了能让这些 Python 库正常工作，还需要下载和安装一些其他软件。

强大的 Matplotlib Basemap 工具包就是这类软件中的一个优秀代表。浏览它的指导手册，我们可以发现它需要很多的依赖软件。我们之前已经安装过 matplotlib 和 Numpy，另外的两个依赖 GEOS 和 Proj4 map 的安装将带来很多的问题。尽管 Geometry Engine - Open Source（GEOS）的 C++代码由 basemap 所包含，但是必须分别编译。这种需要编译由另一种语言所编写的软件的情况，会带来很多潜在问题。对于 Python 库来说，很可能会导致一连串的编译错误以及技术问题（缺少头文件、非标准目录结构、错误的编译器等），这些问题可能要花数小时甚至数天才能解决。如果你的操作系统是 Mac OS X，尤其是 Mavericks，那么事情就更复杂了。由于 Apple 很可能在每个发行版本中进行一些小的调整，所以之前正常工作的 makefile 在新版本中可能就会失败。因此，我们选择第二类地图库，下面将对其进行介绍。

第二类库提供一种 Python 风格的方式与 JavaScript 库进行交互，该 JavaScript 库实际处理渲染地图和数据工作，这通常需要我们将结果保存为一个 HTML 文件。这些 JavaScript 库又可以分成两类。第一类是更纯粹的地图库，比如 Google 地图和 Leaflet.js 这种可以用来在线渲染地图的库，它们也可用来完成特殊地理数据可视化的需求。第二类是通用的处理文档数据的库（如 D3.js），它们可以完成一些漂亮的地理位置可视化工作。出于简单和易用的考虑，我们选择了 folium，它可以使我们的分析变得更加容易。

第 10 章
预测新西兰的海外游客

本章包含以下主要内容。

- 创建时间序列对象。
- 可视化时间序列数据。
- 简单的线性回归模型。
- 自相关函数和局部自相关函数。
- ARIMA 建模。
- 精确性评估。
- 拟合季节性 ARIMA 建模。

10.1　简介

对于大多数看重统计学或机器学习方法的人来说，天气预测、股票指数预测、销售预测等，都是他们感兴趣的常见问题。当然，他们的目的是使用可接受的准确性模型对接下来一段时间进行预测。天气预测有助于规划旅行，股票指数预测有助于投资计划，而销售预测则有助于制定最优的库存规划。一般来说，这 3 个问题的一个共同结构是，在相等时间间隔点上能够获取到观测值。这些观测值可能是每天、每周或每月获取的，我们将这些数据称作时间序列数据（time series data）。这些观测值是在过去很长一段时间内收集的，并且我们相信已经捕获到了该序列足够多的特征，以确保基于这些历史数据建立的分析模型具有可预测的能力，并且我们将可以获得相当准确的预测值。

时间序列数据的结构具有一些新的挑战性，并且无法使用本书前面讨论的方法对其进行分析。主要的挑战来自于这样一个事实，因为不能将我们定期获得的观测值视为相互独立的观测值。例如，连续几天的降雨取决于最近过去几天的情况，因为我们有一个逻辑信念，并且加上经验补充，所以明天的降雨强度取决于今天的降雨情况，今天是降雨或者是天气晴朗，将会造成不同的结果。如果一个人从概念上接受观察值并不是相互独立的这一观点，那么如何指定这种依赖关系呢？首先，我们考虑关于新西兰的海外游客数据。

去国外旅游总是很吸引人的，特别是假日旅行。对于任何一个国家的旅游部门来说，了解到他们国家旅游的海外游客趋势十分重要，这样就可以解决物流问题。还有很多其他的工作也与海外游客有关，例如，相关部门可能会有兴趣知道下个季度的访客将会增加还是减少。旅游部门需要考虑行业的各个方面，例如，是否每年游客数量都有增长？是否有季节性因素，比如夏季的旅行时间最长？

osvisit.data 包含了到新西兰的海外游客数据，可以在 https://github.com/AtefOuni/ts/blob/master/Data/osvisit.dat 找到。该数据是按月收集的，时间范围开始于 1977 年 1 月，持续到 1995 年 12 月。因此，我们有 228 个月的游客数据。那么预测可能出现下面的问题，不过我们将通过本章内容解决它们：

- 如何可视化时间序列数据？
- 如何确定这些数据是否具有趋势和季节性因素？
- 时间序列数据依赖性关系的衡量指标是什么？
- 如何为数据构建合适的模型？
- 需要进行哪些测试来验证模型的假设？

在下一节中，我们将展示什么是 ts 对象，以及如何从原始数据中构建该对象。

10.2 时间序列（ts）对象

核心 R 包 datasets 中包含了大量的数据集，这些数据集基本上是时间序列数据：AirPassengers、BJsales、EuStockMarkets、JohnsonJohnson、LakeHuron、Nile、UKgas、UKDriverDeaths、UKLungDeaths、USAccDeaths、WWWusage、airmiles、austres、co2、discoveries、lynx、nhtemp、nottem、presidents、treering、gas、uspop 和 sunspots。AirPassengers 数据是最受欢迎的数据集之一，它用作基准数据集。可以在一个 R 会话中使用 data(mydata) 来加载数据，且可以通过以下方式验证数据类别为时间序列，如下所示：

```
data (JohnsonJohnson)
 class (JohnsonJohnson)

## [1] "ts"
JohnsonJohnson
## Qtr1 Qtr2 Qtr3 Qtr4
## 1960 0.71 0.63 0.85 0.44
```

```
## 1961 0.61 0.69 0.92 0.55
## 1962 0.72 0.77 0.92 0.60
## 1978 11.88 12.06 12.15 8.91
## 1979 14.04 12.96 14.85 9.99
## 1980 16.20 14.67 16.02 11.61

frequency (JohnsonJohnson)
## [1] 4
```

JohnsonJohnson 数据集是一个时间序列数据集，并可通过应用 class 函数对其进行验证。可以在 R 终端中运行?JohnsonJohnson 指令来获取该数据集的详细信息。该时间序列包含了美国强生公司（Johnson & Johnson）在 1960—1980 年时间段内的季度收益。因为我们拥有的是季度收益数据，所以时间序列的频率是每年 4 次，并且通过对 ts 对象使用函数 frequency 得到了验证。读者可以用本节开头给出的其他数据集进行类似的练习。

然而，现在出现了几个问题。如果我们有原始数据集，那么如何在 R 中导入它们呢？因为导入的数据集要么是一个 numeric 向量，要么是一个 data.frame，我们如何将它们转换成 ts 对象呢？正如我们所见，JohnsonJohnson 时间序列从 1960 年开始并在 1980 年结束，且是一份季度数据，那么如何为一个新的 ts 数据对象指定这样的特征呢？下面的内容将解决所有这些问题。

10.2.1　准备工作

假设读者的 R 工作目录中已经存在 osvisit.data 文件。该文件从 https://github.com/AtefOuni/ts/blob/master/Data/osvisit.dat 获得，读者也可以使用这个数据源。

10.2.2　操作流程

通过下面的步骤，将原始数据转换成目标 ts 对象。

1. 使用 read.csv 工具函数将数据导入 R 中：

```
osvisit <- read.csv ( "osvisit.dat" , header= FALSE)
```

2. 使用下面的代码将前面的 data.frame 转换成一个 ts 对象：

```
osv <- ts (osvisit$V1, start = 1977 , frequency = 12 )
class (osv)
## [1] "ts"
```

3. 使用 window 函数展示前 4 年的数据：

```
window (osv, start= c ( 1977 , 1 ), end= c ( 1980 , 12 ))
```

```
## Jan Feb Mar Apr May Jun Jul Aug Sep Oct Nov
## 1977 48176 35792 36376 29784 21296 17032 22804 27476 21168 29928
37516
## 1978 44672 40500 36608 28524 23060 15760 20892 28992 23048 35052
40564
## 1979 49968 42068 41512 29272 25868 18216 23166 29808 25232 33780
43916
## 1980 48224 51353 46784 31284 26681 22817 26944 32902 25567 37113
44788
## Dec
## 1977 62156
## 1978 69304
## 1979 69576
## 1980 70706
```

10.2.3　工作原理

read.csv 函数可以用来将数据从外部文件导入到 R 的 data.frame 对象中，此处是 osvisit。我们知道，该研究中的数据观测值的范围是 1977 年 1 月~1995 年 12 月这个时期，并且每年我们有 12 个月的新西兰海外游客数量观测值。因此，首先使用 ts 函数将 data.frame 对象转换成一个时间序列 ts 对象 osv。研究的开始时间用 start=选项指定，时间序列的周期通过 frequency = 12 来定义。然后将 class 函数应用到 osv 对象上，以验证我们成功地将 data.frame 转换成了 ts 对象，并且验证频率也是正确的。在最后一步中，我们打算查看 1977—1980 年间的数据，并且通过使用 window 函数，我们将时间序列分成各个子集，并使用参数 start 和 end 在控制台中展示这些数据。

因此可以看出，numeric 向量/数据帧可以通过 ts 函数转换为时间序列对象。另外，frequency 参数能够帮助我们定义时间序列的周期，例如周、月或季度。如果需要，也可以指定时间戳。下一节中，我们将学习时间序列数据可视化的方法。

10.3　可视化时间序列数据

时间序列的可视化描述对于初步获取数据的本质信息是很重要的。就简单地绘制时间序列变量与时间本身的关系来了解数据行为而言，时间序列的可视化是非常简单的。可以对 ts 对象应用 R 函数 plot.ts 来进行时间序列的可视化。针对海外游客的问题，我们绘制每月游客数量与时间的关系图。

10.3.1 准备工作

读者需要在当前环境中准备好之前会话创建的 osv 对象。

10.3.2 操作流程

1. 现在我们使用 plot.ts 函数来获取海外游客数据的可视化描述信息。

2. 在 R 会话中运行下面一行代码：

```
plot.ts (osv, main="New Zealand Overseas
Visitors",ylab="Frequency")
```

运行上面 R 命令行输出的结果如下图所示：

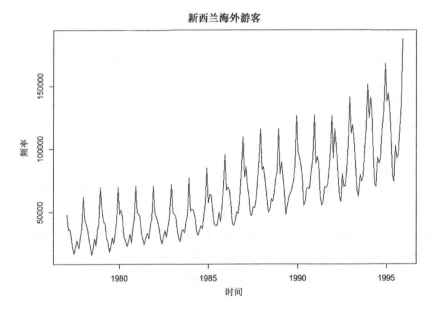

从图中可以看出，它周期性地出现某种模式，且周期看起来是 12 个数据点或者一年。而且，从数据中可以发现与上年同期相比，游客数量在增加。但是，我们希望找出哪个月的游客数量最多以及其他类似的模式。顺着这个方向，我们将画出每个月的游客数，然后针对所有年份重复该操作。

3. 定义月度数据帧，并针对每年画出每个月游客数量与月份的关系图：

```
mt <- 1 : 12
 names (mt) <- month.name
 windows ( height= 20 , width= 30 )
```

```
plot (mt,osv[ 1 : 12 ], "l" , col= 1 , ylim= range (osv), ylab=
"Overseas Visitors" , xlim= c ( 0 , 13 ))
for(i in 2 : 19 ) points (mt,osv[mt+(i -1 )* 12 ], "l" , col= i)
legend ( x= 4, y= 190000 , legend= c ( 1977 : 1982 ), lty= 1 : 6,
col= 1 : 6 )
legend ( x= 6, y= 190000 , legend= c ( 1983 : 1988 ), lty= 7 : 12,
col= 7 : 12 )
legend ( x= 8, y= 190000 , legend= c ( 1989 : 1995 ), lty= 13 :
19,
col= 13 : 19 )
points (mt,osv[mt+(i -1 )* 12 ], pch= month.abb)
```

所得到的结果图如下所示：

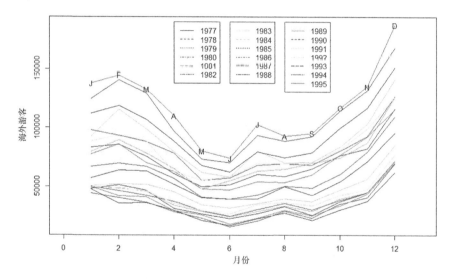

R 程序的工作内容在"工作原理"部分中给出。我们可以看到，在 7 月及 12 月至次年 2 月期间达到峰值。虽然默认的 plot.ts 提供了很好的观察效果，但我们还可以通过画出每年月度销售额来更好地理解时间序列数据。这两幅图的一个统一现象是，存在一种趋势和季节性因素影响着海外游客数量。在 R 中从时间序列数据中隔离季节性和趋势的影响因素是有可能的，stl 函数提供了这种功能。

4. 将时间序列分解成如下所示的趋势、季节性和不规则的部分：

```
osv_stl <- stl (osv, s.window= 12 )
plot.ts (osv_stl$time.series)
```

分解后的时间序列图如下所示：

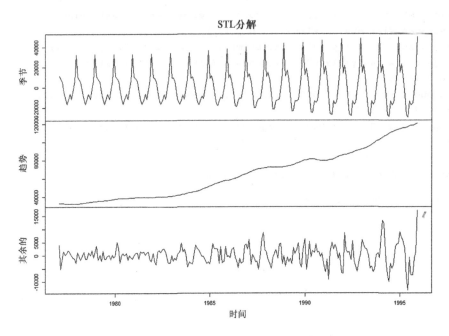

STL 分解显示了这些年来趋势和季节因素是如何变化的。

10.3.3 工作原理

对于第一幅图来说，时间序列图通过 main 和 ylab 选项增强了右侧标题和 y 轴名称。默认设置几乎总是产生乏味的输出结果。在确定了多年的趋势效应之后，我们逐月绘制每年的数据。为了获得第二幅图，首先创建一个 mt 变量，其值为 1,2,⋯,12。windows 选项在电脑屏幕上生成一个良好的框架，但是 R markdown Microsoft Word 则无法产生同样良好的结果。开始时，我们只画了 1977 年每个月的游客数，然后使用 for 循环，在散点图中画出每年的游客数量。ylim 选项确保我们在 y 轴上有足够的范围来显示所有的时间点。legend 选项提供了以不同颜色表示不同年份数据的这种友好的显示方式。最后，使用 month.abb 我们可以检查一年中哪个月份游客数量达到高峰。

在 stl 分解中，我们得到季节性、趋势和不规则部分 3 个组成部分。通过运行 round(rowSums(osv_stl$time.series),1)==osv，可以看到原始的时间序列基本是这 3 个部分的总和。从 STL 分解图中可以看出，每个组成部分的方差都在随着时间增长。现在我们考虑一个简单的线性回归模型（linear regression model）来理解趋势和季节性因素对游客数量的影响。

10.4 简单的线性回归模型

通过建立线性回归模型，我们可以初步分析趋势和季节性因素对时间序列变量的影响。趋势和季节性因素指定为独立变量，而时间序列（即这里的游客数量）则是因变量。我们在构建线性回归模型时做了以下假设。

- 时间序列在趋势和季节变量中是线性的。
- 趋势和季节性因素是相互独立的。
- 观测值、时间序列值是相互独立的。
- 与观测值相关的误差服从正态分布。

让 $Y_t(1 \leqslant t \leqslant T)$ 表示观测值在时间点 $1,2,\cdots,T$ 上的时间序列。例如，在我们的海外游客数据中 $T=228$。在简单回归模型中，趋势变量是向量 $1,2,\cdots,T$，也就是 $X^{Tr}=(1,2,\cdots,T)$。我们知道，对于每个月的数据，我们将月份名字作为季节指标，也就是说，如果我们有从某年的 1 月份开始到第二年 12 月份结束的 24 个观测值，那么季节性变量的值将是 1 月、2 月、$\cdots$、11 月、12 月、1 月、2 月、$\cdots$、11 月、12 月。因此，季节性变量将是一个分类变量。类似地，如果我们有季度数据，那么季节性变量将会有季度 1、季度 2、季度 3 和季度 4 这些观测值。我们使用 X^{se} 表示季节性变量，一些季节性变量的例子是 $X^{se}=(\text{Jan, Feb}, \cdots, \text{Nov, Dec,Jan, Feb}, \cdots, \text{Nov, Dec})$ 和 $X^{se}=(Q_1, Q_2, Q_3, Q_4, Q_1, Q_2, Q_3, Q_4)$。包含趋势和季节变量的线性回归模型将如下所示

$$Y_t = \beta_0 + \beta^{Tr} X_t^{Tr} + \beta^{Se} X_t^{Se} + \varepsilon_t, \ 1 \leqslant t \leqslant T$$

接下来我们将为海外游客数据集建立趋势和季节性线性回归模型。核心函数将是 lm 函数。

10.4.1 准备工作

需要在当前的 R 环境中准备好 osvts 对象。

10.4.2 操作流程

定义趋势和季节性变量后，我们就可以构建线性模型。此处我们将建立 3 个线性模型：

- 利用趋势变量；
- 利用季节变量；
- 利用趋势和季节这两个变量。

1．为趋势和季节变量创建 R 对象 osv_time 和 osv_mths：

```
osv_time <- 1 : length (osv)
 osv_mths <- as.factor ( rep (month.abb, times= 19 ))
```

使用 length 函数，我们现在得到了一个开始于 1 结束于 228 的数值向量。季节性变量由函数 rep 创建，它连续重复了 19 次月份名称。month.abb 是 R 中的一个标准字符向量，它以月份缩写作为内容。

2．仅使用趋势变量创建线性模型，并生成其简要信息：

```
osv_trend <- lm (osv~osv_time)
 summary (osv_trend)

 ##
 ## Call:
 ## lm(formula = osv ~ osv_time)
 ##
 ## Residuals:
 ## Min 1Q Median 3Q Max
 ## -33968 -13919 -3066 10497 79326
 ##
 ## Coefficients:
 ## Estimate Std. Error t value Pr(>|t|)
 ## (Intercept) 20028.62 2585.63 7.746 3.17e-13 ***
 ## osv_time 385.36 19.58 19.683 < 2e-16 ***
 ## ---
 ## Signif. codes: 0 '***' 0.001 '**' 0.01 '*' 0.05 '.' 0.1 ' ' 1
 ##
 ## Residual standard error: 19460 on 226 degrees of freedom
 ## Multiple R-squared: 0.6316, Adjusted R-squared: 0.6299
 ## F-statistic: 387.4 on 1 and 226 DF, p-value: < 2.2e-16
```

3．在上一步 R 输出内容的最后一行，p-value 与 F-statistic 很重要，这表明整个模型很重要。与 osv_time 关联的 p-value 值很小，这意味着趋势的影响与 0 有着巨大差异。R^2 大约是 63%，即趋势变量解释的游客数量中变量所占百分比。现在我们来看季节性变量。

4．用季节性变量创建线性模型并生成它的摘要信息：

```
osv_season <- lm(osv~osv_mths)
 summary(osv_season)

 ##
 ## Call:
 ## lm(formula = osv ~ osv_mths)
```

```
##
## Residuals:
## Min 1Q Median 3Q Max
## -45099 -23919 -2738 17161 79961
##
## Coefficients:
## Estimate Std. Error t value Pr(>|t|)
## (Intercept) 57116 6277 9.100 < 2e-16 ***
## osv_mthsAug -4226 8877 -0.476 0.6345
## osv_mthsDec 50139 8877 5.648 5.07e-08 ***
## osv_mthsFeb 20143 8877 2.269 0.0242 *
## osv_mthsJan 17166 8877 1.934 0.0544 .
## osv_mthsJul -5670 8877 -0.639 0.5236
## osv_mthsJun -15351 8877 -1.729 0.0852 .
## osv_mthsMar 13799 8877 1.555 0.1215
## osv_mthsMay -12883 8877 -1.451 0.1481
## osv_mthsNov 19286 8877 2.173 0.0309 *
## osv_mthsOct 7190 8877 0.810 0.4188
## osv_mthsSep -5162 8877 -0.582 0.5615
## ---
## Signif. codes: 0 '***' 0.001 '**' 0.01 '*' 0.05 '.' 0.1 ' ' 1
##
## Residual standard error: 27360 on 216 degrees of freedom
## Multiple R-squared: 0.3038, Adjusted R-squared: 0.2683
## F-statistic: 8.567 on 11 and 216 DF, p-value: 1.63e-12
```

5. 季节性变量是一个因子变量，因此我们有了对因子变量 11 个级别的变量摘要信息。因为一些因子水平很重要，所以整体变量也是很重要的，尽管 R^2 低至 30%。接下来我们将在下一步中包含趋势和季节这两个变量来创建线性模型。

6. 使用趋势和季节变量创建线性模型，并生成它的概要信息：

```
osv_trend_season <- lm(osv~osv_time+osv_mths)
 summary(osv_trend_season)
 ##
 ## Call:
 ## lm(formula = osv ~ osv_time + osv_mths)
 ##
 ## Residuals:
 ## Min 1Q Median 3Q Max
 ## -17472 -5482 -1120 3805 38559
 ##
 ## Coefficients:
 ## Estimate Std. Error t value Pr(>|t|)
 ## (Intercept) 14181.157 2269.500 6.249 2.19e-09 ***
```

```
## osv_time 383.346 8.944 42.860 < 2e-16 ***
## osv_mthsAug -5759.017 2880.198 -2.000 0.0468 *
## osv_mthsDec 47072.650 2880.864 16.340 < 2e-16 ***
## osv_mthsOct 4890.027 2880.475 1.698 0.0910 .
## osv_mthsSep -7078.837 2880.323 -2.458 0.0148 *
## ---
## Signif. codes: 0 '***' 0.001 '**' 0.01 '*' 0.05 '.' 0.1 ' ' 1
##
## Residual standard error: 8877 on 215 degrees of freedom
## Multiple R-squared: 0.927, Adjusted R-squared: 0.923
## F-statistic: 227.7 on 12 and 215 DF, p-value: < 2.2e-16
```

7．这里需要注意，模型和两个变量都很重要。同样，R^2 和校正后的 R^2 也增加到了 93%。因此，这两个变量在理解游客数量时都很有用。

8．然而，线性模型方法也存在一些障碍。第一个问题是概念上的，即独立的假设看起来很不现实。同样，如果我们看一下经验残差分布，也就是对于误差项的估计，那么正态假设看起来是不合适的。

9．在拟合模型上使用 residuals 函数以及 hist 图形函数来描述误差分布：

```
windows ( height = 24 , width= 20 )
 par ( mfrow= c ( 3 , 1 ))
 hist ( residuals (osv_trend), main = "Trend Error" )
 hist ( residuals (osv_season), main= "Season Error" )
 hist ( residuals (osv_trend_season), main= "Trend+Season Error" )
```

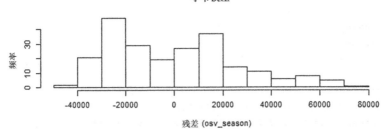

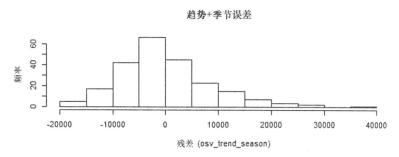

从上面的直方图中可以看出，误差的正态分布假设对于该时间序列数据是不适合的。

10.4.3 工作原理

在 R 中，lm 函数在拟合线性模型方面很有用。一个用来建立线性模型的通用形式是 lhs～rhs。在～左边的变量作为因变量，右边的作为自变量或协变量。可以使用?lm 来获取 lm 函数的细节信息。该函数摘要会给出拟合模型的更详细信息，在这里我们已经使用了该函数 3 次，以查看每个模型在数据上的表现。为了验证误差分布的正态假设，我们通过 hist(residuals(lm),...)得到了直方图。

观测值之间的依赖性是时间序列数据的主要复杂之处，忽视它将会导致错误的结论。接下来，我们将考虑有助于构建包含时间序列依赖本质的模型，考虑其方法和措施。

10.5 ACF 和 PACF

我们有了时间序列 $Y_t(1 \leqslant t \leqslant T)$，可以将其定义为一个在 $1 \leqslant t \leqslant T$ 上观察的随机过程 Y。如果一个过程是在连续时间上观察的，那么在时间 t 上的过程值依赖于 $t-1, t-2, \cdots$ 上的过程值似乎也是合理的，这种依赖关系的规范是时间序列建模的关键。在回归模型中，我们在 $\varepsilon_t(1 \leqslant t \leqslant T)$ 中有一个误差过程，通常认为这是白噪声过程。现在，过程/时间序列 $Y_t(1 \leqslant t \leqslant T)$ 可能依赖它自己的过去值或者过去的误差项。这两种有助于理解依赖关系本质的度量指标是自相关函数（Autocorrelation function，ACF）和局部自相关函数（Partial-autocorrelation function，PACF）。但是，我们首先需要理解滞后（lag）概念。对于过程来 $Y_t(2 \leqslant t \leqslant T)$ 说，滞后 1 的过程是 $Y_{t-1}(1 \leqslant t \leqslant T-1)$。一般来说，对于变量 Y_t，它的 k 阶滞后变量是 Y_{t-k}。k 阶滞后 ACF 定义为随机变量 Y_t 和 k 阶滞后变量 Y_{t-k} 之间的相关性：

$$\rho_k = \frac{E(Y_t - \mu)(Y_{t-k} - \mu)}{\sigma^2}$$

其中 σ^2 是时间序列的方差。Y_t 与其 k 阶滞后 Y_{t-k} 之间的部分自相关函数 PACF 是时间序列的部分相关性，它控制着在较短滞后 $Y_{t-1}, Y_{t-2}, \cdots, Y_{t-k+1}$ 上的值。在这里我们不会深入讲解 PACF 概念在数学上的详细信息，读者可以参阅相关资料。ACF 和 PACF 值有助于确定误差变量或时间序列项。我们以简单的随机游走（random walk）作为一个时间序列的例子来讲解这些概念。

假设白噪声（误差）序列为 $\varepsilon_t(1\leqslant t\leqslant T)$，观察的时间序列/随机游走是：

$$Y_i = \varepsilon_1 + \varepsilon_2 + \cdots + \varepsilon_i, \ 1\leqslant i\leqslant T$$

注意，序列也可以重写成如下形式：

$$Y_i = Y_{i-1} + \varepsilon_i, \ 1\leqslant i\leqslant T$$

因此，可以认为 Y_i 值依赖于之前的 i 个误差，或者依赖于 Y_{i-1} 的值和当前误差。接下来我们将模拟随机游走，并在 R 中获取 ACF 和 PACF 图。

10.5.1 准备工作

此处仅需要一个打开的 R 会话。

10.5.2 操作流程

首先，我们模拟随机游走的 500 个（伪）观测值，并对其进行可视化处理。然后，对其应用 acf 和 pacf 函数，最后检查所画出图形的本质信息。

1. 将种子设置为 12345：

```
set.seed ( 12345 )
```

2. 模拟服从标准正态分布的 500 个观测值，然后通过累计和计算在每个时间点的随机游走：

```
y <- rnorm ( 500 )
rwy <- cumsum (y)
```

3. 将时间序列可视化，然后将 acf 和 pacf 函数应用于上步创建的随机游走序列：

```
windows ( height= 24 , width= 8 )
par ( mfrow= c ( 3 , 1 ))
plot.ts (rwy, main= "Random Walk" )
acf (rwy, lag.max= 100 , main= "ACF of Random Walk" )
pacf (rwy, main= "PACF of Random Walk" )
```

4. 结果图如下所示：

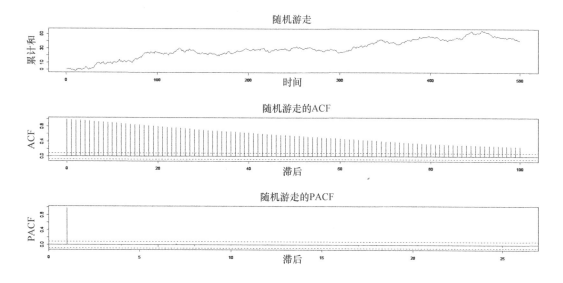

ACF 和 PACF 是一种十分有效的工具，它在确定生成时间序列的模型类型时非常有效。例如，我们在这里可以发现过去的观测值 Y_{t-1} 的影响在下降，因为如果我们查看局部相关性时，那么会发现只有前一个观测值很重要，而剩下的都是零。这里的观测结果与理论上的 ACF 和 PACF 一致。

10.5.3　工作原理

set.seed 函数用于确保程序的可重复性，而 rnorm 和 cumsum 二者共同提供给我们必要的随机游走。函数 acf 和 pacf 是主要的时间序列函数，几乎在所有的时间序列分析中都需要用到它们。lag.max=100 选项用来显示 acf 确实是在下降，如果我们采用默认设置，那么这种现象就不会很明显。

10.6　ARIMA 模型

在上一节中，我们学习了随机游走以及 ACF 和 PACF 函数的作用。随机游走可以看作一个依赖于过去观测值和过去误差的序列。因此，可以将时间序列看成过去观测值、误差，或二者共同的一个函数。一般来说，给定时间序列 $Y_t(1 \leqslant t \leqslant T)$ 和误差过程 $\varepsilon_t(1 \leqslant t \leqslant T)$，那么线性过程可以定义为：

$$Y_t = \varepsilon_t + \psi_1\varepsilon_{t-1} + \psi_2\varepsilon_{t-2} + \psi_3\varepsilon_{t-3} + \cdots$$

$\psi_1, \psi_2, \psi_3, \cdots$这些项是线性过程的系数。现在，假设我们对一个模型感兴趣，在该模型中 Y_t 依赖于过去的 p 个观测值：

$$Y_t = \phi_1 Y_{t-1} + \phi_2 Y_{t-2} + \cdots + \phi_p Y_{t-p} + \varepsilon_t$$

前面的模型就是著名的 p 阶自回归模型（autoregressive model of order p），表示为 AR(p)。这里需要注意的是，AR 系数 ϕ_1, ϕ_2, $\cdots$, ϕ_p 并非是不受限制的，我们仅注意到，如果假设时间序列是稳定的，那么它们的绝对值应该小于 1。接下来，我们定义 q 阶滑动平均模型（moving average model of order q），缩写为 MA(q)：

$$Y_t = \varepsilon_t - \theta_1 \varepsilon_{t-1} - \theta_2 \varepsilon_{t-2} - \cdots - \theta_q \varepsilon_{t-q}$$

MA(q)模型的参数是 θ_1, θ_2, $\cdots$, θ_q。一个时间序列确实有可能依赖于过去的观测值和误差，这种模型可以通过自回归滑动平均模型（autoregressive moving average model）来获取，表示为 ARMA(p, q)：

$$Y_t = \phi_1 Y_{t-1} + \phi_2 Y_{t-2} + \cdots + \phi_p Y_{t-p} + \varepsilon_t - \theta_1 \varepsilon_{t-1} - \theta_2 \varepsilon_{t-2} - \cdots - \theta_q \varepsilon_{t-q}$$

从 ARMA 模型中可以获取理论上的 ACF 和 PACF。下表中展示了 ACF 和 PACF 对这种模型的预期表现：

模型	ACF	PACF
AR(p)	减弱	p 阶滞后后截断
MA(q)	q 阶滞后后截断	减弱
ARMA(p, q)	减弱	减弱
白噪声	无尖峰	无尖峰

为了在 ARMA 模型上下文中理解 ACF 和 PACF 的本质，我们使用 arima.sim 函数模拟观测值，并绘制相应的 ACF 和 PACF 图，然后检查上表中列举的表现。

10.6.1　准备工作

需要打开一个 R 会话，并准备好前面创建的 osv 对象。

10.6.2　操作流程

首先模拟 AR(1)、MA(1)和 ARMA(1,1)模型，然后获取 ACF 和 PACF 图。

1. 将种子设置为 123。生成 3 个时间序列 AR(1)、MA(1)和 ARMA(1,1)：

```
set.seed ( 123 )
 t1 <- arima.sim ( list ( order = c ( 1 , 0 , 0 ), ar = 0.6 ), n =
100 )
```

```
 t2 <- arima.sim ( list ( order = c ( 0 , 0 , 1 ), ma = - 0.2 ), n
= 100 )
 t3 <- arima.sim ( list ( order = c ( 1 , 0 , 1 ), ar = 0.6, ma= -
0.2 ), n = 100 )
 tail (t1); tail (t2); tail (t3) # 省略输出结果
```

t1 的底层 AR(1)模型是：

$$Y_t = 0.6Y_{t-1} + \varepsilon_t$$

类似地，t2 和 t3 相关的底层模型分别是：

$$Y_t = \varepsilon_t - (-0.2)\varepsilon_{t-1}$$
$$Y_t = 0.6Y_{t-1} + \varepsilon_t + 0.2\varepsilon_{t-1}$$

2．分别获取 t1、t2 和 t3 的 ACF 和 PACF 图：

```
windows ( height= 30 , width= 20 )
 par ( mfrow= c ( 3 , 2 ))
 acf (t1); pacf (t1)
 acf (t2); pacf (t2)
 acf (t3); pacf (t3)
```

3．结果图如下所示：

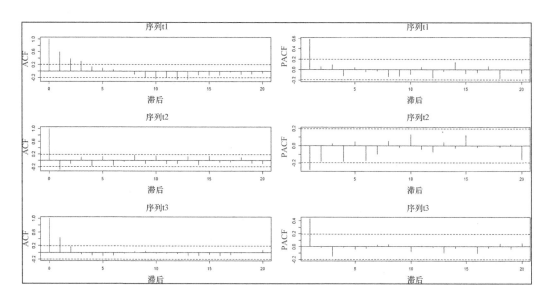

　　t1 对象模拟一个 AR(1)过程，理论上的 ACF 预期会下降或者缩小，PACF 肯定会在一个滞后之后截断。我们在 t1 的 ACF 和 PACF 图中看到了这种表现。类似地，t2 的 ACF

和 PACF 分别在 1 个滞后之后被截断和逐渐下降，这表明 MA(1)是一个合适的模型。同时，t3 序列的 ACF 和 PACF 图展示了理论数量上的预期表现，这意味着 ARMA 模型是合适的。注意，ARMA 模型的阶数并没有由相关图反映出来。

4. 读者应该问这样一个问题，如果自回归系数的绝对值大于 1 将发生什么。在 R 中运行下面两行代码，即可得出一个合适的结论：

```
arima.sim ( list ( order = c ( 1 , 0 , 0 ), ar = 1.6 ), n = 100 )
arima.sim ( list ( order = c ( 0 , 0 , 1 ), ma = 10.2 ), n = 100 )
```

接下来我们将看一下 osv 的 ACF 和 PACF 图。

5. 在 osv 上应用 acf 和 pacf 函数：

```
windows ( height= 10 , width= 20 )
 par ( mfrow= c ( 1 , 2 ))
 acf (osv)
 pacf (osv)
```

6. 结果图如下所示：

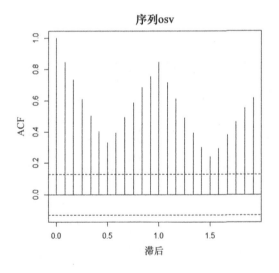
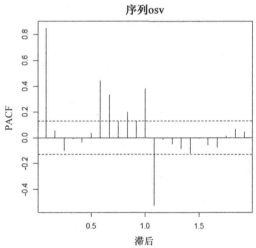

注意上图中 x 轴比例的变化。在之前的 ACF 和 PACF 图中，x 轴的变化范围从 0～20 甚至更大，由 lag.max 指定最大值。这里，尽管我们还是在 20 个滞后处计算出 ACF 和 PACF，但 x 轴的范围却是从 0～2，小数值为 0.5～1.5。这是因为我们对 osv 时间序列对象设定 frequency=12。

在这里，ACF 和 PACF 图绝不是之前表格中详细列举的对 ARMA 模型的描述。ACF 有周期性表现，而 PACF 并没有明确表示是否会在一定的滞后之后会下降。回顾 osv 的时间序列图，其中我们得到了一个不断增长的平均值（以及方差）。简单来说，时间序列的表现是随着时间的推移而变化的，因此我们有了非固定的数据。在许多实际的场景中，可以通过求序列 Y_t 的差分来得到静止数据，也就是说，我们不为 Y_t 建模，而是考虑为其差分 Y_t-Y_{t-1} 建模。差分 Y_t-Y_{t-1} 是 1 阶差分，有时可能需要高阶差分，在大多数实际的场景中，4 阶差分基本上可以获取静止数据。差分的阶数通常以字母 d 表示，将 ARMA 模型应用到差分序列上称为自回归求和滑动平均模型（autoregressive integrated moving average model）或 ARIMA 模型，一种简洁的缩写为 ARIMA(p,d,q)。在接下来的步骤中，我们将为海外游客数据分别构建 AR、MA 和 ARIMA 模型。

当 ar 函数应用到一个时间序列对象上时，它会自动选择阶数 p；然后使用尤尔-沃克 (Yule-Walker) 方法来拟合模型。

7. 对 osv 对象应用 ar 函数：

```
osv_ar <- ar (osv)
 osv_ar
 ## Call:
 ## ar(x = osv)
 ##
 ## Coefficients:
 ## 1 2 3 4 5 6 7 8
 ## 0.6976 0.1015 -0.0238 0.0315 0.0106 -0.1569 0.0183 0.1238
 ## 9 10 11 12 13
 ## 0.0223 0.0279 -0.0039 0.6398 -0.5227
 ##
 ## Order selected 13 sigma^2 estimated as 123787045
```

AR 阶数 p 选择为 13。接下来，我们来看下该拟合模型的残差，然后检查正态假设是否成立。

8. 获得残差的直方图，然后查看残差的 ACF 图：

```
windows ( height= 10 , width= 20 )
 par ( mfrow= c ( 1 , 2 ))
 hist ( na.omit (osv_ar$resid), main= "Histogram of AR Residuals" )
 acf ( na.omit (osv_ar$resid), main= "ACF of AR Residuals" )
```

直方图和 ACF 图如下所示：

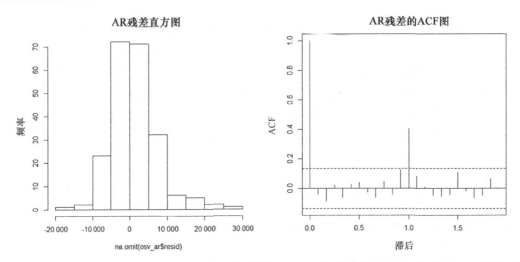

从上图可以看出，直方图看起来是倾斜的，ACF 表明残差间存在依赖性，而这违反了 AR 模型的假设条件。

与 ar 函数不同，我们并没有一个用于拟合滑动平均模型时会自动选择阶数 q 的函数。因此，首先定义一个新的函数，在多个滑动平均模型中，对于一个给定的最大误差滞后，该函数会尝试以 aic 标准找到一个最佳的模型。

9. 定义 auto_ma_order 函数，然后为 osv 数据找到最佳的滑动平均模型，如下所示：

```
auto_ma_order <- function(x,q){
 aicc <- NULL
 for(i in 1 :q) {
 tmodel <- arima (x, order= c ( 0 , 0 ,i))
 aicc[i] <- as.numeric (tmodel$aic)
 }
 return ( which.min (aicc))
 }
 auto_ma_order (osv, 15 )
```

```
## [1] 14
```

至于为何没有定义一个滑动平均模型的自动拟合函数，可能有技术上的原因。通常情况下，auto_ma_order 函数会在最大滞后处找到最佳滑动平均滞后值，如下步所示。

10. 对于 osv 时间序列数据，为不同的最大滞后值找出最佳的滑动平均模型：

```
sapply ( 1 : 20 ,auto_ma_order, x= osv)
```

```
## [1] 1 2 3 4 5 6 6 8 9 9 9 9 13 14 14 16 17 18 18 20
```

因为 auto_ma_order 函数通常会在最大滞后值处找到最优的阶数，所以它并不是一个有用的函数。要了解这种现象背后的数学原因，读者可以参考一本很好的时间序列书籍，比如 Box,et al.(2015)。现在，我们拟合各种阶数的 ARIMA 模型。

11. 为 osv 数据拟合 3 种 ARMA 模型和 3 种 ARIMA 模型：

```
# ARIMA 模型拟合
osv_arima_1 <- arima (osv, order= c ( 1 , 0 , 1 ))
osv_arima_2 <- arima (osv, order= c ( 2 , 0 , 1 ))
osv_arima_3 <- arima (osv, order= c ( 1 , 0 , 2 ))
osv_arima_4 <- arima (osv, order= c ( 1 , 1 , 1 ))
osv_arima_5 <- arima (osv, order= c ( 2 , 1 , 1 ))
osv_arima_6 <- arima (osv, order= c ( 1 , 1 , 2 ))
osv_arima_1; osv_arima_2; osv_arima_3

##
## Call:
## arima(x = osv, order = c(1, 0, 1))
##
## Coefficients:
## ar1 ma1 intercept
## 0.9030 0.0008 68427.30
## s.e. 0.0348 0.0659 10168.16
##
## sigma^2 estimated as 233640077: log likelihood = -2521.06, aic
= 5050.13

##
## Call:
## arima(x = osv, order = c(2, 0, 1))
##
## Coefficients:
## ar1 ar2 ma1 intercept
## -0.0871 0.9123 0.9931 68374.33
## s.e. 0.0306 0.0306 0.0091 10714.84
##
## sigma^2 estimated as 216211876: log likelihood = -2513.14, aic
= 5036.27

##
## Call:
## arima(x = osv, order = c(1, 0, 2))
##
## Coefficients:
## ar1 ma1 ma2 intercept
## 0.8755 0.0253 0.1315 67650.666
```

```
## s.e. 0.0428 0.0792 0.0607 9106.606
##
## sigma^2 estimated as 229397770: log likelihood = -2518.99, aic
= 5047.98
```

```
osv_arima_4; osv_arima_5; osv_arima_6
```

```
##
## Call:
## arima(x = osv, order = c(1, 1, 1))
##
## Coefficients:
## ar1 ma1
## -0.602 0.5313
## s.e. 0.356 0.3761
##
## sigma^2 estimated as 2.41e+08: log likelihood = -2512.67, aic =
5031.35
```

```
##
## Call:
## arima(x = osv, order = c(2, 1, 1))
##
## Coefficients:
## ar1 ar2 ma1
## -0.2669 0.0912 0.2256
## s.e. 0.4129 0.0743 0.4103
##
## sigma^2 estimated as 239665946: log likelihood = -2512.07, aic
= 5032.13
```

```
##
## Call:
## arima(x = osv, order = c(1, 1, 2))
##
## Coefficients:
## ar1 ma1 ma2
## -0.4164 0.3784 0.0901
## s.e. 0.2893 0.2920 0.0703
##
## sigma^2 estimated as 239508475: log likelihood = -2511.99, aic
= 5031.99
```

这 6 种不同模型的 AIC 值分别是 5050.13、5036.27、5047.98、5031.35、5032.13 和 5031.99。在 Hyndman 的 forecast 包中有一个 auto.arima 函数，它能够在 p、d 和 q 的最

大值中找到最佳的 ARIMA 模型。然而，还存在其他对时间序列建模的度量指标，AIC 可能并非最好的评估方法。在下一节中，我们将讲解一些其他的度量指标。

10.6.3　工作原理

在本节中，为了实现模拟这个目的，arima.sim 函数以及选项 list、order、ar、ma 和 n 都是很有用的。可以使用 acf 和 pacf 函数获得必要的相关图。前面我们使用了 ar 函数来找到最佳的自回归模型。滑动平均模型可以使用 arima 函数进行拟合，且可以通过 order 选项指定模型阶数。此外，可以使用 ar_fit$resid 来提取拟合的 ar 对象的残差。

10.7　精确性评估

回归模型中的模型选择通过使用 aic、bic 等度量指标可以解决。尽管我们之前已经使用了这些指标来选择模型，但需要重点注意的是，通常时间序列是用来预测的。因此，时间序列建模有一些自定义的度量指标，它们对于预测来说非常有用。在这里，我们对实际值和拟合值进行了比较。

为了实现此目的，假设有一个时间序列 $Y_t(1 \leq t \leq T)$，并假设由于使用了一个特定模型，比如 AR(p)、MA(q)或者 ARIMA(p,d,q)，因此该时间序列的预测值是 $\hat{Y}_t(1 \leq t \leq T)$。然后，我们可以通过比较 $\hat{Y}_t$ 和 Y_t 来获取模型的匹配度。模型的残差定义为 $r_t = Y_t - \hat{Y}_t(1 \leq t \leq T)$。精确度度量指标定义如下：

$$\text{平均误差：} ME = \frac{1}{T}\sum_{t=1}^{T} r_t = \frac{1}{T}\sum_{t=1}^{T}(Y_t - \hat{Y}_t)$$

$$\text{均方根误差：} RMSE = \left(\frac{1}{T}\sum_{t=1}^{T} r_t^2\right)^{1/2} = \left(\frac{1}{T}\sum_{t=1}^{T}(Y_t - \hat{Y}_t)^2\right)^{1/2}$$

$$\text{平均绝对误差：} MAE = \frac{1}{T}\sum_{t=1}^{T}|r_t| = \frac{1}{T}\sum_{t=1}^{T}|Y_t - \hat{Y}_t|$$

$$\text{平均百分误差：} MPE = 100 \times \frac{1}{T}\sum_{t=1}^{T}\frac{r_t}{Y_t} = 100 \times \frac{1}{T}\sum_{t=1}^{T}\frac{Y_t - \hat{Y}_t}{Y_t}$$

$$\text{平均绝对百分误差：} MAPE = 100 \times \frac{1}{T}\sum_{t=1}^{T}\left|\frac{r_t}{Y_t}\right| = 100 \times \frac{1}{T}\sum_{t=1}^{T}\left|\frac{Y_t - \hat{Y}_t}{Y_t}\right|$$

我们将使用原始代码计算这些指标。

10.7.1 准备工作

我们需要在当前的 R 环境中使用 osv 对象。读者将需要 ARIMA 对象 osv_arima_1、osv_arima_2、osv_arima_3 和 osv_arima_4。此外，还需要 R 包 forecast。

10.7.2 操作流程

精确度度量公式很直观，使用残差函数可以简化我们的程序。

使用 forecast 包中的 mean、sqrt、abs、residuals 和 accuracy 函数来获得精确度度量值：

```
mean ( residuals (osv_arima_1)) # 平均误差
## [1] 106.6978
sqrt ( mean ( residuals (osv_arima_1)^ 2 )) # 均方根误差
## [1] 15285.29
mean ( abs ( residuals (osv_arima_1))) # 平均绝对误差
## [1] 11672.7
mean ( residuals (osv_arima_1)/osv)* 100 # 平均百分误差
## [1] -5.35765
mean ( abs ( residuals (osv_arima_1)/osv))* 100 # 平均绝对百分误差
## [1] 19.04502
accuracy (osv_arima_1)
## ME RMSE MAE MPE MAPE MASE
## Training set 106.6978 15285.29 11672.7 -5.35765 19.04502
0.9717733
 ## ACF1
 ## Training set 0.004153521
mean ( abs ( residuals (osv_arima_2)/osv))* 100
## [1] 19.01274
mean ( abs ( residuals (osv_arima_3)/osv))* 100
## [1] 18.75919
mean ( abs ( residuals (osv_arima_4)/osv))* 100
## [1] 19.01341
```

使用 MAPE 标准，我们将会用到 osv_arima_3，因为 4 个模型中它的值最小。我们还可以看到，原始代码中的计算与 forecast 包中的 accuracy 函数相匹配。

10.7.3 工作原理

精确度测量公式实现起来非常容易。在分析时间序列数据时使用这些指标很重要。虽然 accuracy 函数也提供了解决方案，但是我们仍然使用原始代码展示了公式的实现。

通常来说，MAPE 度量标准更有效，使用也更广泛。然而，4 个模型的 MAPE 值在范围 18.76%～19.05%之间不等。季节性是一个很大的因素，因此我们将创建一个解释这种因素的 ARIMA 模型，下一节将围绕这一话题进行讨论。

10.8 拟合季节性 ARIMA 模型

月度海外游客 ARIMA 模型的意义在于，过去的观测值和误差会影响当前的观测值。将 ar 函数应用到 osv 数据得到的阶数 13 表明，上一年的月度游客数量也会影响这个月的游客数量。然而，看起来有趣的是，过去的 13 个月中每个月的游客数量都应该对当前月有影响。同时，这种情况增加了模型的复杂度，而我们更喜欢基于过去尽可能少的观测值这种有意义的模型。需要注意的是，拟合模型的方差现在已经非常大了，所以我们也将减小其方差值。

一种良好、有吸引力的集成季节性影响的方法就是使用季节性 ARIMA 模型。为了理解季节性 ARIMA 模型的工作原理，我们首先考虑简单的季节性 AR 模型。在这里，我们允许过去少量的 Y_t 值影响当前 Y_t 值，以及过去几个对应的季节性 Y_t 值。例如，设定 $p=3$，时间序列的频率为 12 个月，那么我们将考虑过去两个季度性项目的影响。这意味着 Y_t 现在受 Y_{t-1}、Y_{t-2}、Y_{t-3}、Y_{t-12}、Y_{t-24} 的影响。按惯例，以大写字母 P 指示季节性 Y_t 的滞后阶数。类似地，包含两个滑动平均滞后和 3 个季节性滑动平均滞后的季节性滑动平均模型由 ξ_{t-1}、ξ_{t-2}、ξ_{t-12}、ξ_{t-24}、ξ_{t-36} 组成。季节性滑动平均滞后阶数使用大写字母 Q 表示，类似地，差分使用 D 表示。季节性 ARIMA 模型通常用$(p, d, q)x(P, D, Q)_{\{freq\}}$表示。arima 函数也可以拟合季节性 ARIMA 模型，下面我们将实现这一点。

10.8.1 准备工作

如果读者在 R 环境中已经有了 osv 对象，则这就足够了。

10.8.2 操作流程

在 arima 函数中使用 seasonal 选项，我们将构建季节性 ARIMA 模型。

1. 我们按以下方式建立季节性模型：$(1, 1, 0) x (0, 1, 0)_{12}$、$(1, 1, 0) x (1, 1, 0)_{12}$、$(0, 1, 1) x (0, 1, 1)_{12}$、$(1, 1, 0) x (0, 1, 1)_{12}$、$(0, 1, 1) x (1, 1, 0)_{12}$、$(1, 1, 1) x (1, 1, 1)_{12}$、$(1, 1, 1) x (1, 1, 0)_{12}$、$(1, 1, 1) x (0, 1, 1)_{12}$。

```
osv_seasonal_arima2 <- arima (osv, order= c ( 1 , 1 , 0 ),
seasonal= c ( 0 , 1 , 0 ))
 osv_seasonal_arima3 <- arima (osv, order= c ( 1 , 1 , 0 ),
```

```
seasonal= c ( 1 , 1 , 0 ))
 osv_seasonal_arima4 <- arima (osv, order= c ( 0 , 1 , 1 ),
seasonal= c ( 0 , 1 , 1 ))
 osv_seasonal_arima5 <- arima (osv, order= c ( 1 , 1 , 0 ),
seasonal= c ( 0 , 1 , 1 ))
 osv_seasonal_arima6 <- arima (osv, order= c ( 0 , 1 , 1 ),
seasonal= c ( 1 , 1 , 0 ))
 osv_seasonal_arima7 <- arima (osv, order= c ( 1 , 1 , 1 ),
seasonal= c ( 1 , 1 , 1 ))
 osv_seasonal_arima8 <- arima (osv, order= c ( 1 , 1 , 1 ),
seasonal= c ( 1 , 1 , 0 ))
 osv_seasonal_arima9 <- arima (osv, order= c ( 1 , 1 , 1 ),
seasonal= c ( 0 , 1 , 1 ))
```

2．分别获取上步中构建的所有模型的 MAPE 值：

```
accuracy (osv_seasonal_arima2)[ 5 ]
# [1] 5.525674
accuracy (osv_seasonal_arima3)[ 5 ]
## [1] 5.206777
accuracy (osv_seasonal_arima4)[ 5 ]
## [1] 4.903352
accuracy (osv_seasonal_arima5)[ 5 ]
## [1] 5.113835
accuracy (osv_seasonal_arima6)[ 5 ]
## [1] 4.946375
accuracy (osv_seasonal_arima7)[ 5 ]
## [1] 4.603231
accuracy (osv_seasonal_arima8)[ 5 ]
## [1] 4.631682
accuracy (osv_seasonal_arima9)[ 5 ]
## [1] 4.5997
```

3．在此处指定的所有模型中，阶数$(1, 1, 1) \times (0, 1, 1)_{12}$ 导致了最小的 MAPE 值。因为在$(p, d, q) \times (P, D, Q)_f$各种可能的组合中寻找最佳的模型通常比较困难，所以我们使用 forecast 包中的 auto.arima 函数。

4．使用 auto.arima 函数获取最佳模型：

```
opt_model <- auto.arima (osv, max.p= 6 , max.q= 6 , max.d= 4 ,
max.P= 3 , max.Q= 3 , max.D= 3 )
opt_model

 ## Series: osv
 ## ARIMA(5,1,3)(0,1,1)[12]
 ##
```

```
## Coefficients:
## ar1 ar2 ar3 ar4 ar5 ma1 ma2 ma3
## 0.3732 0.5802 -0.2931 -0.3063 -0.2003 -0.8537 -0.6079 0.7898
## s.e. 0.1172 0.1172 0.0931 0.0760 0.0853 0.0946 0.1348 0.0802
## sma1
## -0.4880
## s.e. 0.0636
##
## sigma^2 estimated as 17089028: log likelihood=-2093.09
## AIC=4206.17 AICc=4207.25 BIC=4239.88

accuracy (opt_model)
## ME RMSE MAE MPE MAPE MASE
## Training set 236.9483 3929.388 2820.913 0.07114353 4.592125
0.5239947
## ACF1
## Training set -0.02654602
```

前面的结果表明，最佳的季节性 ARIMA 模型是 ARIMA(5,1,3)(0,1,1)[12]。

10.8.3　工作原理

seasonal 选择有助于在 ARIMA 模型中建立需要的季节性阶数。auto.arima 函数有助于为(p,d,q)和(P,D,Q)在指定的滞后下找到最佳的 ARIMA 模型。

10.8.4　更多内容

时间序列建模的范围远远超出了本章内容，读者可自行查阅相关资料搜索。

第 11 章
德国信用数据分析

本章包含以下主要内容。

● 转换数据。

● 可视化分类数据。

● 识别违约的判别分析。

● 划分数据和 ROC。

● 拟合逻辑回归模型。

● 决策树和决策规则。

● 德国信用数据决策树。

11.1 简介

  贷款对借款人来说是一笔债务，而对银行来说却是一笔资产！银行肯定喜欢只提供贷款，而不提供储蓄方案，比如储蓄账户、定期存款、分期存款，等等。原因很简单，因为银行必须在一段时间之后才支付客户利息，如果他们未赚到足够多的钱，那么就付不起利息。尽管银行愿意提供尽可能多的贷款，但还是存在很多原因使得银行不愿以先到先得的方式发放贷款。一个非常明显的原因就是，如果客户违约，那么银行就会得到一个为更好的客户服务的机会。然而，一个明显的问题就是，如何来定义一个更好的客户，此时分析方法在这里将会有所帮助。一个实用的数据集是德国信用数据集，它包含了代表客户是否全额偿还了贷款的最终状态以及其他一些重要的变量。

  人们已经对该数据集进行了大量的分析，目前它已经成为分类问题的一个重要基准数据集。此外，该数据集已经应用于很多研究工作中，在本书编写之际，该数据集的总点击量已经达到了 228 982 次。读者可以从 r-project 网站上找到利用 R 软件对其进行各种角度分析的案例。下一节，我们将从 RSADBE 包中提取该数据集，然后对其进行简单的转换。下面是对该数据集的详细描述信息。

GC（German Credit，德国信用）数据集包含 1000 个分布在 21 个维度上的观测值。在该信用数据中，我们感兴趣的变量包括某笔贷款是良性贷款还是恶性贷款，即客户是否完全偿还了贷款金额，此状态信息保存在变量 good_bad 中。在该数据集中，1000 个观测对象中有 700 个是良性贷款，而其余的则是恶性贷款。另外，该数据集中还包含了大量重要的变量数据，这些数据提供了关于客户类型的信息。此外，其他变量既包括数量性的（数值），也包括质量性（分类）的变量。数值变量包括以月份为单位的持续时间（duration）、信用额（credit）、按可支配收入的百分比计算的分期付款率（installp）、在当前居住地的居住时间（resident）、年龄（age）、在银行现有的信用额（existcr）以及申请人的家属数量（depends）。剩下的 21 个变量都是分类变量。

由于 GC 数据集简化了对分类变量因子等级的数值表示，所以它们大多数都标识为整数变量，而这一点其实是不合适的。例如，当前支票账户的状态只是简单地编号为 1～4，而实际上它们依次表示因子水平 < 0 马克、0 ≤…< 200 马克、≥200 马克和无支票账户（No Acc）。下一节中，我们将修正这些因子变量的等级标识。

11.2 简单数据转换

RSADBE 1.0 版本中的德国信用数据变量具有一定的局限性。该包中的数据文件命名为 GC，其中的很多分类变量存储为整数类，这一点将影响我们的整体分析。另外，一些变量在这里并不重要，且在将整数类转换为因子（factor）类之后，也需要重新标记。在本节中，我们将使用该数据集，并进行一些必要的转换。

11.2.1 准备工作

首先，读者需要安装 RSADBE 包，其中包含了 GC 数据集。在此之前，我们应加载所有必需的库：

```
library (data.table)
library (dplyr)
library (RSADBE)
library (rpart)
library (randomForestSRC)
library (ROCR)
library (plyr)
```

11.2.2 操作流程

在 R 语言的 RSADBE 包中可以获取 GC 数据集。如前所述，该数据集包含了很多表示因子等级的整数值变量，例如，正如前面所看到的，我们需要将因子等级表示成 < 0

马克、0≤···＜200 马克、≥200 马克和无支票账户，而不是 1～4 这样的编号。所以，需要对这 1000 个观测对象重新标记，这一点可以使用函数 as.factor 和 revalue 来实现。

1. 将变量 checking 从当前的整数类转换为因子类，然后对其应用 revalue（来源于包 plyr 中）函数来获得期望的结果：

```
data (GC)
 GC2 <- GC
 GC2$checking <- as.factor (GC2$checking)
 GC2$checking <- revalue (GC2$checking, c ( "1" = "< 0 DM" , "2" =
"0 <= ... < 200 DM" ,
 "3" = ">= 200 DM" , "4" = "No Acc" ))
```

2. 类似地，将其他整数对象也转换为目标因子对象：

```
GC2$history <- as.factor (GC2$history)
 GC2$history <- revalue (GC2$history, c ( "0" = "All Paid" , "1" =
"Bank paid", "2" = "Existing paid" , "3" = "Delayed", "4" = "Dues
Remain" ))
 GC2$purpose <- as.factor (GC2$purpose)
 GC2$purpose <- revalue (GC2$purpose,
 c ( "0" = "New Car" , "1" = "Old Car" , "2" = "Furniture" ,
 "3" = "Television" , "4" = "Appliance" , "5" = "Repairs" ,
 "6" = "Education" , "8" = "Retraining" , "9" = "Business" ,
 "X" = "Others" ))
 GC2$savings <- as.factor (GC2$savings)
 GC2$savings <- revalue (GC2$savings,
 c ( "1" = "< 100 DM " , "2" = "100-500 DM" ,
 "3" = "500-1000 DM" , "4" = ">1000 DM" ,
 "5" = "Unknown" ))
 GC2$employed <- as.factor (GC2$employed)
 GC2$employed <- revalue (GC2$employed,
 c ( "1" = "Unemployed" , "2" = "1 Year" , "3" = "1-4 Years" ,
 "4" = "4-7 Years" , "5" = ">7 Years" ))
 GC2$marital <- as.factor (GC2$marital)
 GC2$marital <- revalue (GC2$marital,
 c ( "1" = "Female S" , "2" = "Female M/D" , "3" = "Male M/D" ,
 "4" = "Male S" ))
 GC2$coapp <- as.factor (GC2$coapp)
 GC2$coapp <- revalue (GC2$coapp,
 c ( "1" = "None" , "2" = "Co-app" , "3" = "Guarantor" ))
 GC2$property <- as.factor (GC2$property)
 GC2$property <- revalue (GC2$property,
 c ( "1" = "Real Estate" , "2" = "Building society" ,
 "3" = "Others" , "4" = "Unknown" ))
```

```
GC2$other <- NULL # because "none" is dominating frequency
GC2$housing <- as.factor (GC2$housing)
GC2$housing <- revalue (GC2$housing, c ( "1" = "Rent" , "2" =
"Own",
 "3" = "Free" ))
GC2$job <- as.factor (GC2$job)
GC2$job <- revalue (GC2$job, c ( "1" = "Unemployed" , "2" =
"Unskilled", "3" = "Skilled",
 "4" = "Highly Qualified" ))
GC2$telephon <- as.factor (GC2$telephon)
GC2$telephon <- revalue (GC2$telephon, c ( "1" = "None" , "2" =
"Registered" ))
GC2$foreign <- as.factor (GC2$foreign)
GC2$foreign <- revalue (GC2$foreign, c ( "1" = "No" , "2" = "Yes"
))
```

注意，经过以上操作，我们已经将其他对象从 GC2 中移除。

11.2.3 工作原理

数据并不总是以易于分析的格式存在的，相反在很多情况下它可能需要微调。在本节中，我们首先通过技术将整数对象转换为因子对象，然后为其打上合适的标签。由于重组很多数据是完全有可能的，所以我们将以需要的新格式来使用这些数据。

11.2.4 更多内容

另外，R 语言包 data.table 也非常有用。利用它，我们可以在相同的对象上进行数据重建，这样就无需像此处创建 GC2 一样创建另一个对象。

11.3 可视化分类数据

对任何探索性分析来说，可视化都是其中一个很重要的方面。假设我们仅知道，在批准的 1000 笔贷款中有 700 笔是良性贷款，除此之外对客户的历史信息一无所知。在这种情况下，预测下一位客户的贷款是良性贷款的概率将是 0.7。当所感兴趣的变量是一个数值变量时，我们可以绘制直方图、箱线图（boxplots）等来更好地理解问题。然而，这里的输出值 good_bad 是一个因子变量，对因子变量绘图没有任何意义。为了对因子变量的分布有一个简单的理解，我们可以对其绘制条形图（bar plot），其中需要绘制两个条带，其长度反映相应比例的频率。然而，该条形图 x 轴标签为良性或恶性，除此之外不会增加任何值，从这种意义上来说，该条形图仅是一维图形。

当两个变量都是数值变量时，散点图（scatter plots）则可以揭示二者之间的关系。在我们的案例中，我们感兴趣的主要变量 good_bad 是一个分类/因子变量，所以绘制其他变量与 good_bad 的关系图并不会带来关系的本质信息，因此我们需要不同的可视化技术。分类变量可视化需要专门的技术，在这里我们使用马赛克图（mosaic plot）。

11.3.1　准备工作

在这里，我们需要用到前面章节中创建的 R 数据帧 GC2。

11.3.2　操作流程

1．在这里将绘制条形图和马赛克图，首先绘制条形图。

2．利用 barplot 函数绘制出期望的图形：

```
barplot ( table (GC2$good_bad))
```

3．结果图如下所示：

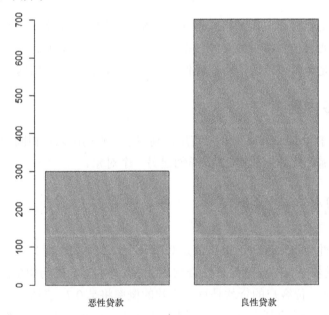

上述条形图是对良性、恶性贷款数量的简单描述。另外，变量的其他信息也是有用的。马赛克图是多重变量条形图的一种多层结构，它给出了两种变量之间的关系类型。首先，我们通过变量 housing、employed 和 checking 的不同分类来查看良性贷款与恶性贷款的比例，然后画出马赛克图。

4. 使用函数 table 和 prop.table，我们得到在每种分类变量下良性贷款和恶性贷款的百分比：

```
table (GC2$good_bad,GC2$housing)

## Rent Own Free
## bad 70 186 44
## good 109 527 64

prop.table ( table (GC2$good_bad,GC2$housing),margin= 2 )

## Rent Own Free
## bad 0.3911 0.2609 0.4074
## good 0.6089 0.7391 0.5926
```

良性/恶性贷款的比值是 700/300，并且我们看到，如果根据房子的状态信息 Rent（租房）、Own（自有）和 Free（免费），将贷款人员分成三部分，那么良性贷款在这三部分中的比例分别是 0.6089、0.7391 和 0.5926。因此，在拥有房子的客户群体中，我们看到良性贷款的比例高于其他客户群体。当然，其他两部分客户的不良贷款比例相应增高，不过在这两类客户中存在着进一步改善的空间。

5. 类似地，employed 和 checking 状态针对贷款变量的比值信息如下所示：

```
prop.table ( table (GC2$good_bad,GC2$employed),margin= 2 )
 ## Unemployed 1 Year 1-4 Years 4-7 Years >7 Years
 ## bad 0.3710 0.4070 0.3068 0.2241 0.2530
 ## good 0.6290 0.5930 0.6932 0.7759 0.7470

prop.table ( table (GC2$good_bad,GC2$checking),margin= 2 )
 ## < 0 DM 0 <= ... < 200 DM >= 200 DM No Acc
 ## bad 0.4927 0.3903 0.2222 0.1168
 ## good 0.5073 0.6097 0.7778 0.8832
```

从上面的描述中可以清楚地看到，如果申请人有 4 年以上的就业经历，那么他偿还贷款的可能性则高于其他部分，正如 employed 变量表示的那样。类似地，如果 checking 支票账户金额大于等于 200 马克或者无支票账户，那么良性偿还的比例会更高。如果读者希望可视化这些数字，那么马赛克图将对我们有所帮助。

6. 通过下面的代码，可以很容易地得到两种分类变量的马赛克图：

```
windows ( height= 15 , width= 10 )
 par ( mfrow= c ( 3 , 1 ))
 mosaicplot (~good_bad+housing,GC2)
 mosaicplot (~good_bad+employed,GC2)
```

```
mosaicplot (~good_bad+checking,GC2)
```

7. 结果马赛克图如下所示：

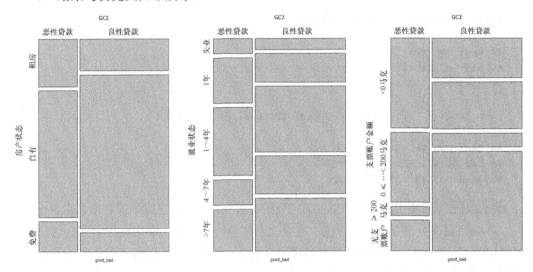

由于上述马赛克图很好地反映了比值信息，所以现在我们有了一种有效的可视化方法。

11.3.3　工作原理

　　R 语言函数 table 对于理解分类变量非常重要，它通过因子等级来计算频率。当 prop.table 应用在一个数组或表上时，通过设定选项 margin=2，我们可以得到各列的比值。

　　马赛克图和条形图提供了一种对分类数据进行视觉深入分析的途径。有了初步了解后，我们就可以为统计方法建立统计技术，以此来识别一位客户是否会是一位好的还款人还是一个违约者。

11.4　判别分析

　　判别分析（Discriminant analysis）是最早将观测值分类到不同分组的统计方法之一。就像许多早期的统计学先驱作品一样，这项技术也是由伟大的 R. A. Fisher 发明的。判别分析的理论知识超出了本书的范围。在本书中，我们仅简单地使用 MASS 包中的 lda 函数。在将 R 中的 lda 技术应用到德国信用数据之前，我们首先会在鸢尾花数据集 iris 上应用它，该数据集也因为 Fisher 的缘故而很受欢迎。在将该方法应用到 iris 数据集之后，我们再将其应用于德国的信用数据分析问题上。

11.4.1 准备工作

默认的 R 软件已经满足了 iris 数据集和 MASS 包的要求。读者需要像第一部分一样准备 GC2 数据帧（data frame）。

11.4.2 操作流程

通过简单的函数，我们对 iris 数据集有了初步理解。在该数据集中，我们有 Sepal.Length（花萼长度）、Sepal.Width（花萼宽度）、Petal.Length（花瓣长度）、Petal.Width（花瓣宽度）和 Species（种类）5 个变量。我们有 3 种类型的鸢尾：setosa（山鸢尾）、versicolor（杂色鸢尾）和 virginica（维吉尼亚鸢尾），需要根据花萼、花瓣的长度和宽度来识别是哪种类型。

1. 从 datasets 包中加载 iris 对象，并使用函数 str、summary 和 pairs 进行初步观察：

```
data (iris)
 str (iris)

## 'data.frame': 150 obs. of 5 variables:
## $ Sepal.Length: num 5.1 4.9 4.7 4.6 5 5.4 4.6 5 4.4 4.9 ...
## $ Sepal.Width : num 3.5 3 3.2 3.1 3.6 3.9 3.4 3.4 2.9 3.1 ...
## $ Petal.Length: num 1.4 1.4 1.3 1.5 1.4 1.7 1.4 1.5 1.4 1.5 ...
## $ Petal.Width : num 0.2 0.2 0.2 0.2 0.2 0.4 0.3 0.2 0.2 0.1 ...
## $ Species : Factor w/ 3 levels "setosa","versicolor",..: 1 1 1
1 1 1 1 1 1 ...

summary (iris)

## Sepal.Length Sepal.Width Petal.Length Petal.Width
## Min. :4.30 Min. :2.00 Min. :1.00 Min. :0.1
## 1st Qu.:5.10 1st Qu.:2.80 1st Qu.:1.60 1st Qu.:0.3
## Median :5.80 Median :3.00 Median :4.35 Median :1.3
## Mean :5.84 Mean :3.06 Mean :3.76 Mean :1.2
## 3rd Qu.:6.40 3rd Qu.:3.30 3rd Qu.:5.10 3rd Qu.:1.8
## Max. :7.90 Max. :4.40 Max. :6.90 Max. :2.5
## Species
## setosa :50
## versicolor:50
## virginica :50
##pairs (iris[,- 5 ]) # Output suppressed
```

2. 初步概述给出了变量范围与其他一些必要的信息。通过总结每种类型的物种，以及 pairs 函数标识的散点图矩阵，表明至少存在两个不同的类型。

3. 将 MASS 包中的 lda 函数应用于 iris 数据集：

```
iris_lda <- lda (Species~.,iris)
 iris_lda

## Call:
## lda(Species ~ ., data = iris)
##
## Prior probabilities of groups:
## setosa versicolor virginica
## 0.3333 0.3333 0.3333
##
## Group means:
## Sepal.Length Sepal.Width Petal.Length Petal.Width
## setosa 5.006 3.428 1.462 0.246
## versicolor 5.936 2.770 4.260 1.326
## virginica 6.588 2.974 5.552 2.026
##
## Coefficients of linear discriminants:
## LD1 LD2
## Sepal.Length 0.8294 0.0241
## Sepal.Width 1.5345 2.1645
## Petal.Length -2.2012 -0.9319
## Petal.Width -2.8105 2.8392
##
## Proportion of trace:
## LD1 LD2
## 0.9912 0.0088
```

4. lda(Species~.,...)这行代码要求 R 使用公式.~.创建一个 lda 对象，其中 Species 表示组指示器，我们需要使用数据集中的其他所有变量来标识该指示器。这里，有两个线性判别函数，它是花萼、花瓣的长度和宽度 4 个变量的线性组合。第一个线性判别函数是：

$$Z_1 = 0.8294 \times Sepal.Length + 1.5345 \times Sepal.Width$$
$$- 2.2012 \times Petal.Length - 2.8105 \times Petal.Width$$

5. 第二个线性判别函数是：

$$Z_2 = 0.0241 \times Sepal.Length + 2.1645 \times Sepal.Width$$
$$- 0.9319 \times Petal.Length - 2.8392 \times Petal.Width$$

6. 重要的是，在这里第一个判别函数本身解释了 99%的迹象，这看起来已经足够来识别这 3 个分组。现在，我们来看一下该判别函数在这 3 个种类上的分数。

7. 预测判别分数，并使用直方图展示 3 个种类的分数：

```
iris_lda_values <- predict (iris_lda)
 windows ( height= 20 , width= 10 )
 ldahist (iris_lda_values$x[, 1 ], g= iris$Species)
```

8. 直方图结果如下所示：

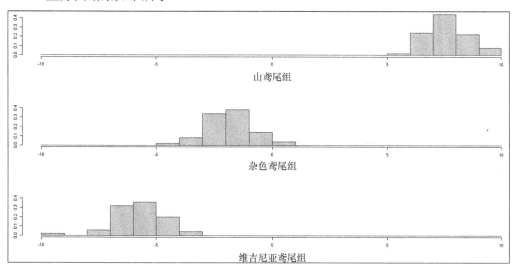

9. 可以很清楚地看到 3 个不同的基于判别分数的分组。最后，检查错误分类。

10. 使用 table 函数，评估该技术的性能：

```
table ( predict (iris_lda)$class)

 ## setosa versicolor virginica
 ## 50 49 51

table (iris$Species, predict (iris_lda)$class)

 ## setosa versicolor virginica
 ## setosa 50 0 0
 ## versicolor 0 48 2
 ## virginica 0 1 49
```

11. 注意，在预测中使用函数 table 向我们提供了每一个种类的频率。然而，它没有告诉我们哪种原始的 iris 植物种类是已正确预测的。使用原始和预测的类别表，能够给我们提供错误分类的计数信息。总的来说，3/150=2%的误差看起来让人印象深刻。接下来，我们将这项技术应用于德国的信用数据分析中。

12. 现在将 lda 函数应用于 GC2 上：

```
GB_lda <- lda (good_bad~.,GC2)
GB_lda

## Call:
## lda(good_bad ~ ., data = GC2)
##
## Prior probabilities of groups:
## bad good
## 0.3 0.7
##

## Coefficients of linear discriminants:
## LD1
## checking0 <= ... < 200 DM 3.808e-01
## checking>= 200 DM 9.029e-01
## checkingNo Acc 1.317e+00

## telephonRegistered 2.159e-01
## foreignYes 7.212e-01

table ( predict (GB_lda)$class)

##
## bad good
## 244 756

table (GC2$good_bad, predict (GB_lda)$class)

##
## bad good
## bad 158 142
## good 86 614
```

我们可以看到，lda 技术并没有识别出将近 50% 的不良贷款。因此，我们需要对它进行改进，并在本章剩余部分中使用不同的方法。

11.4.3　工作原理

MASS 包中的 lda 函数在进行线性判别分析时很有用处。

11.5　划分数据和 ROC

如果使用整个数据集来构建模型，那么我们很可能会过度训练该模型，其中一个后果就是，模型对于未知的情况无法表现其真实性能。实际上，我们需要为信用问题建立一个良好的模型，如果在新的或未知情况下无法评估模型的性能，那么我们就会对其产生怀疑。为解决此问题，一个好的做法是将可用的样本划分为用于构建模型的数据、用于验证模型的数据以及用于测试模型的数据三部分。因此，为了解决某个问题会建立一组模型，然后通过验证数据部分来验证该组模型，在这个阶段表现最好的模型，将选择用于测试数据部分。数据可以很容易地分成三部分，我们可以快速地展示如何在德国信用数据上进行相关操作。

受试者工作特征曲线（Receiving operating curves），简称 ROC 曲线，是一种评估分类模型性能的有效工具，这是我们从文献"Tattar（2013）"第 7 章中借鉴而来的。在许多分类模型中，如果成功的预测概率大于 0.5，那么就会将观测对象预测为成功，否则预测为失败。至少通过训练和验证数据，我们会知道观测对象的真实标注，因此能够将真实标注与预期标注进行比较。在理想情况下，我们期望预测标注与真实标注完全匹配。然而，在现实中，很少有这样的情况发生，这意味着有一些观测对象会预测为成功或失败，而实际上其真正的标注是失败或成功。

换句话说，我们犯了错误！可以将这些记录以表格的形式列举，这就是著名的混淆矩阵（confusion matrix）。

		观测值	
		成功	失败
预测值	成功	真正（TP）	假正（FP）
	失败	假负（FN）	真负（TN）

我们用以下度量标准来比较不同的模型：

$$准确率 = \frac{TP+TN}{TP+TN+FP+FN}$$

$$精确率 = \frac{TP}{TP+FP}$$

$$召回率 = \frac{TP}{TP+FN}$$

现在，当有分类不平衡的问题时，虽然会更容易拥有很高的准确性和精确度，但是这并没有什么用处。例如，如果在 100 000 个交易观测样本中有 100 个欺诈性交易，而一个分类器将所有交易都识别为良好交易，那么它将拥有 99.99% 以上的准确度以及很高的精确度。然而，这种模型将不能识别出哪怕是一笔欺诈性交易。在这种情况下，ROC 方法就非常有用。ROC 的构造需要真正率（true positive rate，tpr）和假正率（false positive rate，fpr）两个指标：

$$tpr = \frac{TP}{TP + FN}, \quad fpr = \frac{FP}{TN + FP}$$

ROC 曲线是通过绘制 tpr 与 fpr 来构造的。对角线是关于随机分类器的性能，它不查看观测对象的任何特征，只是简单地判定是或否。任何好的分类器 ROC 曲线在显示时都必须高于对角线。即使是一个未知的分类器，似乎也要比随机分类器好得多。ROC 曲线在比较具有竞争性的分类器时是有用的，如果一个分类器的 ROC 曲线总是高于另一个分类器，那么我们将选择前者。与 ROC 相关的另一个重要指标是曲线下面积（Area Under Curve，AUC）。AUC 越高，模型就越好，它是一个介于 0～1 之间的数字。

11.5.1　准备工作

在这里，我们需要本章前面部分中准备的 GC2 对象。

11.5.2　操作流程

在学习的最初阶段，再现性是一个很重要的方面。为了随机分割数据，我们设置一个种子，以便读取的结果与在 R 环境中运行获得的结果是一样的。

1．使用 set.seed 实现再现性：

```
set.seed ( 1234567 )
```

2．创建 3 个标注：Train（训练）、Validate（验证）和 Test（测试）。

```
data_part_label <- c ( "Train" , "Validate" , "Test" )
```

3．分别以概率 0.6、0.2 和 0.2 从向量 data_part_label 中采样 1000 次（替换），然后相应地将 GC2 分割为各个子集：

```
indv_label = sample (data_part_label, size= 1000 , replace= TRUE
,prob
= c ( 0.6 , 0.2 , 0.2 ))
 GC_Train <- GC2[indv_label== "Train" ,]
 GC_Validate <- GC2[indv_label== "Validate" ,]
 GC_Test <- GC2[indv_label== "Test" ,]
```

现在，GC_Train 中大概有 600 个观测值，GC_Validate 和 GC_Test 中各有 200 个观测值。

4．运行 ROCR 包中的性能示例：

```
example(performance)
```

在屏幕上显示的图中，你会发现有针对 **tfr** 的 **tpr** 曲线。一个完美的分类器将从 y 轴的 1 值点开始。在比较多个模型时，我们更喜欢 ROC 曲线最高的模型。例如，我们希望为数据集的 Train 和 Validate 部分生成 ROC 曲线。通常来说，Train 的 ROC 曲线比 Validate 部分中对应的曲线更好。

11.6　拟合逻辑回归模型

只有在数据集中的独立变量/协变量遵循多变量正态分布时，判别分析技术才能很好地工作。在起始点处，通过排除分类变量并不能显示其灵活性。众所周知，许多经济变量（比如工资、储蓄等），都不服从正态分布，一般来说也是非对称的。因此，多元正态分布的假设是相当严格的，我们需要一个分类问题的通用框架。逻辑回归模型（logistic regression model）提供了一类非常重要的模型。事实上，我们知道，它有很好的理论属性。例如，从理论上讲，在独立变量服从多元正态分布时，逻辑回归模型提供了与判别分析一样的准确性。逻辑回归模型是重要的指数族（exponential family）的成员，它属于广义线性模型分类。给定独立观测值组成的向量：

$$\pi(y \mid \boldsymbol{x}) = P(Y = 1 \mid \boldsymbol{x}) = \frac{e^{\beta' x}}{1 + e^{\beta' x}}$$
$$= \frac{e^{\beta_0 + \beta_1 x_1 + \cdots + \beta_k x_k}}{1 + e^{\beta_0 + \beta_1 x_1 + \cdots + \beta_k x_k}}$$

在这里，我们有 k 个独立变量，而随机变量 Y 是一个二值随机变量，并且是逻辑回归模型的因变量。为了实现我们的目的，现在只需简单地使用 R 中的 glm 函数，而 ROC 包 ROCR 和 pROC 有助于完成相关的任务。首先，我们将拟合逻辑回归模型，并获取概要信息，以确定哪些变量比较重要。

11.6.1　准备工作

除了工作会话中的 GC2 对象之外，我们还需要 ROC 包 ROCR 和 pROC 来完成此会话。

11.6.2　操作流程

我们将在这里创建一个逻辑回归模型。

1. 使用 glm 函数，我们为训练数据集 GC_Train 构建一个逻辑回归模型，然后应用 summary 函数来获取拟合模型的详细信息。

```
GC_Logistic <- glm (good_bad~., data= GC_Train, family= 'binomial'
```

```
)
summary (GC_Logistic)
```

```
##
## Call:
## glm(formula = good_bad ~ ., family = "binomial", data =
GC_Train)
##
## Deviance Residuals:
## Min 1Q Median 3Q Max
## -2.428 -0.725 0.374 0.715 2.222
##
## Coefficients:
## Estimate Std. Error z value Pr(>|z|)
## (Intercept) 1.42e+00 1.35e+00 1.05 0.2927
## checking0 <= ... < 200 DM 1.24e-01 2.86e-01 0.44 0.6634
## checking>= 200 DM 5.08e-01 4.81e-01 1.06 0.2913
## checkingNo Acc 1.65e+00 3.06e-01 5.40 6.7e-08 ***
## duration -2.95e-02 1.22e-02 -2.43 0.0153 *
## historyBank paid -2.20e-01 6.78e-01 -0.33 0.7451
## historyExisting paid 3.67e-01 5.29e-01 0.69 0.4880
## historyDelayed 3.93e-01 5.83e-01 0.67 0.4999
## historyDues Remain 1.47e+00 5.46e-01 2.69 0.0071 **
## purposeOld Car 1.58e+00 5.07e-01 3.12 0.0018 **
## purposeFurniture 8.66e-01 3.58e-01 2.42 0.0156 *
## purposeTelevision 6.42e-01 3.20e-01 2.01 0.0448 *
## purposeAppliance 6.17e-01 1.06e+00 0.58 0.5594
## purposeRepairs -3.12e-01 7.32e-01 -0.43 0.6699
## purposeEducation -5.74e-01 5.42e-01 -1.06 0.2896
## purposeRetraining 1.50e+01 8.96e+02 0.02 0.9867
## purposeBusiness 7.10e-01 4.36e-01 1.63 0.1032
## purposeOthers 1.50e+01 8.37e+02 0.02 0.9857
## amount -1.09e-04 5.74e-05 -1.90 0.0569 .
## savings100-500 DM 3.22e-01 3.77e-01 0.85 0.3931
## savings500-1000 DM 2.13e-01 4.69e-01 0.46 0.6491
## savings>1000 DM 7.19e-01 6.49e-01 1.11 0.2685
## savingsUnknown 1.24e+00 3.65e-01 3.39 0.0007 ***
## employed1 Year 1.69e-01 5.69e-01 0.30 0.7662
## employed1-4 Years 2.50e-01 5.53e-01 0.45 0.6518
## employed4-7 Years 7.69e-01 6.01e-01 1.28 0.2005
## employed>7 Years 2.62e-01 5.50e-01 0.48 0.6345
## installp -3.34e-01 1.17e-01 -2.84 0.0045 **
## maritalFemale M/D -2.30e-01 5.33e-01 -0.43 0.6661
## maritalMale M/D 5.49e-01 5.29e-01 1.04 0.2987
## maritalMale S 1.57e-01 6.18e-01 0.25 0.7992
```

```
## coappCo-app 4.02e-01 6.05e-01 0.66 0.5069
## coappGuarantor 1.34e+00 5.78e-01 2.33 0.0201 *
## resident 4.00e-02 1.10e-01 0.36 0.7162
## propertyBuilding society -4.23e-01 3.31e-01 -1.28 0.2019
## propertyOthers -2.47e-01 3.10e-01 -0.80 0.4250
## propertyUnknown -8.60e-01 5.66e-01 -1.52 0.1284
## age 1.32e-02 1.14e-02 1.16 0.2472
## housingOwn 1.28e-01 3.27e-01 0.39 0.6946
## housingFree 4.41e-01 6.27e-01 0.70 0.4824
## existcr -3.32e-01 2.57e-01 -1.29 0.1970
## jobUnskilled -5.35e-01 8.72e-01 -0.61 0.5395
## jobSkilled -4.76e-01 8.47e-01 -0.56 0.5739
## jobHighly Qualified -6.57e-01 8.65e-01 -0.76 0.4476
## depends -5.90e-01 3.25e-01 -1.81 0.0696 .
## telephonRegistered 2.99e-01 2.61e-01 1.14 0.2526
## foreignYes 1.47e+00 1.08e+00 1.36 0.1739
## ---
## Signif. codes: 0 '***' 0.001 '**' 0.01 '*' 0.05 '.' 0.1 ' ' 1
##
## (Dispersion parameter for binomial family taken to be 1)
##
## Null deviance: 734.00 on 598 degrees of freedom
## Residual deviance: 535.08 on 552 degrees of freedom
## AIC: 629.1
##
## Number of Fisher Scoring iterations: 14
```

2. 与常规回归模型一样，将一个带有 k 个因子的因子变量转换成 $k-1$ 个新变量。在这里，统计上不重要的变量有 employed、marital、resident、property、age、housing、exist、job、telephone 和 foreign。也就是说，在指定的 20 个变量中，有 10 个是无关紧要的，而其他 10 个则很重要。在因子变量这一情况下，如果其中的一个变量是重要的，那么整体变量也会很重要。底层算法在 14 次迭代后收敛。接下来，我们将查看该模型在训练数据集上的准确性。

3. 使用 table 函数，我们计算模型的准确性，如下所示：

```
table (GC_Train$good_bad)

##
## bad good
## 181 418

table (GC_Train$good_bad, ifelse ( predict (GC_Logistic, type=
"response" )> 0.5 , "good" , "bad" ))
```

```
##
## bad good
## bad 96 85
## good 46 372
```

4. 在训练数据集中，有 181 个不良贷款，逻辑回归模型正确识别出了其中的 96 个，准确率略高于 50%。当然，我们很想提高其准确度。不过，首先要做的是，检查模型在识别那些未用以构建该模型的数据点时的表现如何，然后再进行 ROC 分析。

5. 对于训练和验证部分数据，可以通过拟合的逻辑回归模型来预测分类识别概率。另外，使用 ROCR 包中的 prediction 和 performance 函数可以创建 ROC 曲线：

```
GC_Logistic_Train_Prob <- predict(GC_Logistic,newdata=GC_Train[,-21],
                            type="response")
GC_Logistic_Validate_Prob <- predict(GC_Logistic,newdata=GC_Validate[,-21],
                            type="response")
Train_Pred_Logistic <- prediction(GC_Logistic_Train_Prob,
                            GC_Train$good_bad)
Perf_Train_Logistic <- performance(Train_Pred_Logistic,"tpr","fpr")
Validate_Pred_Logistic <- prediction(GC_Logistic_Validate_Prob,
                            GC_Validate$good_bad)
Perf_Validate_Logistic <- performance(Validate_Pred_Logistic,"tpr","fpr")
plot(Perf_Train_Logistic,col="red",lty=2)
plot(Perf_Validate_Logistic,add=TRUE,col="green",lty=2)
legend(0.6,0.5,c("ROC Train Curve","ROC Validate
Curve"),col=c("red","green"),pch="-")
```

6. 结果图如下所示：

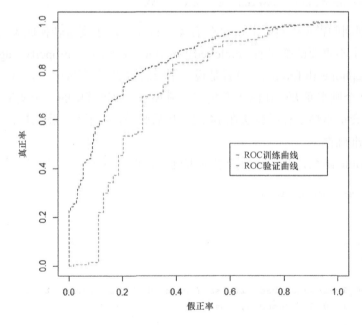

7. 从 ROC 曲线中可以看出，正如预期的那样，逻辑回归模型在遇到未知样本时或者说在针对验证部分数据时性能下降。接下来，我们计算这两种数据模型下的 AUC 指标。

8. 使用 pROC 包中的 roc 函数计算 AUC 指标值：

```
GB_Logistic_Train_roc <- roc(GC_Train$good_bad,GC_Logistic_Train_Prob)
GB_Logistic_Train_roc

##
## Call:
## roc.default(response = GC_Train$good_bad, predictor =
GC_Logistic_Train_Prob)
##
## Data: GC_Logistic_Train_Prob in 181 controls (GC_Train$good_bad bad) < 418
cases (GC_Train$good_bad good).
## Area under the curve: 0.836

GB_Logistic_Validate_roc <-
roc(GC_Validate$good_bad,GC_Logistic_Validate_Prob)
GB_Logistic_Validate_roc

##
## Call:
## roc.default(response = GC_Validate$good_bad, predictor =
GC_Logistic_Validate_Prob)
##
## Data: GC_Logistic_Validate_Prob in 54 controls (GC_Validate$good_bad bad)
< 137 cases (GC_Validate$good_bad good).
## Area under the curve: 0.72
```

9. 由上一步中的结果可知，逻辑回归模型在训练数据中比在验证数据中具有更高的 AUC 值。改进逻辑回归模型的方法有很多，例如，你可能会考虑模型选择问题、多重共线性问题等。然而，关于逻辑回归模型的题外话没必要在这里详细讨论。此处，AUC 的差值是 0.836-0.72=0.116，这看起来非常高。理想的情况是找到能使该差值尽可能小的模型，这就意味着模型已经学会了特征/模式，并能够很好地进行归纳。在下一节中，我们将学习什么是决策规则，在之后我们将学习规则是如何生成的。

11.6.3　工作原理

glm 函数非常通用，它可以拟合广义线性模型（generalized linear models）。在这里，我们使用它以参数 family='binomial' 来拟合逻辑回归模型。summary 函数给出了拟合模型的详细信息。table 函数用来评估拟合模型在训练数据和验证数据下的准确性。predict 函数返回在给定自变量值下的概率 $P(Y=1)$。ROCR 包中的 prediction 和 performance 函数有助于建立 ROC 曲线，而 pROC 包中的 roc 函数则用于计算 AUC。

可以尝试?glm、library(help=ROCR)和 library(help=pROC)命令来了解更多细节。

11.7 决策树和决策规则

逻辑回归模型是一种强大的技术。对于一个实践者来说，它解决了一些关于 p 值、预测阈值等方面的难题。决策规则提供了一种简单的框架，在这个框架中，实践者只需简单地确定特定的变量和值以达到一个决策点。例如，如果一位客户打电话到银行咨询台，咨询他们是否有资格获得贷款，那么呼叫中心的职员就会询问一些细节信息，比如年龄、收入、性别、现有贷款等，然后告诉客户是否有资格获得贷款。一般来说，这样的决策是通过使用决策规则集来实现的。类似地，如果一位疑似有心脏问题的急诊病人正在赶往医院的路上，那么此时一套简单的规则可能会有助于判断其问题是胃的问题还是疾病发作造成的，如果是后一种情况，那么医院将可以进行必要的准备，因为在治疗中每一分钟都是至关重要的。但重要的问题是，如何制定这样的一套决策规则。

决策规则很容易从决策树中派生出来，我们将查看一下 rpart 示例。首先构建一个分类树，然后将决策树可视化。我们将从决策树中提取出决策规则，然后使用 table 函数查看在每个终端节点处的分裂百分率。

11.7.1 准备工作

我们需要 rpart 包中的 kyphosis 数据集。

11.7.2 操作流程

1. 使用 kyphosis 数据，我们将了解决策树及其规则。

2. 从 rpart 包中加载 kyphosis 数据集：

```
library (rpart)
 data (kyphosis)
```

3. 使用 rpart 函数构建分类树，并将决策树可视化：

```
kyphosis_rpart <- rpart (Kyphosis~.,kyphosis)
 plot (kyphosis_rpart, uniform= TRUE )
 text (kyphosis_rpart)
```

4. 决策树结果图如下所示：

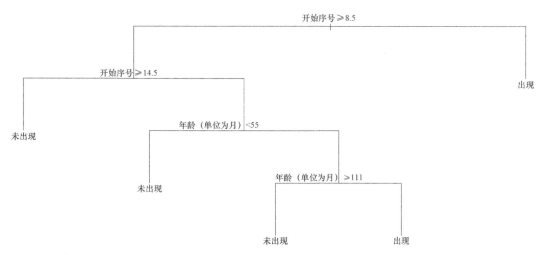

5. 使用 rattle 包中的 asRules 函数提取决策树的决策规则：

```
asRules (kyphosis_rpart)

##
## Rule number: 3 [Kyphosis=present cover=19 (23%) prob=0.58]
## Start< 8.5
##
## Rule number: 23 [Kyphosis=present cover=7 (9%) prob=0.57]
## Start>=8.5
## Start< 14.5
## Age>=55
## Age< 111
##
## Rule number: 22 [Kyphosis=absent cover=14 (17%) prob=0.14]
## Start>=8.5
## Start< 14.5
## Age>=55
## Age>=111
##
## Rule number: 10 [Kyphosis=absent cover=12 (15%) prob=0.00]
## Start>=8.5
## Start< 14.5
## Age< 55
##
## Rule number: 4 [Kyphosis=absent cover=29 (36%) prob=0.00]
## Start>=8.5
## Start>=14.5
```

6. 我们可以很容易地得到每个终端节点处实例的数量信息，如下一步所示。

7．使用 rpart 函数的 where 变量来查找某个实例分配给了哪个终端节点：

```
kyphosis$where <- kyphosis_rpart$where
 table (kyphosis$Kyphosis,kyphosis$where)

 ##
 ## 3 5 7 8 9
 ## absent 29 12 12 3 8
 ## present 0 0 2 4 11
```

8．现在，这些数字也可以通过简单的 table 函数得到。首先，将 data.frame 对象转换为一个 data.table 对象。

9．将 kyphosis 数据由 data.frame 对象转换成一个 data.table 对象：

```
K2 <- data.table (kyphosis)
```

10．前面的树图表明，如果开始序号值大于 12.5，那么 kyphosis 将不会在该个体上出现，我们将检查这一点。

11．利用 data.table 结构，通过 Start 变量找到比例计数：

```
K2[, prop.table ( table (Kyphosis))]

 ## Kyphosis
 ## absent present
 ## 0.7901 0.2099
```

12．类似地，验证每个终端节点的比例计数：

```
K2[Start>= 12.5 , prop.table ( table (Kyphosis))]

 ## Kyphosis
 ## absent present
 ## 0.95652 0.04348

K2[Start < 12.5 & Age <= 35 , prop.table ( table (Kyphosis))]

 ## Kyphosis
 ## absent present
 ## 0.9 0.1

K2[Start < 12.5 & Age > 35 & Number < 4.5 , prop.table ( table
(Kyphosis))]

 ## Kyphosis
```

```
## absent present
## 0.5833 0.4167

K2[Start < 12.5 & Age > 35 & Number >= 4.5 , prop.table ( table
(Kyphosis))]

## Kyphosis
## absent present
## 0.3077 0.6923
```

因此，决策树创建数据集的分区，其中每个终端节点都具有尽可能与因子变量一样高的分支数。通常，决策树会查看每个变量的不同值，并相应地将数据划分为不同的分区。然后，它会评估每个分区的好坏程度，并选择使得每个终端节点的精确度得到最大提高的分区。因此，数据会递归地分成多个分区，直到每个终端节点都包含了尽可能多的纯净节点，此时才会结束该过程。

接下来，我们将为德国信用数据建立决策树。

11.7.3 工作原理

rpart 包有助于构建分类、回归和生存树（survival trees）。另外，使用 plot 函数可以很容易地实现决策树的可视化。最后，利用 rattle 包中的 asRules 函数提取决策树的规则。

在 R 中可以使用多个包来创建决策树，例如 partykit、tree 包等。

11.8 德国信用数据决策树

我们已经为德国信用数据拟合了一个逻辑回归模型。现在，我们将为它创建一个决策树。

11.8.1 准备工作

这里需要使用 GC2 对象和分区数据。此外，还需要拟合的逻辑回归模型。

11.8.2 操作流程

我们将使用 rpart 包及其功能来创建决策树。

1. 创建决策树并绘制其图，如下所示：

```
GC_CT <- rpart (good_bad~., data= GC_Train)
 windows ( height= 20 , width= 20 )
```

```
plot (GC_CT, uniform = TRUE ); text (GC_CT)
```

2．决策树绘制图如下所示：

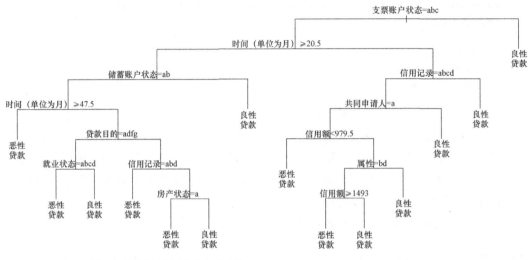

3．需要对拟合的树的属性进行评估。

4．检查拟合树的复杂性参数和重要变量：

```
table (GC_Train$good_bad, predict (GC_CT, type= "class" ))

##
## bad good
## bad 107 74
## good 32 386


GC_CT$cptable

## CP nsplit rel error xerror xstd
## 1 0.06262 0 1.0000 1.0000 0.06209
## 2 0.02486 3 0.8122 0.9503 0.06118
## 3 0.02210 6 0.7348 1.0055 0.06219
## 4 0.01842 8 0.6906 0.9724 0.06159
## 5 0.01657 12 0.6022 0.9779 0.06170
## 6 0.01000 13 0.5856 0.9724 0.06159


GC_CT$variable.importance

## checking duration amount history savings purpose coapp property
## 29.4516 15.0985 12.8465 11.2774 10.8025 9.7595 7.2114 6.7423
## employed housing age installp existcr job marital resident
```

```
## 6.7003 6.1063 3.6083 2.8071 1.6281 1.4417 1.3372 0.9983
```

5. 我们看到，按照重要性排序的变量依次是 checking、duration、amount、history 等。在训练数据集的 181 个不良贷款中，我们识别出了 107 个，而使用逻辑回归模型时只识别出 96 个。这一结果实际上是否是一个提升，我们将在后面进行评估。现在我们将完成 ROC 分析。

6. 与逻辑回归模型一样，首先拟合 ROC 曲线，然后将它与前面的逻辑回归解决方案进行比较：

```
 GC_CT_Train_Prob <- predict (GC_CT, newdata= GC_Train[,- 21 ],
type= "prob" )[, 2 ]
 GC_CT_Validate_Prob <- predict (GC_CT, newdata= GC_Validate[,- 21
], type= "prob" )[, 2 ]
 GB_CT_Train_roc <- roc (GC_Train$good_bad,GC_CT_Train_Prob)
 GB_CT_Validate_roc <- roc
(GC_Validate$good_bad,GC_CT_Validate_Prob) roc.test
(GB_Logistic_Train_roc,GB_CT_Train_roc)

 ##
 ## DeLong's test for two correlated ROC curves
 ##
 ## data: GB_Logistic_Train_roc and GB_CT_Train_roc
 ## Z = 0.92, p-value = 0.4
 ## alternative hypothesis: true difference in AUC is not equal to
0
 ## sample estimates:
 ## AUC of roc1 AUC of roc2
 ## 0.8358 0.8206


roc.test (GB_Logistic_Validate_roc,GB_CT_Validate_roc)

 ##
 ## DeLong's test for two correlated ROC curves
 ##
 ## data: GB_Logistic_Validate_roc and GB_CT_Validate_roc
 ## Z = -0.2, p-value = 0.8
 ## alternative hypothesis: true difference in AUC is not equal to
0
 ## sample estimates:
 ## AUC of roc1 AUC of roc2
 ## 0.7198 0.7301
```

决策树更高的准确性并不具有统计上的意义。因此，对于逻辑回归模型和决策树来说，ROC 曲线并没有太大的不同。然而，如果忽略 ROC 测试的结果，那么我们不妨说决策树的准确性更高。

11.8.3　工作原理

此处，rpart 函数仍然很有用。同时，在本书中我们首次使用了 roc.test。

在决策树方案中，我们取得了很多进步，并且使用的仅是简单的决策树。